NEIMENGGU
ZIZHIQU
ZIRAN ZIYUAN YAOGAN JIANCE JI
KECHIXU FAZHAN DUICE YANJIU

内蒙古自治区

自然资源遥感监测及可持续发展对策研究

张瑞新　王俊枝　迟文峰 / 编著

中国环境出版集团 · 北京

图书在版编目（CIP）数据

内蒙古自治区自然资源遥感监测及可持续发展对策研究 / 张瑞新，王俊枝，迟文峰编著 .—北京：中国环境出版集团，2023.4

ISBN 978-7-5111-5500-9

Ⅰ.①内… Ⅱ.①张… ②王… ③迟… Ⅲ.①遥感技术—应用—自然资源—环境监测—研究—内蒙古 ②自然资源—可持续性发展—研究—内蒙古 Ⅳ.① X83-39 ② X37

中国国家版本馆 CIP 数据核字（2023）第 070460 号

审图号：蒙 S（2023）021 号

出 版 人 武德凯
责任编辑 曲 婷
装帧设计 彭 杉

出版发行 中国环境出版集团
（100062 北京市东城区广渠门内大街 16 号）
网 址：http://www.cesp.com.cn
电子邮箱：bjgl@cesp.com.cn
联系电话：010-67112765（编辑管理部）
010-67112736（第五分社）
发行热线：010-67125803，010-67113405（传真）

印 刷 北京中科印刷有限公司
经 销 各地新华书店
版 次 2023 年 4 月第 1 版
印 次 2023 年 4 月第 1 次印刷
开 本 787 × 1092 1/16
印 张 15.25
字 数 303 千字
定 价 98.00 元

《内蒙古自治区自然资源遥感监测及可持续发展对策研究》

编委会名单

主　编：张瑞新

副主编：王俊枝　迟文峰

编写组：（按姓氏笔画排）

丁　毅　丁慧君　于　欣　马　倩　王　燕　王志明
王福强　从忆波　甘婉侠　卢中秋　匡文慧　吕颖霞
刘　聪　刘建军　杜　丽　李　乐　李　季　李文华
李岚琪　李锁乐　来庆明　连　锁　肖　雄　何玉霞
何红艳　佟满达　张　弛　张　磊　张国栋　张贵俊
昂格鲁玛　庞　玥　郑　戬　郑洪伟　宝力杰
赵清旭　郝锦风　胡日查　洪　焱　姚姝娟　顾扬名
凌乐鑫　高丽萍　郭　融　常屹冉　赖其力孟格
窦银银　嘎毕日　樊树启　薛志忠　魏嘉诚　籍晓婧

序

党的十八大以来，习近平总书记高度重视内蒙古的生态文明建设，先后两次到内蒙古考察调研，连续5年在全国“两会”期间参加内蒙古代表团审议。内蒙古是生态功能大区，生态状况如何，不仅关系全区各族群众生存和发展，而且关系华北、东北、西北乃至全国生态安全。习近平总书记指出，把内蒙古建设成为我国北方重要生态安全屏障、祖国北疆安全稳定屏障，建设国家重要能源和战略资源基地、农畜产品生产基地，打造我国向北开放重要“桥头堡”。“两个屏障”“两个基地”“一个桥头堡”的战略定位，更是指明了新时代内蒙古的职责和使命所在，是新时代内蒙古发展的总方向、大布局。

内蒙古自治区成立75年来，在自治区党委的统一领导，自治区政府及各级有关部门的统筹规划、协同合作下内蒙古全面开展了治标治本的生态文明建设，推动和促进资源有偿使用和生态补偿制度，建立健全了资源环境生态红线制度、自然资源资产产权制度和国土空间用途管制制度，健全完善了生态文明建设评估体系和配套政策条例，坚持把生态安全屏障建设和生态环境保护摆在重要位置，统筹“山水林田湖草沙”整体保护和系统治理，强化“三区三线”硬约束，将超过50%的国土面积划入生态保护红线，生态环境保护工作取得显著成效。

本书研究团队以遥感、地理信息系统、生态模型等为核心技术手段，围绕自然资源数量和质量状况、变化进行综合评估，探究农业、城镇和生态三类资源利用中存在的问题和影响因素，设计基于粮食安全的耕地资源可持续利用、美丽中国的宜居城市可持续发展、北疆屏障的生态用地可持续保护模式，并对内蒙古库布齐沙漠、“一湖两海”等典型区域的综合生态效应进行评估和问题解析，为内蒙古自然资源可持续利用与发展提供重要决策支撑。

前言

自然资源是“生产、生活、生态”国土空间和社会经济活动的重要载体，自然资源可持续利用是衡量生态文明建设的核心内容。自然资源可持续利用表征对国土资源进行合理的开发、利用、治理及保护等，要求人地关系、人与资源开发、人与环境保护几者之间协调发展，以期满足当代与后代人生存发展的需要，尤其从生态学角度实现土地生产力的长期性和生态稳定性发展。自然资源的可持续利用关系到粮食安全和生态安全，是实现人类生存和发展、奠定人类福祉的重要基石。探明自然资源的“数量”和“质量”的空间异质性规律是实现区域可持续发展目标认知的重要问题，国土空间优化布局与规划实施迫切需要掌握自然资源时空演变规律及区域差异特征。因此，中国进入新时代发展阶段，亟待全面揭示和分析自然资源本底状况，评估自然资源“数量”的可持续性和“质量”的可持续性，对标“美丽中国”目标愿景，实现国土空间用途管制及景观结构优化布局对于自然资源可持续利用和区域高质量发展目标的实现具有重要的意义。

在2020年全国“两会”期间，习近平总书记在参加内蒙古代表团审议时强调，要积极探索以生态优先、绿色发展为导向的高质量发展新路子，守护好祖国北疆这道亮丽风景线。近日，国务院印发《关于推动内蒙古高质量发展奋力书写中国式现代化新篇章的意见》，打造“祖国北疆亮丽风景线”关乎国家生态文明建设和生态安全格局。准确掌握自然资源变化的本底状态，科学有效地评价自然资源质量区域差异及演变规律，谋划未来自然资源空间管控途径，是守护内蒙古“绿色”生态底色和实施“山水林田湖草沙”优化布局的重要举措。如何保护好这道“万里绿色长城”是重要的历史命题。习近平指出，“山水林田湖草沙”怎么摆布，要做好顶层设计，要综合治理，这是一个系统工程，需要久久为功。因此实施可持续发展战略，是人类面临巨大挑战下的唯一正确的选择。这一战略已成为近年来在全球范围内居主导地位的社会发展模式，它着重解决资源与环境的再生性和可持续性问题，而且进一步影响到整体可持续发展战略目标的实现。

习近平总书记在党的二十大报告中提出了推动绿色发展，促进人与自然和谐共生的要求。同时强调，必须牢固树立和践行“绿水青山就是金山银山”的理念，站在人与自然和谐共生的高度谋划发展。进入新发展阶段，我们要在习近平生态文明思想的指引下，面向第二个百年奋斗目标，努力建设人与自然和谐共生的现代化，建设青山常在、绿水长流、空气常新的美丽中国。

内蒙古自治区测绘地理信息中心长期致力于测绘地理信息和遥感监测等相关工作，与中国科学院地理科学与资源研究所共同承担了多项内蒙古自治区重大专项课题，并基于遥感大数据和云平台，监测分析了全区自然资源本底情况、动态变化与区域分异，取得了一系列重要的研究成果，并出版该书。

该书充分发挥遥感监测与地理信息技术优势，针对内蒙古自治区自然资源特点，构建自治区自然资源可持续利用评估的方法体系，围绕自然资源数量和质量状况及变化进行综合评估，综合阐述农业生产安全、城镇生活宜居、自然生态安全存在的问题和影响因素，探究自然资源可持续利用的具体举措和路径，践行《内蒙古自治区国土空间规划（2021—2035 年）》，为建立祖国北疆资源环境实现更加强劲、绿色、健康的发展模式提供重要支撑。

该书编写过程中，各位编写成员科学严谨、认真细致，同时得到了内蒙古自治区测绘地理信息中心刘秀副主任、魏富恒总工程师、中国科学院地理科学与资源研究所匡文慧研究员等专家的精心指导和鼎力支持，对参与编写的成员和出版社的各位编辑在出版过程中付出的努力表示诚挚的感谢。

该书撰写过程中参阅了大量的国内外文献，主要观点均做了引用标注，书中若有疏漏和不足之处，恳请广大读者批评指正。

张炳刚

2023 年 4 月

目录

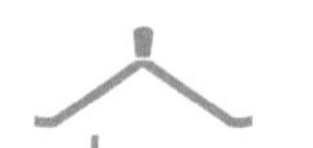

第1章 自然资源分类概念与可持续利用理论

1.1 自然资源概念

自然资源定义十分宽泛。自然资源中的“资”就是指“有用”“有价值”的东西，即一切生产和生活资料；“源”就是“来源”或“源泉”。简易地说是指自然界有价值的东西的来源。自然资源的概念很多，各个学科也有不同定义，但诸多概念都有一个共同点，就是把自然资源看成天然生成物，而把人类活动的结果排斥在外。实际上随着城镇化、工矿业的飞速发展，自然资源已经融入了不同程度的人类劳动的结果。

1.1.1 自然资源在地理学中的定义

地理学者认为，自然资源是存在于自然环境中可以被人类利用，并能给人类带来利益的地理要素以及这些要素相互作用的产物。20世纪80年代中期，我国一些学者给自然资源下的定义是：自然资源是指存在于自然界中能被人类利用或在一定技术、经济和社会条件下能被利用为生产、生活的物质、能量的来源，或是在现有生产力发展水平和研究条件下，为了满足人类的生产和生活需要而被利用的自然物质和能量。

我国著名地理学家牛文元将自然资源定义为：“人在自然介质中可以认识的、可以萃取的、可以利用的一切要素及其组合体，包含这些要素相互作用的中间产物或最终产物；只要它们在生命建造、生命维系、生命延续中不可缺少，只要它们在社会系统中能带来合理的福祉、愉悦和文明，即称之为自然资源。”

联合国对自然资源的概念作了规定：“人在其自然环境中发现的各种成分，只要它能以任何方式为人类提供福利，都属于自然资源。从广义上来说，自然资源包括全球范围内的一切要素。”可见联合国的定义是非常概括和抽象的。

《大英百科全书》的自然资源定义是：“人类可以利用的自然生成物，以及形成这些成分的源泉的环境功能。前者如土地、水、大气、岩石、矿物、生物及其群集的森林、草地、矿藏、陆地、海洋等；后者如太阳能、环境的地球物理机能（气象、海洋现象、水文地理现象），环境的生态学机能（植物的光合作用、生物的食物链、微生物的腐蚀分解作用等），地球化学循环机能（地热现象、化石燃料）非金属矿物的生成作用等。”这个定义明确指出环境功能也是自然资源。

1.1.2　自然资源在经济学中的定义

1972 年联合国环境规划署指出：“所谓自然资源，是指在一定时间、地点条件下，能够产生经济价值的、以提高人类当前和未来福利的自然环境因素和条件。”这些定义主要是突出其经济价值。著名资源经济学家阿兰·兰德尔认为：“自然资源是由人发现的有用途和有价值的物质。”学者李金昌等主张：“自然资源是在一定技术条件下，自然界中对人类有用的一切物质和能量。”马克思主义认为创造社会财富的源泉是自然资源与劳动力资源，马克思在《资本论》中引用威廉·配第的话说“劳动是财富之父，土地是财富之母。”恩格斯在《自然辩证法》一书中也明确指出：“劳动和自然界一起才是财富的源泉。自然界为劳动提供材料，劳动把材料变成财富。”由此可见，资源包括自然资源与劳动力两个基本要素。显然，经济学家在研究和定义自然资源时，侧重自然资源的经济价值。

1.1.3　自然资源在生态学中的定义

生态学者认为，自然资源是人类生存所需要的能量和物质。具有代表性的自然资源的定义是，著名的生态学家、世界自然保护联盟（IUCN）委员雷玛德（Francoies Ramade）认为：“资源可以简单地规定为一种能量或物质的形式，它们对于有机体或种群的生态系统，在功能上有本质的意义。特别是对于人类来说，资源是对于完成生理上的、社会经济上的以及文化上的需要所必备的能量或物质的任何一种形式。”可见生态学家对于自然资源的认识，十分重视自然资源的生态功能。

1.2　自然资源分类

1.2.1　分类对象

自然环境中与人类社会发展有关的、能被利用来产生使用价值并影响劳动生产率的自然诸要素，通常称为自然资源。自然资源可分为有形的自然资源（如土地、水体、动植物、矿产等）和无形的自然资源（如光资源、热资源等）。

1.2.2 自然资源的不同分类

1）基于资源利用限度可划分为可更新资源与不可更新资源。

可更新资源：恒定性的环境资源（如太阳能）、可循环再生的环境资源（如生物资源）。

不可更新资源：如矿产资源、化石燃料。

2）按资源的固有属性可划分为耗竭性资源与非耗竭性资源。

耗竭性资源：可更新资源（如生物资源）与不可更新资源（如化石燃料）。

非耗竭性资源：可更新资源（如恒定性资源）与不可更新资源（如金属资源）。

3）按利用目的可划分为农业资源、药物资源、能源资源、旅游资源。

4）按照圈层特征可划分为土地资源、气候资源、水资源、矿产资源、生物资源、能源资源、旅游资源、海洋资源。

5）按照空间属性可划分为陆地自然资源、海洋自然资源、太空自然资源。

6）从自然资源数量变化的角度可划分为耗竭性自然资源、稳定性自然资源、流动性自然资源。

耗竭性自然资源：它以一定量蕴藏在一定的地点，并且随着人们的使用逐渐减少，直至最后消耗殆尽。矿产资源就是一种典型的耗竭性自然资源。

稳定性自然资源：它具有固定性和数量稳定性的特征，如土地资源。

流动性自然资源：也称再生性资源。这种资源总是以一定的速率不断再生，同时又以一定的速率不断消失，如阳光、水（水域资源除外）、森林等。其中流动性自然资源又可以分为两类：一类是恒定的流动性自然资源，它们在某一时点的资源总量总是保持不变，如阳光资源和水能资源等；另一类是变动的流动性自然资源，它们在某一时点的资源总量会由于人们的开发使用而发生变化，如森林资源和水体资源等。

1.3 分类原则

自然资源分类是一个建立完全分类系统的过程，因此分类系统的建立需紧紧围绕分类的目标进行，要以满足综合实用为重要前提，兼顾综合应用的需求。虽目前国内外对于自然资源分类无定式，均从不同角度建立起各种分类系统，其间也有所交叉，但并无碍于体系的科学性、实用性。同时自然资源分类并非一劳永逸，为保证其时效性，需要采用边分类边应用的原则。自然资源分类系统内容确定的基本原则需基于应用领域或者学科知识，研究者通常以资源自身属性和实际用途为原则划分；决策职能者通常基于法理知识分类；行政职能者通常以待解决的实际问题为导向。

自然资源的分类方案不一，我国现行的多种自然资源分类体系中有基于学理的分类方案、基于法理的分类方案、基于实践应用的分类方案以及基于自然资源特性的分类方案，但是各种分类普遍存在遗漏和交叉现象。

1.3.1 基于学理的分类方案

基于不同的学理基础进行分类，常见分类依据如下。一是《中国资源科学百科全书》中所规定的资源分类。其根据为自然资源的属性和用途，从而对自然资源进行多级综合分类，也是目前我国较为广泛适用的一种分类。二是自然资源固有特征分类，特征主要包括自然资源的可更新性、耗竭性、可变性和重新使用性等。三是按照自然资源社会经济属性分类。此外，还有其他基于学理的分类方式。如按照资源的自然条件和规律，分为气候资源（大气圈）、生物资源（生物圈）、土地资源（土圈）、水资源（水圈）和矿产资源（岩石圈）五大类。按照再生特征，自然资源分为可再生资源与非可再生资源。按资源稀缺程度，分为空气、阳光等不稀缺的资源和土地、矿产等稀缺的资源。

1.3.2 基于法理的分类方案

综合《中华人民共和国宪法》和相关法律规定，自然资源共涉及矿藏、水流、水面、森林、山岭、草原、荒地、滩涂、海域、海岛、野生动植物、无线电频谱、气候资源 13 类。

1.3.3 基于管理实践的分类方案

一是自然资源管理部门分类。按照管理需要和法律法规，自然资源分为土地、矿产、水、森林、草原、海域、海岛、野生动植物、气候、空域、无线电频谱、自然保护区、风景名胜区 13 种。二是自然资源产业管理分类。按照自然资源在不同产业部门中所占的主导地位，自然资源划分为农业资源、工业资源、能源、旅游资源、医药卫生资源、水产资源等。在某种类型之下，可以按土地资源、水资源、牧地及饲料资源、森林资源、野生动物资源及遗传物种资源等进行分类，这是目前在生产领域比较通用的传统自然资源分类。

1.4 可持续利用理论

1.4.1 土地可持续利用理论基本内涵

土地可持续利用思想提出之后，国内外专家学者开展了大量研究工作，进行了很多有益探索。迄今为止，关于土地资源可持续利用虽没有统一、明确的概念，但以可持续发展为依托，结合对土地资源、土地利用概念的相关理解，土地资源可持续利用概念可以主要概括为现存的土地资源既要在数量上要不断满足现在和未来经济发展和人类生存的需求，为人类社会的发展提供强有力的保障，同时在质量上要与自然禀赋相适应，与其他自然资源相协调，稳定土地生产力，实现土地的永续利用。

随着人口的增长、经济的发展，加之人类对土地资源的不合理开发与利用，我国土地资源的可持续利用问题正面临着严苛的考验。了解土地资源可持续利用的相关内涵，是正确评估土地资源的可持续性，分析和解决当前土地利用困境的依据。根据相关学者的论述，主要包含以下三个方面。一是土地资源的基本存量。现有土地的数量既要满足当今社会经济发展需求，也要顾及子孙后代的使用需要，保持土地数量的均衡性。二是土地的生产力。土地内部的质量和科学技术的合理使用，决定了土地的产出率和经济效益，在对土地使用的过程中，要保证和提高土地资源的服务功能和生产能力。三是土地与其他复合系统的协调性。目前的土地利用方式既要兼顾人类社会发展的需要，又要与生物圈、大气圈等其他系统的整体功能相协调，防止土地资源破坏与退化。综上所述，土地资源的可持续利用内涵就是要在有限的土地资源上，通过协调人地关系，保持和建立良好的物质变换关系，实现经济、社会和资源的协调发展。

1.4.2 土地可持续利用理论基础

土地可持续利用思想是可持续发展理论、环境承载力理论、人地关系理论、系统分析理论等多种理论思想体系共同作用产生的，这些同时也是生态足迹的理论依据，两者的有机结合为土地可持续利用评价提供了强有力的支撑。

1.4.2.1 可持续发展理论

可持续发展理论蕴含着三大原则，包括公平性发展原则、整体性发展原则和可持续性发展原则。公平性发展原则是可持续发展遵循人与自然、自然与社会的公平原则，促进代内公平和代际公平共同发展，注重资源分配的公正性。整体性原则是可持续发展从经济、环境与社会方面来共同协调平衡发展，实现人类发展整体利益的诉求。可持续性发展原则是核心原则，从自然环境保护、资源回收利用和生态补偿系统方面都要保证生态发展的可持续性。

可持续发展战略大体可以划分为经济可持续发展战略、人口可持续发展战略和资源可持续发展战略。可持续发展是经济、环境和社会三者相互协调的发展状态，通过经济系统与环境系统的良性互动共同推动人类社会的可持续发展。

1.4.2.2 环境承载力理论

环境承载力是指在特定的时间、状态和条件下，某地区环境能承受的人类社会经济活动的阈值。因为人类的社会活动是不断变化的，所以环境承载力的大小可以用人类活动的方向、强度、规模等来体现。显然，环境系统对人类活动的承载力是有限的，人类活动一旦超出界限，就会导致生态环境破坏而无法自行恢复，甚至威胁到整个经济社会的发展，引起经济社会与生态环境系统相互作用的失衡。随着可持续发展思想的兴起与流行，环境承载力问题也日益引起大家的重视，因此为保证人类社会的持续健康发展，应确保社会经济发展与环境承载力协调同步。为实现这一目标，我们应首先树立起可持续发展思想观念，重视环境承载力失衡所带来的严重后果，增强全民环境保护意识，逐步采取措施解决当前严重的环境破坏问题；同时通过技术创新等方式，减少人类活动对环境系统产生的压力，不断改进环境质量，将人类活动作用控制在环境承载力范围之内，以实现真正的可持续发展。土地作为一种基本的自然资源，与生态系统关系密切，土地利用活动对土地系统的影响类似于人类活动对环境系统的作用，因此在土地可持续性研究过程中环境承载力理论能够为其提供理论指导。

1.4.2.3 人地关系理论

人地关系泛指人类活动与地理环境的相互作用关系，属于人文地理学范畴。该理论认为，人类社会与自然环境相辅相成，二者相互影响、相互制约，自然环境维系着人类社会的生存、发展与进步；人类也可以发挥主观能动性不断认识和改造自然。随着人类社会发展进程的不断推进，人地关系经历了史前人类被动依赖自然靠天吃饭到现在主动探索、利用、改造自然两个阶段。人类在不断加强自身能力建设、利用改造自然的过程中，创造了丰富的物质和精神财富，保持人类社会文明持续发展，但与此同时由于不合理利用各种自然资源导致大量环境问题涌现，人地关系开始紧张，人类社会与地理环境之间的矛盾日益尖锐。至此，人类开始重新考虑两者之间的关系，经过不断地探讨研究，提出了一种新型的人地关系思路——协调论。协调论认为人地关系是一个复杂的相互制约系统，内部各要素之间联系密切，任何一方都不能脱离另外一方而独自生存，同时任何部分都不能无限制地壮大，其发展必然会以牺牲其他部分为代价，一旦系统平衡遭到破坏，任何一方都会丧失生存条件。因此，为保持该系统内部的均衡，人与自然两部分之间的相处应保持平等、和谐、互惠、共赢。由此可见，人地关系协调是可持续发展的前提条件，人地关系理论既是可持续发展的理论基础，同时也是土地可持续利用研究的理论依据。

1.4.2.4 系统分析理论

系统是指由相互作用的各要素组成的具有一定功能的整体，系统论从整体全局的角度去探索和研究人类所生存和依赖的整个客观世界，为人类认识世界和改造世界提供了一个全新的科学的方法，该理论的基本观点包括整体观、结构观、演化观等。这一理论的提出与发展也表明人类的研究思维从以特定实物为中心转变为以整个系统为中心，这也是随着人类对世界探索的不断深入而形成的。系统论认为系统内部各要素之间相互依存，各要素的合理配置可以达到整体功能最大化；任何一个系统都是开放的，会不断与外部环境进行能量信息交换，因此在关注内部平衡的同时也应考虑外部环境的影响；系统一直处于动态变化状态，这要求及时调整内部要素组合以实现新的平衡。运用系统分析论来指导土地可持续利用研究，我们应认识到土地持续利用系统是典型的自然、经济、社会相互影响的复杂系统，涉及多种利益主体参与，这使得任何元素的变化都会引起其他主体的变动，最终影响整个系统的功能实现。因此，人类做出任何经济活动之前都应该考虑这一行动对系统其他组成部分以及整个土地利用系统的影响，如今日益增多的土地利用和环境生态问题就是没有用系统的眼光来全盘把握所导致的。

第2章 “空天地一体化”自然资源监测与评价方法

2.1 “空天地一体化”自然资源监测评价体系构建

该体系采用空（无人机）、天（卫星遥感）、地（地面观测与调查）一体化监测技术手段，获取高、中、低多源、多尺度空间数据，开展基于遥感－地面－模型的“内蒙古‘空天地一体化’自然资源可持续利用与发展研究”，测度自然资源“数量”演变特征和可持续利用状态；剖析粮食安全、城市宜居、生态健康等区域“质量”差异及存在的问题；诊断自然资源格局配置合理性；设计基于粮食安全的耕地资源可持续利用、“美丽中国”的宜居城市可持续发展、北疆屏障的生态用地可持续保护模式；响应国家重大战略、自治区高质量发展目标，实现黄河流域、库布齐沙漠、“一湖两海”等关键典型问题解析，为内蒙古自治区自然资源可持续利用与发展提供重要决策支撑（图2-1）。

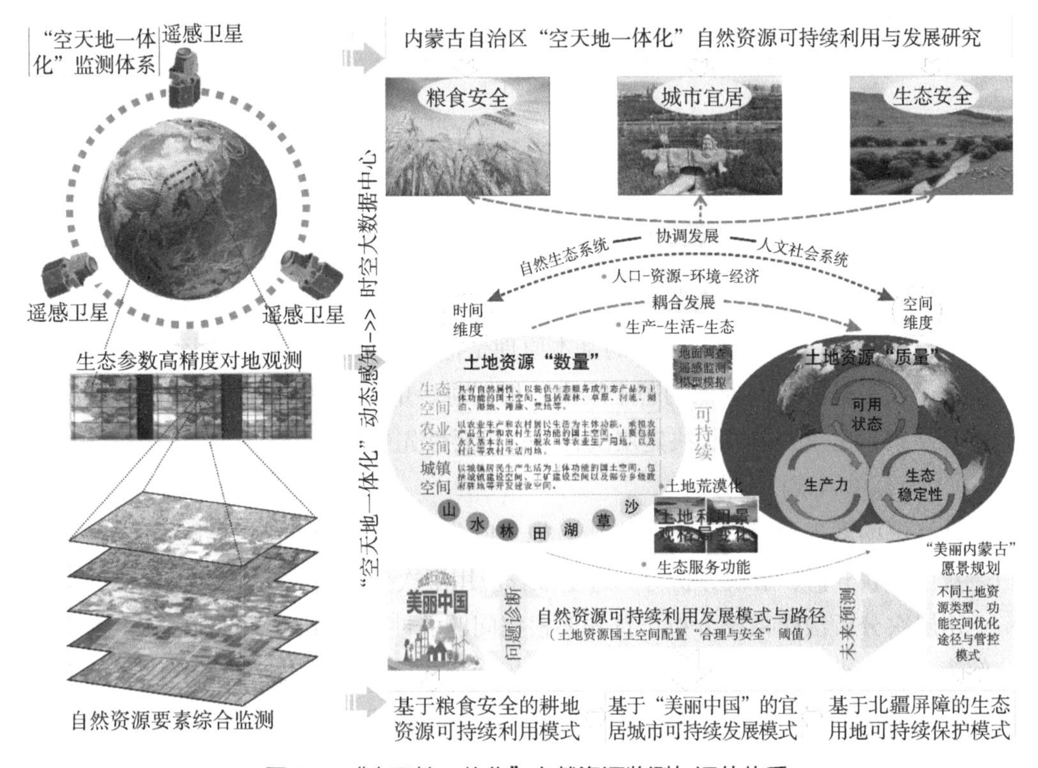

图 2-1 "空天地一体化"自然资源监测与评估体系

2.2 "空天地一体化"自然资源监测评价方法

2.2.1 农业资源监测评价

2.2.1.1 耕地质量状况评价

（1）评价指标权重确定

耕地质量状况评价实质是评价地形、土壤理化性状等自然要素对农作物生长限制程度的强弱。因此，选取评价指标时遵循以下几个方面的原则：一是选取的指标对耕地质量有较大的影响；二是选取的指标在评价区域内的变异较大，便于划等定级；三是选取的评价指标在时间序列上具有相对的稳定性，评价结果能够有较长的有效期；四是选取评价指标与评价区域的大小有密切关系；五是进行指标设置时注意指标的可获取性且指标具有可测性和可比性，易于量化。采用德尔菲法对评价指标进行确定，首先确定初选的评价指标，然后聘请自治区、盟市、旗县（市、区）农业方面的专家组成专家组，结合内蒙古自治区县域耕地质量评价指标得到的结果，根据构成耕地质量生产能力的土壤本身特性、自然背景条件和耕作管理水平等因素（表 2-1）。

表 2-1　内蒙古耕地质量状况评价指标

评价指标
地形部位、耕层质地、土壤有机质、灌溉能力、农田林网化、质地构型、有机质、排水能力、田面坡度、酸碱度

由于不同的指标对耕地质量的影响程度不同，因此本研究采用层次分析法确定评价指标的权重，首先以内蒙古及长城沿线区采用层次分析法与专家经验法确定各指标的权重值（K_i）。层次分析法的基本原理是把复杂问题中的各个因素按照相互之间的隶属关系排成从高到低的若干层次，根据对一定客观现实的判断就同一层次相对重要性相互比较的结果，决定层次各元素重要性先后次序。

1）计算单因素权重方法

计算单因素权重可以有多种方法，如主成分分析、多元回归分析、逐步回归分析、灰色关联分析、层次分析等。这里推荐应用层次分析法。

用层次分析法作系统分析，首先要根据问题的性质和要达到的总目标，将问题分解为不同的组成因素，并按照因素间的相互关联影响以及隶属关系将因素按不同层次聚合，形成一个多层次的分析结构模型，并最终把系统分析归结为最低层（供决策的方案、措施等）相对于最高层（总目标）的相对重要性权值的确定或相对优劣次序的排序问题。

在排序计算中，每一层次的因素相对上一层次某一因素的单排序问题又可简化为一系列成对因素的判断比较。为了将比较判断定量化，层次分析法引入 1～9 比率标度方法，并写成矩阵形式，即构成所谓的判断矩阵。形成判断矩阵后，即可通过计算判断矩阵的最大特征根及其对应的特征向量，计算出某一层元素相对于上一层次某一个元素的相对重要性权值。在计算出某一层次相对于上一层次各个因素的单排序权值后，用上一层次因素本身的权值加权综合，即可计算出某个因素相对于最高层次的相对重要性权值，即层次总排序权值。这样，依次由下而上即可计算出最低层因素相对于最高层的相对重要性权值或相对优劣次序的排序值。决策者根据对系统的这种数量分析，进行决策、政策评价、选择方案、制订和修改计划、分配资源、决定需求、预测结局、找到解决冲突的方法等。

这种将思维过程数学化的方法，不仅简化了系统分析和计算，还有助于决策者保持其思维过程的一致性。在一般的决策问题中，决策者不可能给出精确的比较判断，这种判断的不一致性可以由判断矩阵的特征根的变化反映出来。因而，我们引入了判断矩阵最大特征根以外的其余特征根的负平均值作为一致性指标，用以检查和保持决策者判断思维过程的一致性。

2）层次分析法的基本步骤

①建立层次结构模型

在深入分析所面临的问题之后，将问题中所包含的因素划分为不同层次，如目标层、准则层、指标层、方案层、措施层等，用框图形式说明层次的递阶结构与因素的从属关系。当某个层次包含的因素较多时（如超过9个），可将该层次进一步划分为若干子层次。

②构造判断矩阵

判断矩阵元素的值反映了人们对各因素相对重要性（或优劣、偏好、强度等）的认识，相互比较因素的重要性能够用具有实际意义的比值。

③判断矩阵标度

层次分析法的信息基础主要是人们对于每一层次中各因素相对重要性给出的判断。这些判断通过引入合适的标度用数值表示出来，写成判断矩阵。判断矩阵表示针对上一层次某因素，本层次与之有关因子之间相对重要性的比较。假定 A 层因素中 a_k 与下一层次中 B_1，B_2，…，B_n 有联系，构造的判断矩阵一般取如下形式。

a_k	B_1	B_2	$\cdots$	B_n
B_1	b_{11}	b_{12}	$\cdots$	b_1
B_2	b_{21}	b_{22}	$\cdots$	b_2
$\vdots$	$\vdots$	$\vdots$		$\vdots$
B_n	b_{n1}	b_{n2}	$\cdots$	b_{nn}

（2）耕地质量状况等级划分

采用累加法计算耕地质量状况综合指数。

$$P=\sum\left(F_iC_i\right)$$

式中：P 为耕地质量状况综合指数（Integrated Fertility Index）；F_i 为第 i 个评价指标的隶属度；C_i 为第 i 个评价指标的组合权重。按照每个评价单元的耕地质量状况综合指数确定等级。耕地按质量情况由高到低分为优等地、高等地、中等地和低等地（表2-2）。

表2-2　耕地质量状况评价综合指数

耕地质量状况等级	综合指数范围
优等地	$P \geqslant 0.8034$
高等地	$0.7421 \leqslant P < 0.8034$
中等地	$0.6638 \leqslant P < 0.7421$
低等地	$P < 0.6638$

2.2.1.2 农作物遥感信息提取

采用决策树技术方法开展农作物信息提取。基于已获取耕地图斑数据开展农作物种植范围遥感识别、分类空间抽样、空间抽样样本调查、作物面积估算与精度评价、作物种植结构分析（图 2-2）。

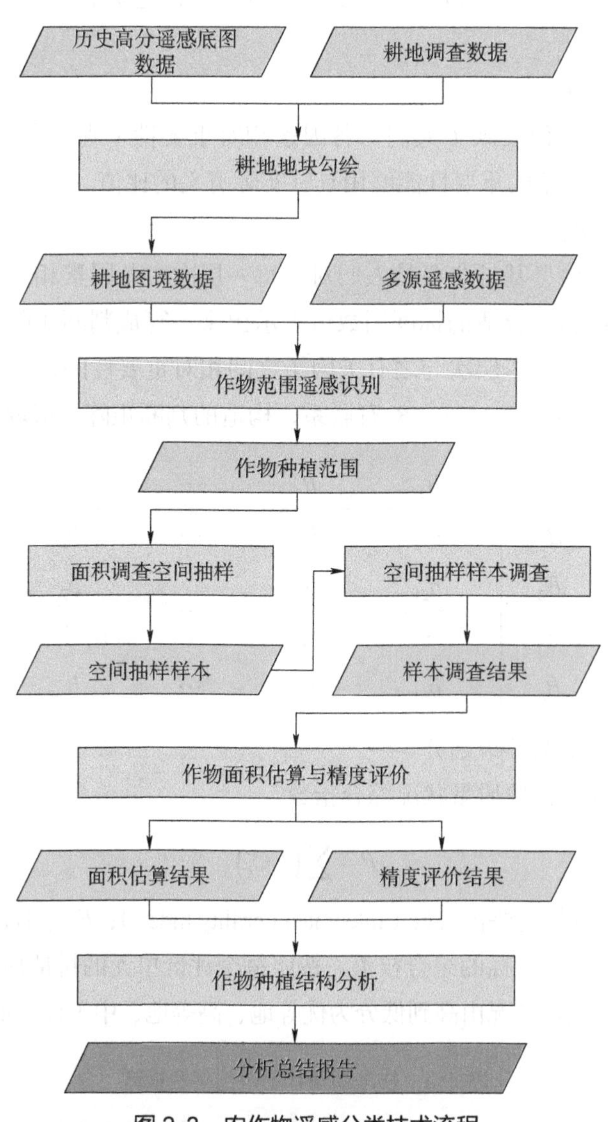

图 2-2 农作物遥感分类技术流程

（1）农作物种植范围遥感识别

充分挖掘不同品种农作物的种植规律、物候特征、生长特性等方面的差异，并以此为基础，建立不同品种农作物遥感识别的模型，选取适宜的时相、适宜的分辨率的遥感影像，进行信息提取，得到不同品种农作物种植的空间分布范围（图 2-3）。

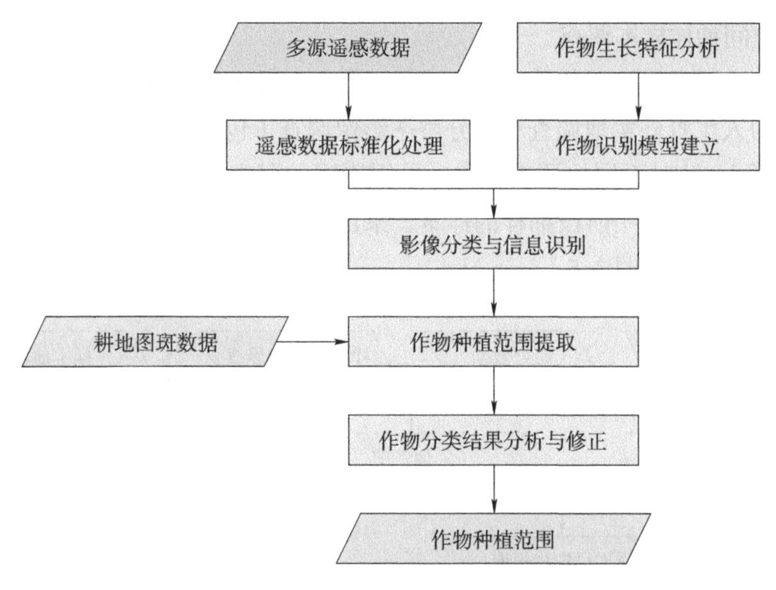

图 2-3 农作物种植范围遥感识别

（2）分类空间抽样

由于遥感数据自身的限制，以及农业生产分布的复杂性，致使遥感识别结果存在一定的误差。这种误差带有一定的系统性。因此，在遥感识别结果的基础上，再采用空间抽样的方法进行面积估算，可以有效地提升作物面积调查的结果精度（图 2-4）。

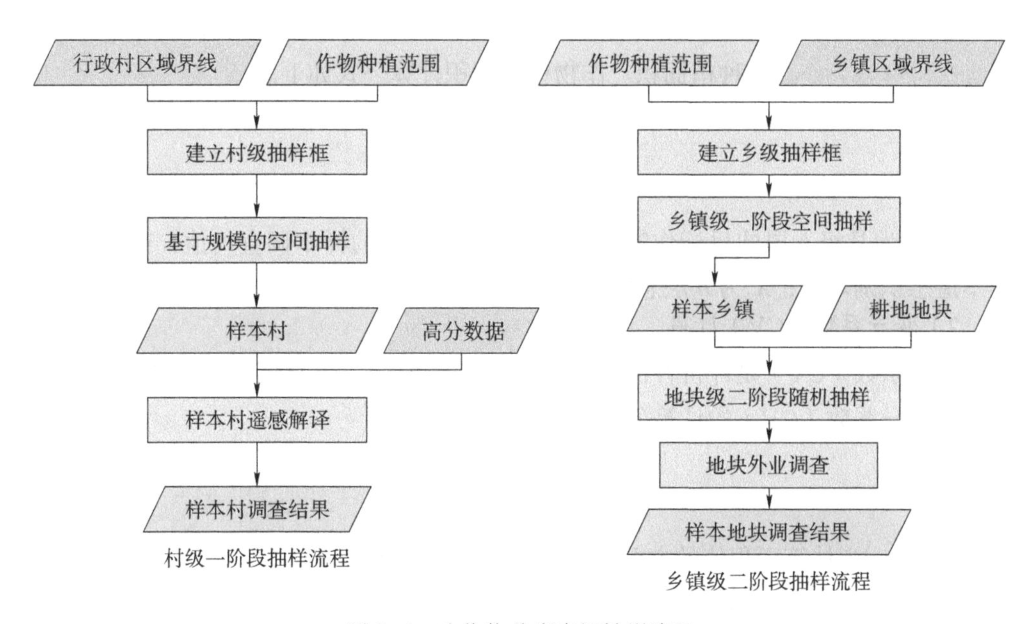

图 2-4 农作物分类空间抽样流程

（3）空间抽样样本调查

样本调查对最终面积估计及精度评价具有至关重要的意义。当前，样本调查的主流方法为人工野外实地调查和高分辨率影像调查（包括高分辨率卫星影像和无人机航拍影像）。针对不同的调查对象，采用不同的调查方法：对于以行政村或者规则格网为抽样单元的一阶段抽样的样本，采用无人机航拍或者高分辨率遥感影像识别的方法进行调查（图 2-5）。

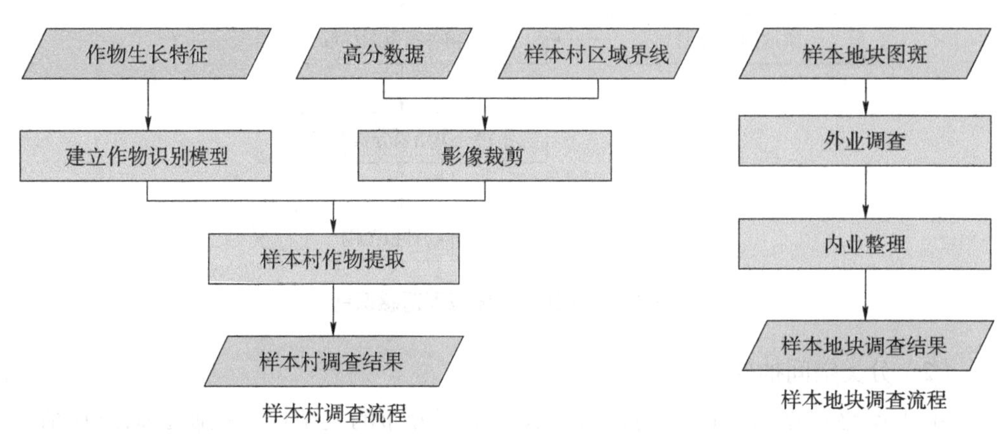

图 2-5　农作物样本调查流程

（4）面积推算

1）大宗作物种植面积估算

作物种植面积估计是在作物遥感分类结果、目视解译结果基础上，运用比估计的方法推算各类作物的种植面积。作物种植面积计算公式如下。

$$\hat{Y}_R=\sum_{h=1}^{L}\hat{Y}_{hR}=\sum_{h=1}^{L}\frac{\overline{y}_h}{\overline{x}_h}X_h$$

式中：$\hat{Y}_{hR}$为县级 h 层的目标作物估计总体；$\overline{y}_h$为 h 层的样本调查均值；$\overline{x}_h$为 h 层的样本遥感识别均值；X_h为 h 层总体目标作物遥感识别结果。

2）变异系数（CV）计算

变异系数（CV）是评价种植面积推算结果的重要指标，代表了推算的精度和稳定度。变异系数（CV）的计算公式如下。

$$\mathrm{CV}\ (\hat{Y}_R)=\sqrt{V(\hat{Y}_R)}\,/\,\hat{Y}_R$$

式中：$V\left(\hat{Y}_R\right)$为估算面积值的方差；$\hat{Y}_R$为估算水稻种植面积值。

估算面积值的方差$V\left(\hat{Y}_R\right)$计算公式如下。

$$V\left(\hat{Y}_R\right)=\sum_{h=1}^{L}\frac{N_h^2\left(1-f_h\right)}{n_h}\left(S_{yh}^2+R_h^2S_{sh}^2-2R_h\rho_hS_{ys}S_{xh}\right)$$

式中：S_{yh}^2为 h 层样本调查值的方差；S_{xh}^2为 h 层样本遥感识别值的方差；R_h 为 h 层样本调查值与遥感识别值的比例；ρ_h 为 h 层样本遥感识别值和调查值的相关系数；N_h 为 h 层抽样单元的总数量；f_h 为 h 层样本数量与该层总体数量的比值；n_h 为 h 层的样本数量；S_{yh} 为 h 层的样本调查值的标准差；S_{xh} 为 h 层的样本遥感值的标准差。

2.2.2 城镇土地覆盖监测评价

2.2.2.1 城市建成区土地覆盖结构监测

本书中利用线性光谱分解模型（LSMA）和 V-I-S 模型获取 2020 年城市土地覆盖结构信息，将城市土地覆盖的混合像元分解为高反照率不透水面、低反照率不透水面、城市绿地、裸土 4 种类型。第一，对预处理过的数据，进一步利用 MNF 变换消除遥感影像的噪声及降低图像维数；第二，利用 V-I-S 进行端元选取，选取端元时只选取前 3 个组成分，两两进行线性组合，不透水面在影像光谱特征上表现为高反照率不透水面与低反照率不透水面的组合；第三，进行初始端元选取、端元搜集、筛选获取光谱特征信息，通过最小二乘法求解具有限制条件的 4 个端元线性光谱混合模型，得到高反照率不透水面、低反照率不透水面、绿地与土壤端元盖度的影像图；第四，利用 LSDI（Low-albedo and Soil Difference）指数从城市不透水面中分离裸土，利用 MNDWI（Modified Normalized Difference Water）指数从低反照率中分离水体；第五，基于决策树方法，根据每个城市的实际情况采用阈值法，将密度图变成分类图，产生 4 种土地覆盖类型（不透水面、绿地、裸土、水域），并进行城市类型归类和精度验证（图 2-6）。

2.2.2.2 城市绿地及公园信息监测

采用 2020 年统计数据、遥感数据、社会大数据等，结合"2020 年城市建设防疫情补短板扩内需"调研结果进行综合分析。根据国家"2020 年城市体检指标体系"，城市宜居选取城市蓝绿空间占比、公园绿地服务半径覆盖率两个指标开展评估。城市蓝绿空间占比即市辖区建成区水域和绿地面积占市辖区建成区总面积的比例；公园绿地服务半径覆盖率即市辖区建成区公园绿地服务半径覆盖的居住用地面积占市辖区建成区总居住用地面积的比例。

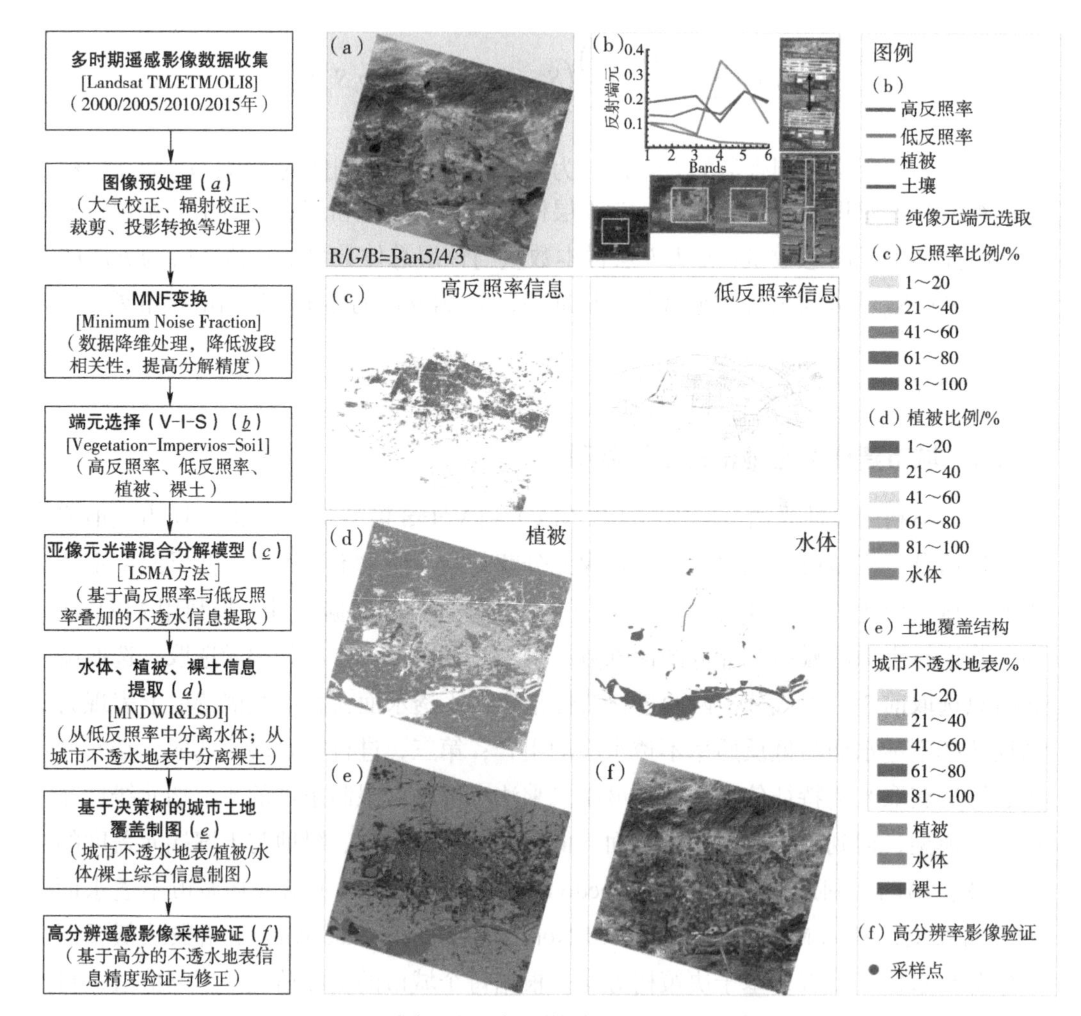

图 2-6　城市内部土地覆盖结构信息提取技术方法

内蒙古城市绿地及公园绿地空间制图包括数据获取及处理、绿地信息提取及精度验证三方面内容。其中绿地信息提取包括精细化公园绿地提取及全域城市绿地组分信息提取。具体步骤如下。

（1）城市绿地信息提取原理

基于城市内部土地覆盖结构等级尺度分类原理，本书采用等级尺度的城市绿地分类方法，提取内蒙古自治区 12 个盟市城市绿地及内部公园绿地信息，开展城市绿地 15 m 分辨率面积组分制图及亚米级公园绿地制图，分析城市绿地分异特征及规律，评价内蒙古“美丽中国”建设人居环境城市公园绿地 500 m 服务半径覆盖率状况及分布特征。

（2）城市建成区、居民地斑块及公园绿地制图

一方面以中国科学院资源环境科学数据中心 1：10 万城市矢量建成区边界为基

础，几何纠正 GE 图像（下载级别十八级；分辨率约 0.5 m）数据，修正内蒙古 12 个盟市城市建成区边界。另一方面，通过 OpenStreetMap（OSM）中下载 OSM 地图数据，获取 2020 年城市道路（主干道、次干道、其他道路等）、POI 点位信息（公园、居民点、政府机关、企业等）。

利用高分图像并参考公园绿地点位信息，采用人机交互解译方式获取城市公园绿地空间制图及居民地斑块分布数据，并为城市绿地纯像元获取提供基础资料。

（3）遥感影像下载与处理

通过 USGS（https: //glovis.usgs.gov/）下载 Landsat-8OLI 遥感影像，先对研究区内影像目视判别来检索无云影像，降低系统误差，比如坏像素等。影像时间选择为 7—9 月，从而获取有效的绿地面积与空间分布信息。并将影像进行大气、辐射校正，对其投影统一转换为阿尔伯斯等积圆锥投影。为提高城市绿地分类精度，将处理的全色波段（Band8）与多光谱波段（Band1-5）采用 Gram-Schmidt Spectral Sharpening 方法融合，创建各波段 15 m 分辨率的数据集。

（4）城市建成区绿地组分信息制图

第一，对预处理的图像结果进行 MNF 变换处理，以消除影像噪声及降低图像维数。第二，对降维后的数据进行端元选取（V-I-S），选取前 3 个主成分端元，并对任意两者进行线性组合，获取遥感信息表征的高反照率不透水面与低反照率不透水面的组合。第三，协同已经获取的道路、公园绿地等在影像上反映出的纯像元信息，基于亚像元的光谱混合分解模型（LSMA）方法，获取高反照率与低反照率不透水面、植被绿地（纯像元）与土壤端元的影像图。第四，利用人机交互解译方式和 LSDI（Low-albedo and Soil Difference）指数从城市不透水面中分离裸土信息，利用 MNDWI（Modified Normalized Difference Water）指数从低反照率中分离水体。第五，基于剔除水体、裸土的不透水面与绿地混合像元组分信息和绿地植被信息（纯像元）叠加获取城市绿地空间制图（图 2-7）。

（5）城市建成区绿地组分信息精度验证

本项目以修正的内蒙古自治区 12 个盟市建成区边界为基础提取城市绿地面积组分信息进行验证。充分考虑绿地面积组分信息提取的正确性，采用像元复相关系数开展分类精度评价。精度验证主要基于亚米级高分辨率图像（0.5～0.8 m）数据，采用人机交互解译方式勾绘和统计 3 × 3 像元窗口（45 m × 45 m）城市绿地真实面积及所占窗口的组分比例。同时，为保障精度，绿地空间组分信息采用随机抽样的方式；为了避免采样点数量分布不均引起的相对误差，抽样依据盟市建成区面积的大小和绿地不同组分比例（1%～10%；11%～20%……91%～100%）2 个因素抽取。

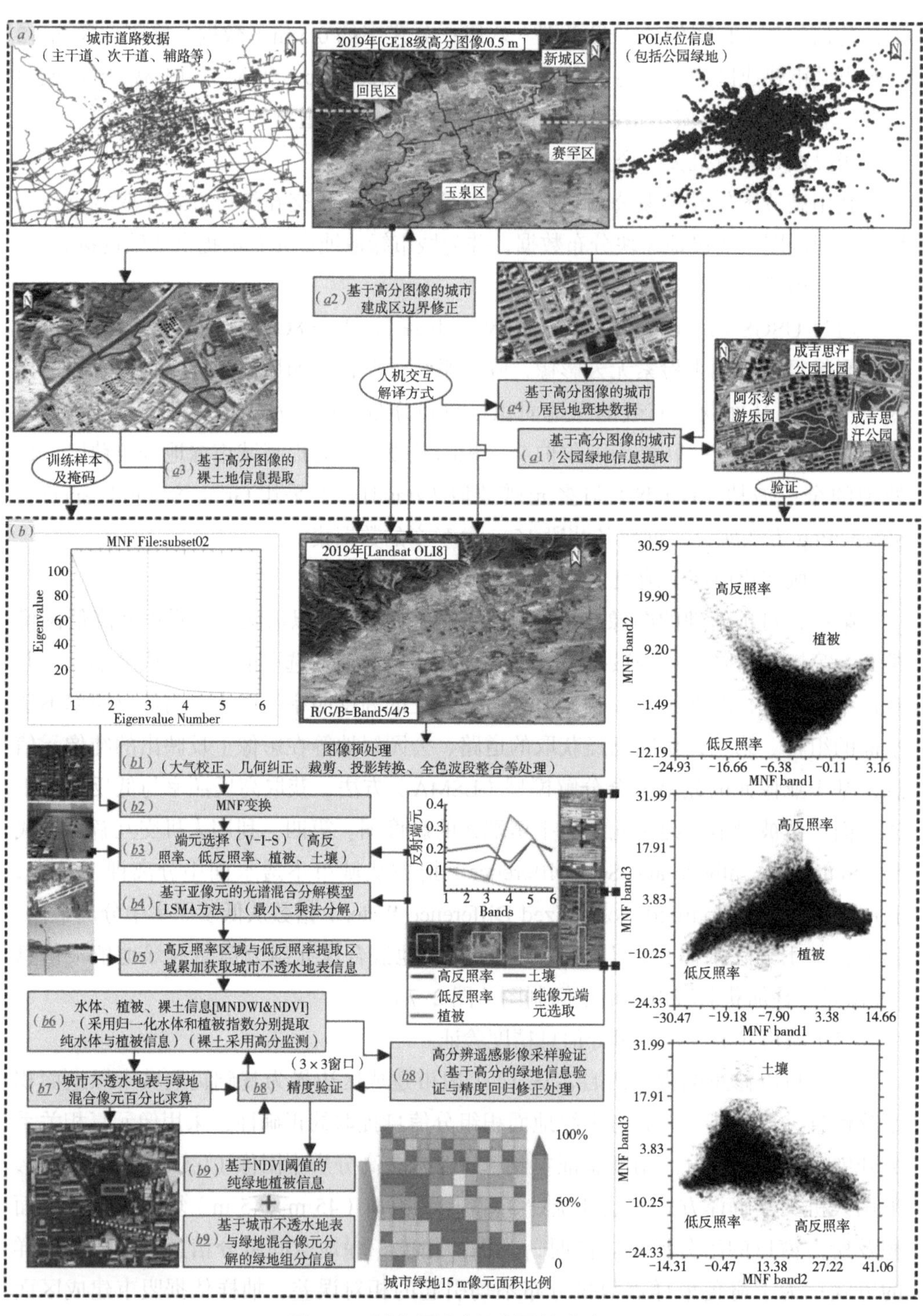

图 2-7　城市绿地空间制图技术流程

2.2.3 生态资源监测评价

2.2.3.1 植被退化与恢复变化趋势分类

为了定量评价研究区植被退化与恢复状况，定性反映生态服务功能状况，将“趋势分析方法”中 Slope_FVC 分为 7 个等级：重度退化、中度退化、轻度退化、基本不变、轻微改善、中度改善、明显改善（表 2-3）。

表 2-3 植被退化与恢复程度分级标准

程度	植被覆盖度变化趋势
重度退化	Slope_FVC＜-0.005
中度退化	-0.005≤Slope_FVC＜-0.002
轻度退化	-0.002≤Slope_FVC＜-0.001
基本不变	-0.001≤Slope_FVC＜0.001
轻微改善	0.001≤Slope_FVC＜0.005
中度改善	0.005≤Slope_FVC＜0.01
明显改善	Slope_FVC≥0.01

2.2.3.2 植被覆盖度（FVC）

植被覆盖度（FVC）是研究植被变化与水土保持的重要参数，同时也是核算土壤风蚀量的重要参数。本书基于植被覆盖度厘定植被退化与恢复过程。在获取长时间序列归一化植被指数（NDVI）的基础上，采用通用“像元二分模型”，以土地利用 / 覆盖为计算因子（植被类型、裸土等信息），利用内蒙古高原不同类型采样数据（样点、样带），验证和同化基于“像元二分模型”获取的植被覆盖度数据。

像元二分模型即假设 NDVI 每个像元分解为纯植被与纯裸土，两种纯组分以面积比例加权的方式组合，求算出植被占百分比即植被覆盖度（FVC）。

$$NDVI = NDVI_{soil} \cdot (1 - FVC) + NDVI_{veg} \cdot FVC$$

$$FVC = \frac{(NDVI - NDVI_{soil})}{(NDVI_{veg} - NDVI_{soil})}$$

式中：NDVI 为每个像元的归一化植被指数；FVC 为植被覆盖度；$NDVI_{soil}$ 与 $NDVI_{veg}$ 分别为像元纯裸土和纯植被像元的 NDVI。其中纯裸土和纯植被信息，基于像元纯度指数（Pixel Purity Index，PPI）并嵌套土地利用 / 覆盖现状数据获取。

2.2.3.3 生态服务功能评价

（1）土壤风蚀

本书采用地面调查与RWEQ模型相结合的方法评估土壤风蚀强度。该模型基于气候、土壤可蚀性、土壤结皮、地表粗糙度和植被残茬覆盖等因子来度量土壤风蚀量，其基本表达式为

$$Q_{\text{wind}}=\frac{2x}{s^{2}}Q_{\max}\mathrm{e}^{-\left(\frac{x}{s}\right)^{2}}$$

$$Q_{\max}=109.8\left(\mathrm{WF}\times\mathrm{EF}\times\mathrm{SCF}\times K'\times\mathrm{COG}\right)$$

$$s=150.71\left(\mathrm{WF}\times\mathrm{EF}\times\mathrm{SCF}\times K'\times\mathrm{COG}\right)^{-0.3711}$$

式中：Q_{wind}为土壤风蚀模数，用于表征土壤风蚀强度；x为实际地块长度；s为关键地块长度；WF为气候因子，是风速、降水、温度、雪盖等因子的函数；EF和SCF分别为土壤可蚀性因子和土壤结皮因子，两者主要基于土壤类型的有机质含量、砂粒和黏粒含量等属性计算；K'为地表粗糙度因子；COG为植被因子，包括生长植被、萎蔫植被、农作物及其残茬等。

本书基于土地利用/覆盖数据和野外调查对参数进行了本地化处理。采用直尺测定法获取不同植被类型地表粗糙度，修正对应参数；在不同季节开展样方调查，分别建立枯萎植被、直立残茬和生长植被与NDVI反演盖度之间的关系，修正植被因子。

（2）水土流失（土壤水蚀）

水土流失（Water Loss and Soil Erosion）是当今世界面临的一个重大环境问题，是指在水力、重力、风力等外力的作用下，水土资源和土地生产力的破坏和损失，包括了土壤侵蚀（Soil Erosion）及水的流失两个方面。水土流失是一个受多种因素驱动作用的自然过程，由降雨作为主要侵蚀动力的即为水力侵蚀，其作用多体现于具有一定坡度的山地、丘陵地区，以降水直接冲走表层土壤为主要表现形式。当表层土壤受侵蚀的程度超过一定的安全阈值时，就会形成或引发滑坡、泥石流等剧烈的土壤流失过程，降低区域土壤生产力，严重影响生态系统的平衡。

RUSLE（The Revised Universal Soil Loss Equation）模型是美国农业部于1997年在通用土壤流失模型（The universal Soil Loss Equation，USLE）的基础上修订建立并正式实施的一种适用范围更广的修正模型。自颁布之后即在美国得到了广泛的应用，该模型也被世界各国的研究者借鉴，于20世纪90年代被引入中国。RUSLE模型目前已在国内外的土壤侵蚀预测研究中得到了非常广泛的应用（图2-8）。其计算表达式为

$$A=R\cdot K\cdot\mathrm{LS}\cdot C\cdot P$$

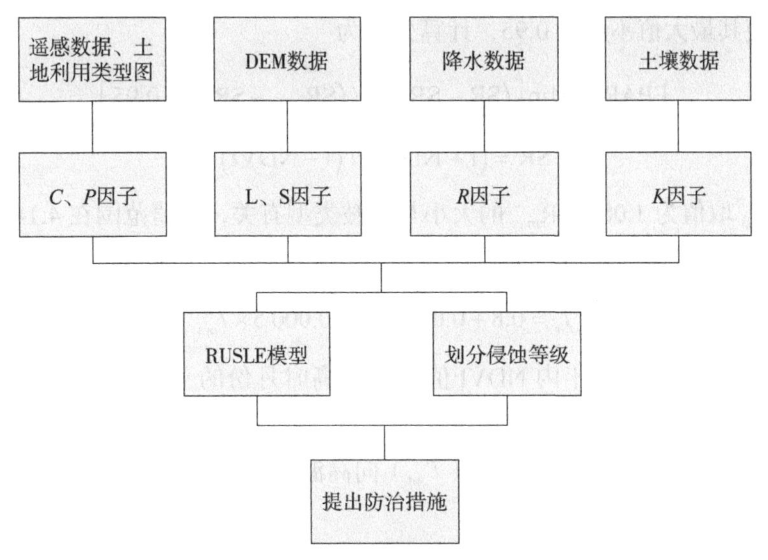

图 2-8 RUSLE 模型的技术流程

式中：*A* 为预测土壤侵蚀量，主要指由降雨和径流引起的坡面细沟或细沟间侵蚀的年均土壤流失量。*R* 为降雨侵蚀力因子（$\mathrm{M_J \cdot mm \cdot hm^{-2} \cdot h^{-1} \cdot a^{-1}}$），它反映降雨引起土壤流失的潜在能力。在 USLE 中，它被定义为降雨动能和最大 30 min 降雨强度的乘积。*K* 为土壤可蚀性因子（$\mathrm{t \cdot hm^2 \cdot h \cdot MJ^{-1} \cdot mm^{-1} \cdot hm^{-2}}$），它是衡量土壤抗蚀性的指标，用于反映土壤对侵蚀的敏感性。*K* 表示标准小区单位降雨侵蚀力引起的单位面积上的土壤侵蚀量。LS 为坡长坡度因子（量纲），其中 *L* 为坡长因子，被定义为坡长的幂函数。*S* 为坡度因子，LS 表示在其他条件不变的情况下，某给定坡长和坡度的坡面上土壤流失量与标准径流小区典型坡面上土壤流失量的比值，它对土壤侵蚀起加速作用。*C* 为覆盖与管理因子（量纲），它指在其他因子相同的条件下，在某一特定作物或植被覆盖下的土壤流失量与耕种后的连续休闲地的流失量的比值。该因子衡量植被覆盖和经营管理对土壤侵蚀的抑制作用。*P* 为水土保持措施因子（量纲），它指采取水土保持措施后的土壤流失量与顺坡种植的土壤流失量的比值。

（3）碳固定

CASA（Carnegie-Ames-Stanford Approach）模型是最早发展的光能利用率模型之一，该模型基于光能利用率模型原理直接计算植被净第一性生产力。

$$\mathrm{NPP} = \mathrm{FPAR} \times \mathrm{PAR} \times \varepsilon_{\max} \times f\left(T_1, T_2, W\right)$$

式中：T_1、T_2 和 *W* 表示两个温度和水分胁迫对光能利用率的限制作用。是理想条件下的最大光能转化率，取值为 0.389 g C $\mathrm{MJ^{-1}}$。

在 CASA 模型中，植被对太阳有效辐射的吸收比例取决于植被类型和植被覆盖

状况，并使其最大值不超过0.95，计算公式为

$$\mathrm{FPAR}=\mathrm{Min}\left[\left(\mathrm{SR}-\mathrm{SR}_{\min}\right)/\left(\mathrm{SR}_{\max}-\mathrm{SR}_{\min}\right),0.95\right]$$

$$\mathrm{SR}=\left(1+\mathrm{NDVI}\right)/\left(1-\mathrm{NDVI}\right)$$

式中：$\mathrm{SR}_{\min}$ 取值为1.08，$\mathrm{SR}_{\max}$ 的大小与植被类型有关，取值范围在4.14～6.17。

T_1 反映了在低温和高温时植物内在的生化作用对光合的限制，可计算如下。

$$T_1=0.8+0.02\times T_{\mathrm{opt}}-0.000\,5\times T_{\mathrm{opt}}^2$$

式中：T_{opt} 为某一区域一年内NDVI值达到最高时月份的平均气温。当某一月平均温度小于或等于 -10℃时，T_1 为0。

T_2 表示环境温度从最适宜温度（T_{opt}）向高温和低温变化时植物的光能转化率逐渐变小的趋势，可计算如下。

$$T_2=1.181\,4/\left(1+\mathrm{e}^{0.2\times\left(T_{\mathrm{opt}}-10-T\right)}\right)/\left(1+\mathrm{e}^{0.3\times\left(T_{\mathrm{opt}}-10-T\right)}\right)$$

当某一月平均温度 T 比最适宜温度 T_{opt} 高10℃或低13℃时，该月的 T_2 值等于月平均温度 T 为最适宜温度 T_{opt} 时 T_2 值的一半。

水分胁迫影响系数（W）反映了植物所能利用的有效水分条件对光能转化率的影响。随着环境有效水分的增加，W 逐渐增大。它的取值范围为0.5（在极端干旱条件下）到1（非常湿润条件下）。

$$W=0.5+0.5\mathrm{EET}/\mathrm{PET}$$

式中，PET为可能蒸散量，由Thornthwaite公式计算，估计蒸散EET由土壤水分子模型求算。当月平均温度小于或等于0℃时，该月的 W 等于前一个月的值。

（4）水源涵养

水源涵养服务是陆地生态系统重要的服务功能之一，是植被、水与土壤相互作用后所产生的综合功能的体现。植被以其繁茂的林冠层、林下的灌草层、枯枝落叶层和疏松而深厚的土壤层，构建了截留、吸收和贮存大气降水的良好环境，发挥陆地生态系统的水源涵养服务功能，起到削弱降雨侵蚀力、改善土壤结构、削减洪峰流量、减少地表径流、调节河川流量等作用。

本书陆地生态系统水分调节的定量模拟采用降水贮存量法估算，即与极度退化状态下的残留植被相比较，森林、草地、湿地等生态系统涵养水分的增加量。基于IGBP分类系统的森林、草地和基于遥感湿地分类系统的湿地时空分布数据，利用文献参数整理的方法确定森林、草地、湿地亚类的水分调节变量与参数，计算全区不同区域、不同时段下三类生态系统的水源涵养量。

降水贮存量法以生态系统的水文调节效应来衡量其涵养水分的能力。

$$Q=A \cdot J \cdot R$$

$$J=J_0 \cdot K$$

$$R=R_0-R_g$$

式中：Q为与裸地相比较，森林、草地等生态系统涵养水分的增加量（m^3）；A为生态系统面积（hm^2）；J为计算区产流降雨量（mm）；J_0为计算区降雨总量（mm）；R_0为产流降雨条件下裸地降雨径流率；R_g为产流降雨条件下生态系统降雨径流率；K为计算区产流降雨量占降雨总量的比例。R为与裸地（或皆伐迹地）相比较，生态系统减少径流的效益系数。

2.2.3.4　生态敏感性评价

生态环境敏感性指生态系统对人类活动反应的敏感程度，用来反映产生生态失衡与生态环境问题的可能性大小。可以以此确定生态环境影响最敏感的地区和最具有保护价值的地区，为生态保护和功能区划提供依据。本书考虑综合生态系统服务功能（土壤风蚀、土壤水蚀、碳固定、水源涵养），将生态敏感性划分为5个级别，分别为极敏感、高度敏感、中度敏感、轻度敏感、不敏感（表2-4）。

表2-4　内蒙古生态敏感性评价标准

序号	敏感性	定义
1	极敏感	如果被威胁利用，将对生态环境造成完全损害
2	高度敏感	如果被威胁利用，将对生态环境造成重大损害
3	中度敏感	如果被威胁利用，将对生态环境造成一般损害
4	轻度敏感	如果被威胁利用，将对生态环境造成较小损害
5	不敏感	如果被威胁利用，对生态环境造成的损害可以忽略

生态环境敏感性评价兼顾内蒙古通用性和地区差异性，综合考量土地资源质量测度的可操作性及科学性，指标体系包括土壤保持、防风固沙、固碳能力、水分调节及人类福祉5项指标（图2-9）。

基于空间量化土壤保持、防风固沙、固碳能力、水分调节及人类福祉5项指标，采用在文献梳理、统计模型、专家咨询及其他参数辅助的基础上对关键生态系统服务和人类福祉进行分级阈值设定，在此基础上，利用加权平均方法获取综合生态系统服务评价等级（高—极敏感、较高—高度敏感、中等—中度敏感、较低—轻度敏感、低—不敏感）。结合基于时间维度的不同生态系统服务评价过去及预测未来，获取综合生态系统服务等级变化态势（向好、持平、向差），以期为土地资源可持续发展路径探究提供科学依据。

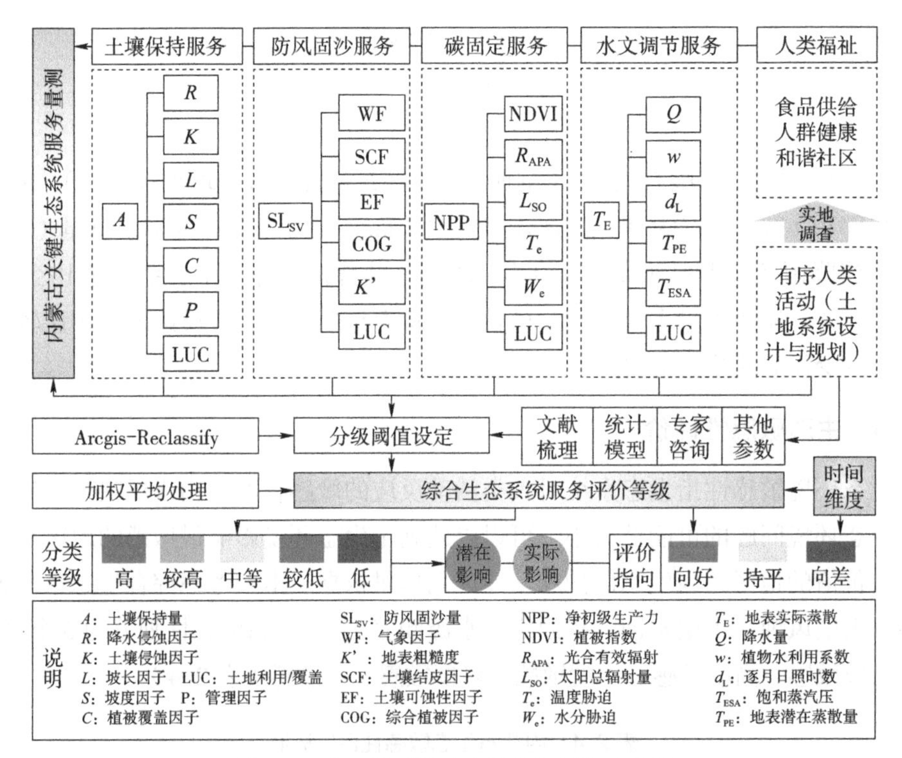

图 2-9　生态敏感性综合评价等级技术流程

2.2.4　未利用地监测评价

沙地的主要特征是地表反射率高、土壤水分低和植被覆盖度低。为了有效识别沙地与其他土地利用类型（水体、耕地、林地和草地、建设用地、其他类型），选择光谱特征、空间特征和专题指数特征构建分类方法。光谱特征采用平均反射率指标，空间特征采用面积、形状指数等指标，专题指数特征采用归一化植被指数（NDVI）、归一化水指数（NDWI）。

本书采用决策树和最近邻分类器相结合方式，协同人机交互式解译方式获取土地利用 / 覆盖变化信息。①遥感图像和基础数据的预处理，包括辐射校正、几何校正、大气校正等预处理，以获得地表反射率。②利用 NDWI 指数和人机交互解译的方式提取典型区沙漠区域 1990—2020 年水域；参考城镇注记数据、交通分布数据等辅助数据，采用人机交互的解译方式提取建设用地类型。③利用采样点样本数据，采用图像分割和特征提取的面向对象分类方法分割和分离每个地面特征。④选择图像中广泛分布的典型土地利用 / 覆盖样本，构建并测试分类树；基于专题指数特征信息对分割和分离地块的异质性进行分析，进而划分提取植被和未分类信息；将已提取的水域和建设用地类型对未分类信息进行掩码处理；剩下的未分类对象被输入最近邻分类过程中，最终获取土地利用 / 覆盖类型，包括沙地、水体、耕地、林地和草地、建设用地、其他类型。⑤采用人机交互解译的方式对各时期土地利用 / 覆盖信息进行处理核查和修正处理，最终集成 1990—2020 年土地利用 / 覆盖现状和动态变化信息数据库（图 2-10）。

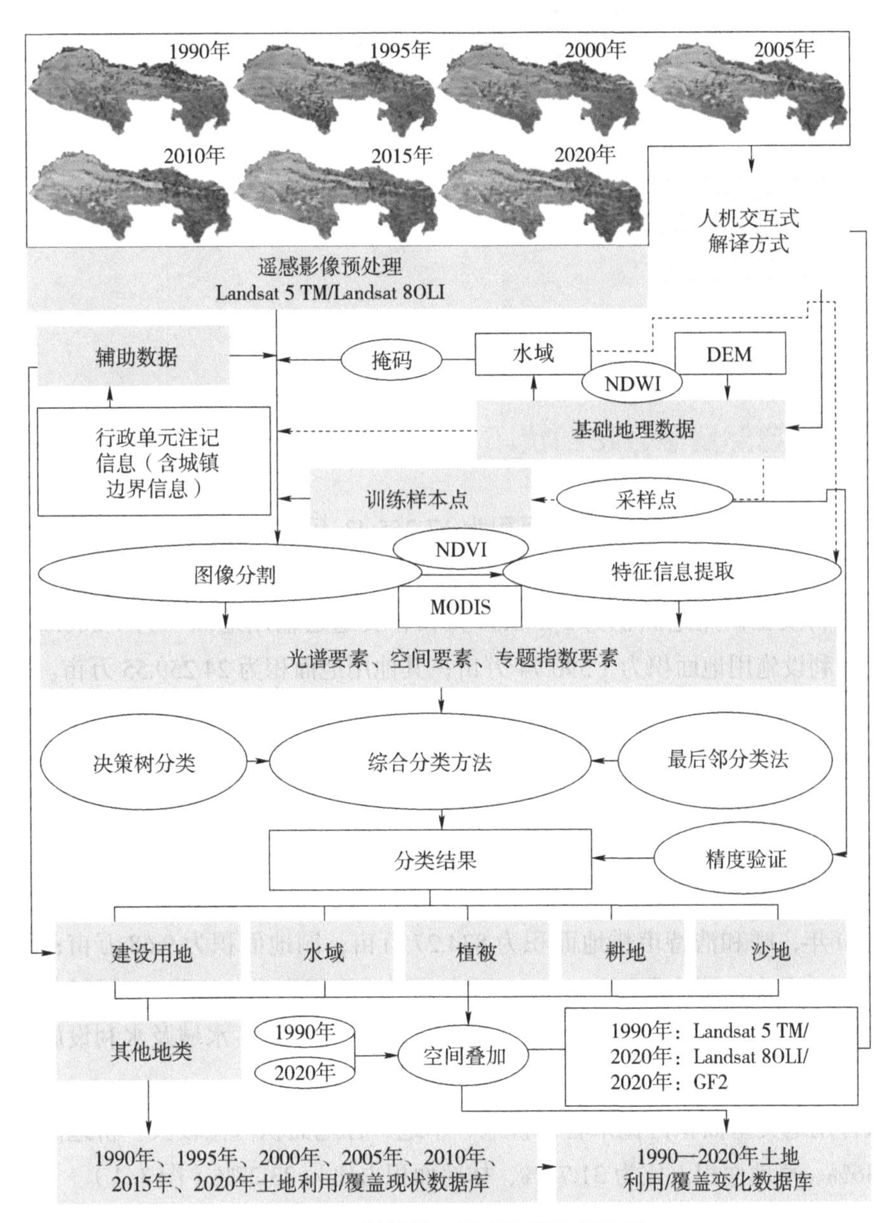

图 2-10　沙地演变遥感监测技术流程

第3章 内蒙古自治区自然资源分布现状与格局

3.1 全区自然资源分布现状

2020 年，内蒙古自治区耕地面积为 17 255.43 万亩*；园地面积为 70.82 万亩；林地面积为 36 551.85 万亩；草地面积为 81 561.26 万亩；湿地面积为 5 714.09 万亩；城镇村及工矿用地面积为 2 243.64 万亩；交通运输用地面积为 1 200.62 万亩；水域及水利设施用地面积为 1 596.74 万亩；其他用地面积为 24 259.55 万亩。

3.2 各盟（市）自然资源分布格局

3.2.1 呼和浩特市

2020 年，呼和浩特市耕地面积为 834.27 万亩；园地面积为 9.68 万亩；林地面积为 599.90 万亩；草地面积为 819.38 万亩；湿地面积为 26.38 万亩；城镇村及工矿用地面积为 147.01 万亩；交通运输用地面积为 45.72 万亩；水域及水利设施用地面积为 33.69 万亩；其他用地面积为 62.19 万亩。

从各用地类型面积占比来看，耕地、草地、林地面积占比较大。耕地面积占比为 32.36%、草地面积占比为 31.78%、林地面积占比为 23.27%（图 3-1）。

* 1 亩 =1/15 hm^2。

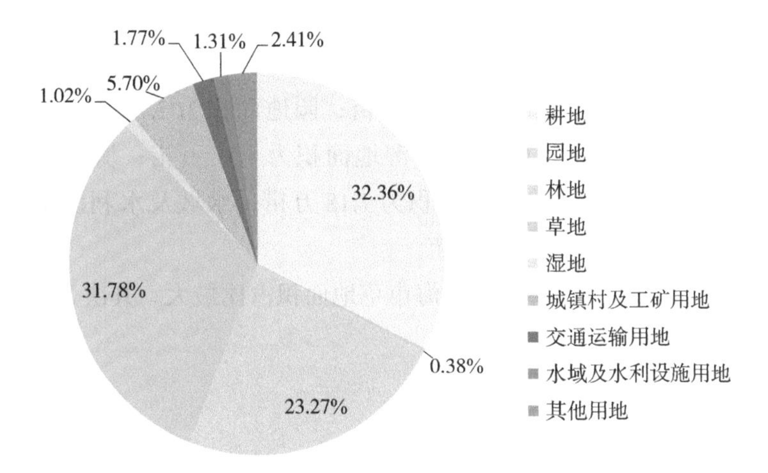

图 3-1　呼和浩特市各土地利用类型面积占比

3.2.2　包头市

2020 年，包头市耕地面积为 645.49 万亩；园地面积为 3.57 万亩；林地面积为 335.06 万亩；草地面积为 2 803.16 万亩；湿地面积为 48.79 万亩；城镇村及工矿用地面积为 161.28 万亩；交通运输用地面积为 44.51 万亩；水域及水利设施用地面积为 41.61 万亩；其他用地面积为 52.12 万亩。

从各用地类型面积占比来看，包头市草地面积占比最大，草地面积占比为 67.78%。其次耕地面积占比较大，面积占比为 15.61%（图 3-2）。

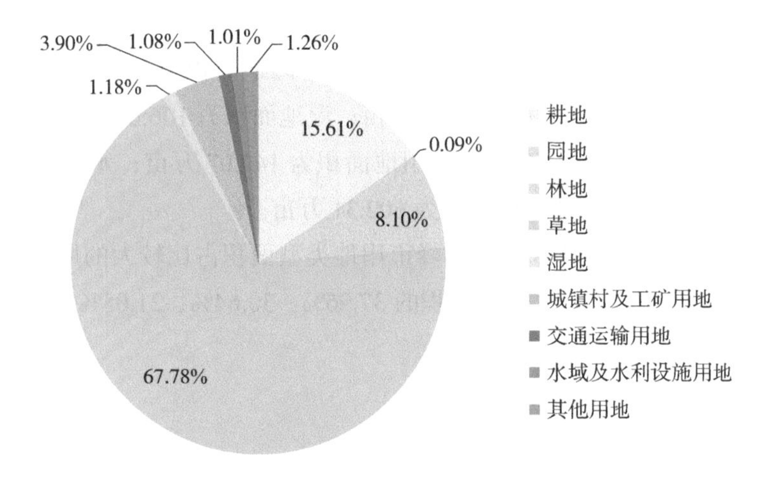

图 3-2　包头市各土地利用类型面积占比

3.2.3 乌海市

2020 年，乌海市耕地面积为 13.22 万亩；园地面积为 2.74 万亩；林地面积为 14.93 万亩；草地面积为 132.02 万亩；湿地面积为 4.77 万亩；城镇村及工矿用地面积为 55.82 万亩；交通运输用地面积为 7.18 万亩；水域及水利设施用地面积为 13.56 万亩；其他用地面积为 6.06 万亩。

从各用地类型面积占比来看，乌海市草地面积占比最大。其次为城镇村及工矿用地，面积占比为 22.30%（图 3-3）。

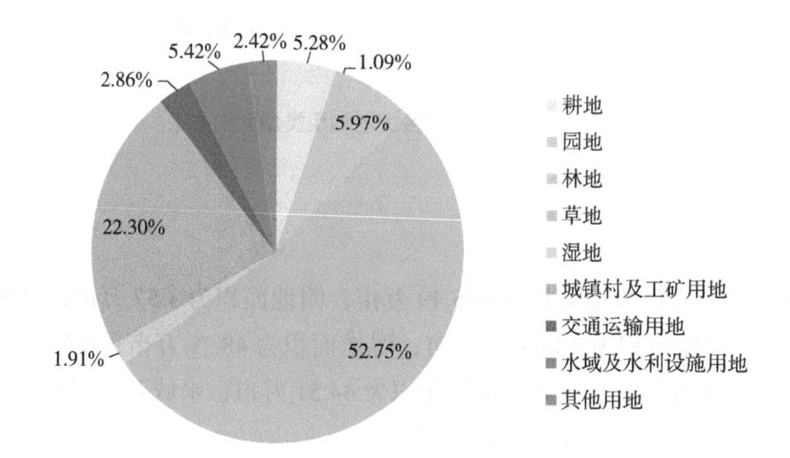

图 3-3 乌海市各土地利用类型面积占比

3.2.4 赤峰市

2020 年，赤峰市耕地面积为 2 743.94 万亩；园地面积为 21.18 万亩；林地面积为 4 949.18 万亩；草地面积为 3 994.86 万亩；湿地面积为 106.64 万亩；城镇村及工矿用地面积为 327.14 万亩；交通运输用地面积为 149.07 万亩；水域及水利设施用地面积为 142.94 万亩；其他用地面积为 602.31 万亩。

从各用地类型面积占比来看，赤峰市用地类型面积占比较大的用地类型依次为林地、草地、耕地，分别占土地总面积的 37.96%、30.64%、21.05%（图 3-4）。

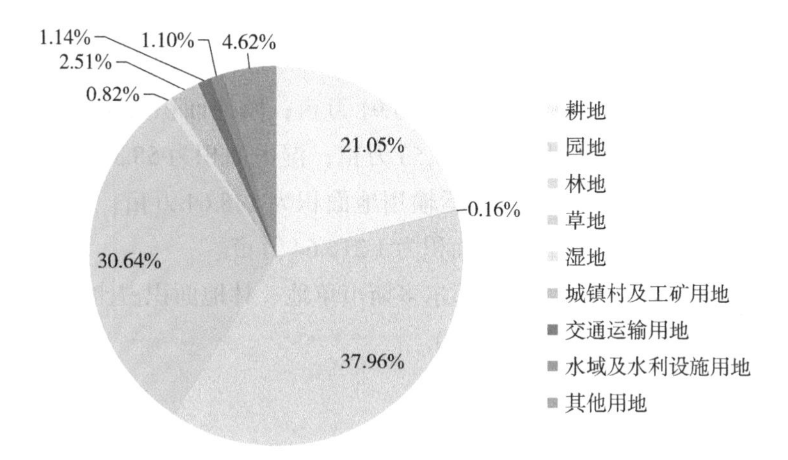

图 3-4　赤峰市各土地利用类型面积占比

3.2.5　通辽市

2020 年，通辽市耕地面积为 3 199.94 万亩；园地面积为 7.66 万亩；林地面积为 2 170.67 万亩；草地面积为 2 662.32 万亩；湿地面积为 59.02 万亩；城镇村及工矿用地面积为 295.99 万亩；交通运输用地面积为 144.74 万亩；水域及水利设施用地面积为 85.85 万亩；其他用地面积为 203.19 万亩。

从各用地类型面积占比来看，通辽市耕地、草地、林地面积占比较大，分别占土地总面积的 36.24%、30.15% 和 24.58%（图 3-5）。

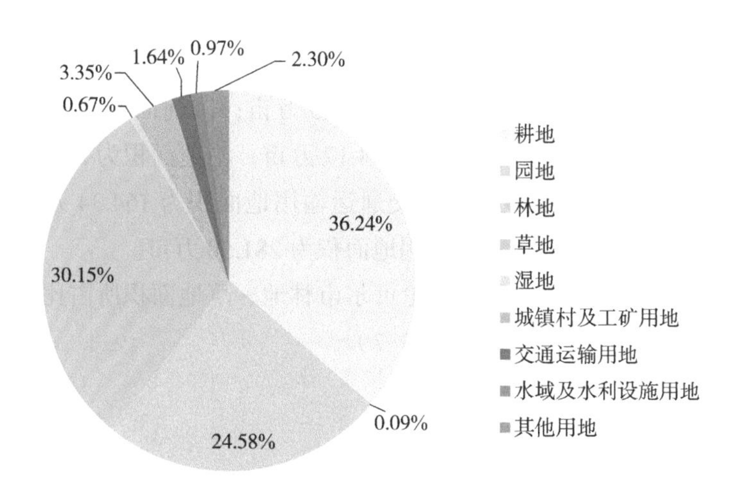

图 3-5　通辽市各土地利用类型面积占比

3.2.6 鄂尔多斯市

2020 年，鄂尔多斯市耕地面积为 903.91 万亩；园地面积为 4.68 万亩；林地面积为 2 559.08 万亩；草地面积为 7 727.53 万亩；湿地面积为 58.39 万亩；城镇村及工矿用地面积为 253.23 万亩；交通运输用地面积为 148.64 万亩；水域及水利设施用地面积为 160.25 万亩；其他用地面积为 1 216.64 万亩。

从各用地类型面积占比来看，鄂尔多斯市草地、林地面积占比较大，分别占土地总面积的 59.30%、19.64%（图 3-6）。

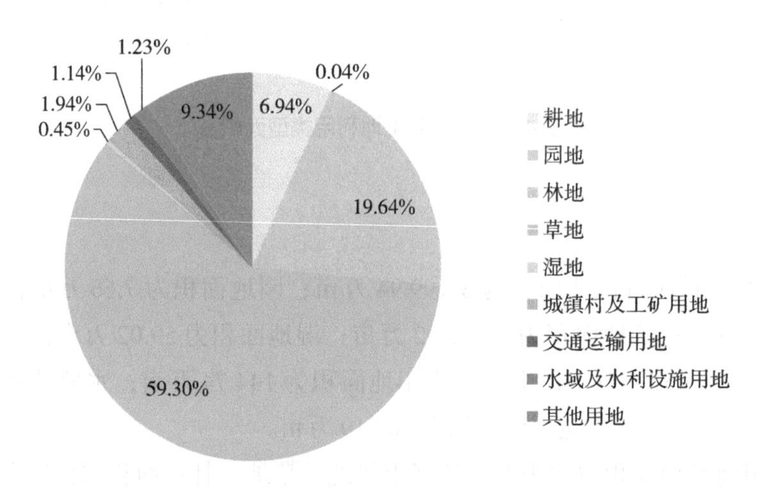

图 3-6 鄂尔多斯市各土地利用类型面积占比

3.2.7 呼伦贝尔市

2020 年，呼伦贝尔市耕地面积为 3 176.65 万亩；园地面积为 5.40 万亩；林地面积为 16 997.26 万亩；草地面积为 10 074.17 万亩；湿地面积为 3 709.28 万亩；城镇村及工矿用地面积为 222.25 万亩；交通运输用地面积为 164.34 万亩；水域及水利设施用地面积为 562.13 万亩；其他用地面积为 281.50 万亩。

从各用地类型面积占比来看，呼伦贝尔市林地、草地面积所占比例较大，分别占土地总面积的 48.30%、28.63%（图 3-7）。

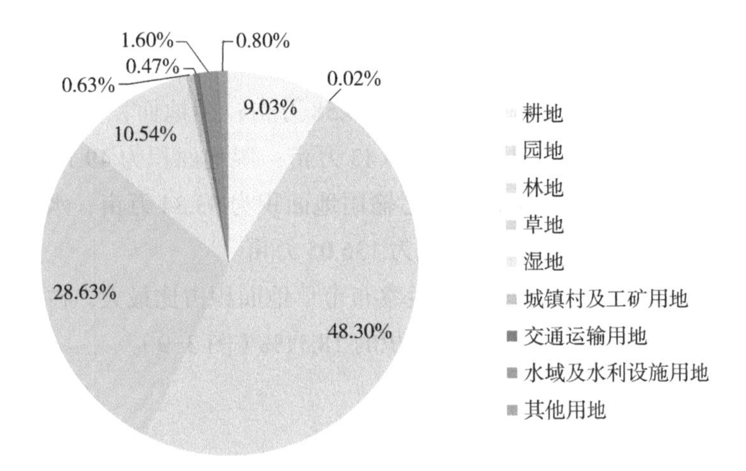

图 3-7　呼伦贝尔市各土地利用类型面积占比

3.2.8　巴彦淖尔市

2020 年，巴彦淖尔市耕地面积为 1 357.67 万亩；园地面积为 5.02 万亩；林地面积为 775.04 万亩；草地面积为 5 847.40 万亩；湿地面积为 37.19 万亩；城镇村及工矿用地面积为 178.01 万亩；交通运输用地面积为 90.57 万亩；水域及水利设施用地面积为 233.61 万亩；其他用地面积为 1 246.50 万亩。

从各用地类型面积占比来看，巴彦淖尔市草地面积占比最大，占土地总面积的 59.84%（图 3-8）。

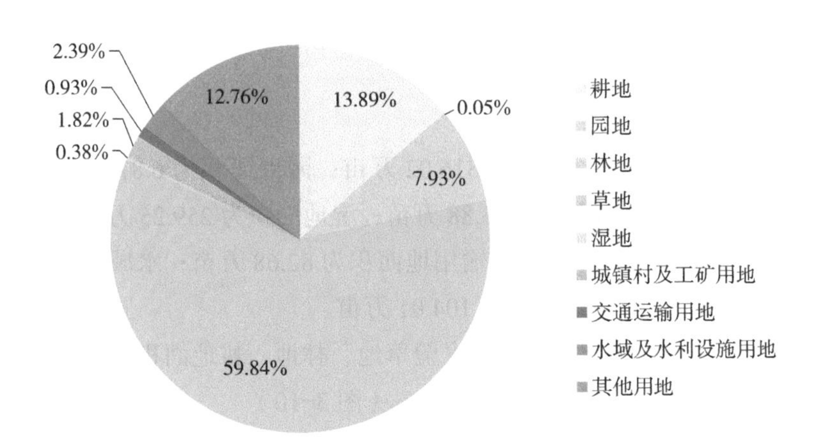

图 3-8　巴彦淖尔市各土地利用类型面积占比

3.2.9 乌兰察布市

2020 年，乌兰察布市耕地面积为 1 495.58 万亩；园地面积为 2.22 万亩；林地面积为 1 042.69 万亩；草地面积为 5 106.43 万亩；湿地面积为 49.18 万亩；城镇村及工矿用地面积为 192.61 万亩；交通运输用地面积为 93.34 万亩；水域及水利设施用地面积为 50.30 万亩；其他用地面积为 136.05 万亩。

从各用地类型面积占比来看，乌兰察布市草地面积占比最大，占土地总面积的 62.51%。其次为耕地面积，占土地总面积的 18.31%（图 3-9）。

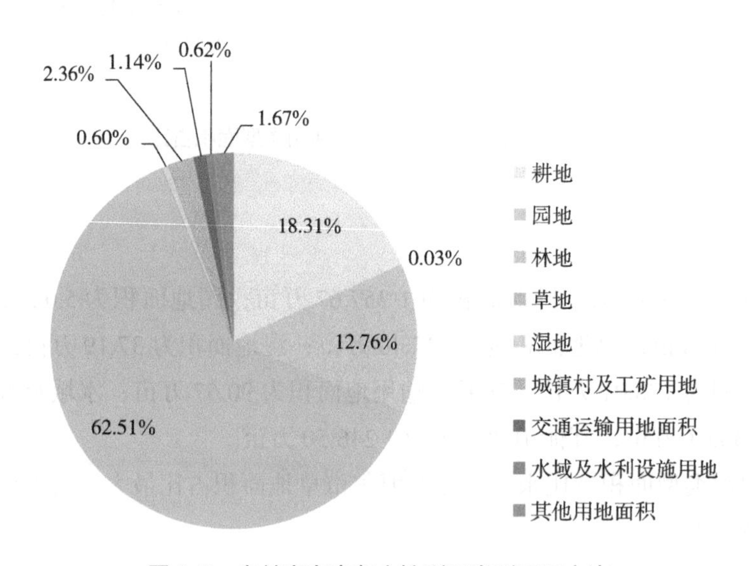

图 3-9 乌兰察布市各土地利用类型面积占比

3.2.10 兴安盟

2020 年，兴安盟耕地面积为 2 316.02 万亩；园地面积为 6.87 万亩；林地面积为 2 554.08 万亩；草地面积为 2 683.88 万亩；湿地面积为 259.25 万亩；城镇村及工矿用地面积为 168.22 万亩；交通运输用地面积为 82.68 万亩；水域及水利设施用地面积为 94.66 万亩；其他用地面积为 104.01 万亩。

从各用地类型面积占比来看，兴安盟草地、林地、耕地面积排在前三位，分别占土地总面积的 32.45%、30.88% 及 28.01%（图 3-10）。

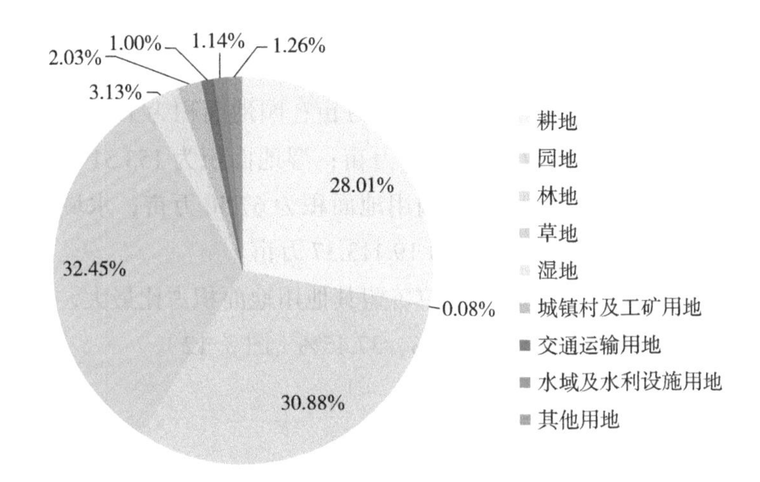

图 3-10　兴安盟各土地利用类型面积占比

3.2.11　锡林郭勒盟

2020 年，锡林郭勒盟耕地面积为 461.98 万亩；园地面积为 0.09 万亩；林地面积为 1 517.49 万亩；草地面积为 26 158.20 万亩；湿地面积为 1 201.69 万亩；城镇村及工矿用地面积为 151.14 万亩；交通运输用地面积为 162.33 万亩；水域及水利设施用地面积为 110.49 万亩；其他用地面积为 219.29 万亩。

从各用地类型面积占比来看，锡林郭勒盟草地面积占比最大，占土地总面积的 87.24%（图 3-11）。

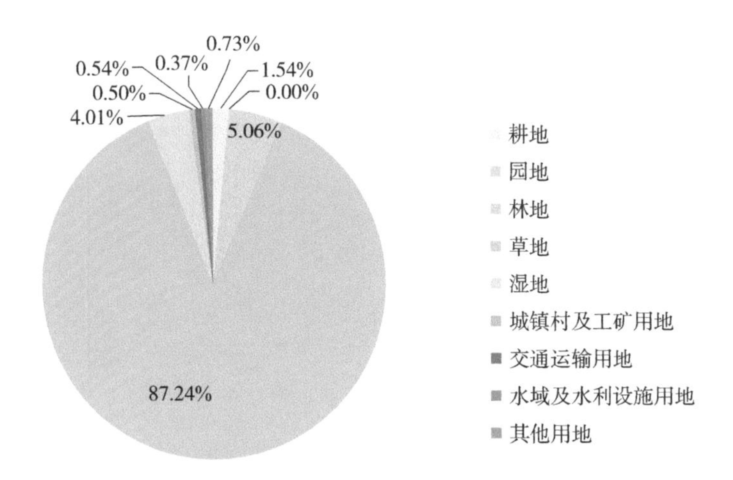

图 3-11　锡林郭勒盟各土地利用类型面积占比

3.2.12 阿拉善盟

2020 年，阿拉善盟耕地面积为 106.76 万亩；园地面积为 1.71 万亩；林地面积为 3 036.47 万亩；草地面积为 13 552.05 万亩；湿地面积为 153.51 万亩；城镇村及工矿用地面积为 90.94 万亩；交通运输用地面积为 67.50 万亩；水域及水利设施用地面积为 67.65 万亩；其他用地面积为 19 113.37 万亩。

从各用地类型面积占比来看，阿拉善盟其他用地面积占比最大，草地面积占比次之，占土地总面积比例分别为 52.81%、37.45%（图 3-12）。

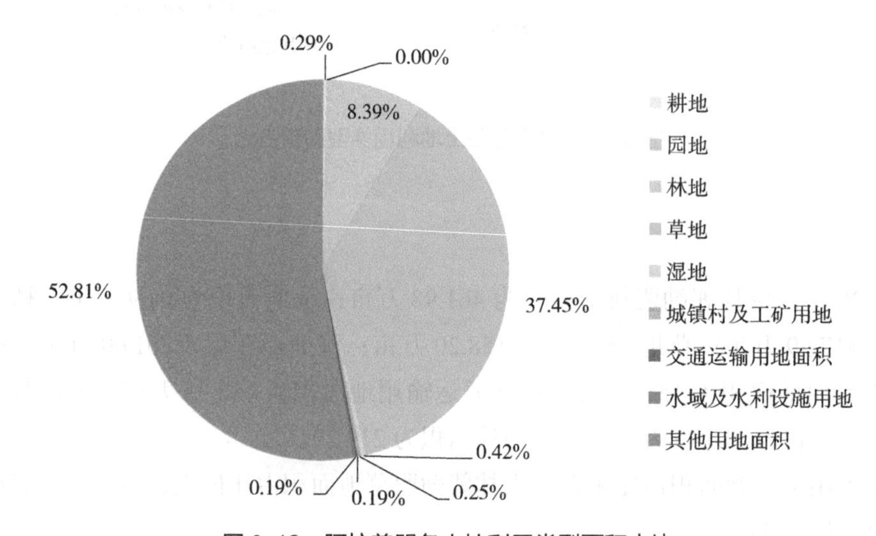

图 3-12 阿拉善盟各土地利用类型面积占比

第4章 内蒙古自治区自然资源动态变化与区域分异

4.1 全区自然资源动态变化

2010—2020 年，全区自然资源结构变化表现为园地、草地、水体面积减少，而耕地、林地、城镇村及工矿用地及交通运输用地面积增加。其中，全区耕地、园地、草地、水域及水利设施用地和其他用地面积逐年减少。而林地、城镇村及工矿用地和交通运输用地面积逐年增加（表 4-1）。

表 4-1 内蒙古土地利用面积变化

土地类型	土地面积		面积变化	
	2010 年 / 万亩	2020 年 / 万亩	增加面积 / 万亩	增长比例 /%
耕地	13 666.29	17 255.43	3 589.14	26.26
园地	84.54	70.82	-13.73	-16.23
林地	32 806.42	36 551.85	3 745.43	11.42
草地	88 716.98	81 561.26	-7 155.72	-8.07
城镇村及工矿用地	1 826.60	2 243.64	417.04	22.83
交通运输用地	792.60	1 200.62	408.02	51.47
水域及水利设施用地	5 873.66	1 596.74	-4 276.92	-72.82
其他用地	28 056.97	24 259.55	-3 797.43	-13.53

注：数据来源于第二次全国土地调查成果、第三次全国土地调查成果和全国地理国情普查成果数据。

4.2 各盟（市）自然资源动态变化分异

4.2.1 呼和浩特市

2010—2020 年，呼和浩特市耕地面积减少 13.73 万亩，减少比例为 1.62%；园地面积增加 3.98 万亩，增长比例为 69.82%；林地面积增加 45.32 万亩，增长比例为 8.17%；草地面积减少 73.34 万亩，减少比例为 8.22%；城镇村及工矿用地面积增加 20.42 万亩，增长比例为 16.13%；交通运输用地面积增加 13.92 万亩，增长比例为 43.79%；水域及水利设施用地面积减少 45.11，减少比例为 57.25%；其他用地面积增加 22.48 万亩，增长比例为 56.60%（表 4-2）。

表 4-2　呼和浩特市土地利用面积变化

土地类型	土地面积		土地变化	
	2010 年 / 万亩	2020 年 / 万亩	增加面积 / 万亩	增长比例 /%
耕地	848	834.27	-13.73	-1.62
园地	5.70	9.68	3.98	69.82
林地	554.58	599.90	45.32	8.17
草地	892.73	819.38	-73.34	-8.22
城镇村及工矿用地	126.59	147.01	20.42	16.13
交通运输用地	31.80	45.72	13.92	43.79
水域及水利设施用地	78.80	33.69	-45.11	-57.25
其他用地	39.71	62.19	22.48	56.60

4.2.2 包头市

2010—2020 年，包头市耕地面积增加 3.86 万亩，增长比例为 0.60%；园地面积增加 0.39 万亩，增长比例为 12.26%；林地面积增加 150.57 万亩，增长比例为 81.61%；草地面积减少 208.42 万亩，减少比例为 6.92%；城镇村及工矿用地面积增加 41.39 万亩，增长比例为 34.52%；交通运输用地面积增加 15.22 万亩，增长比例为 51.98%；水域及水利设施用地面积减少 72.08 万亩，减少比例为 63.40%；其他用地面积增加 20.08 万亩，增长比例为 62.67%（表 4-3）。

表 4-3　包头市土地利用面积变化

土地类型	土地面积		土地变化	
	2010 年 / 万亩	2020 年 / 万亩	增加面积 / 万亩	增长比例 /%
耕地	641.63	645.49	3.86	0.60
园地	3.18	3.57	0.39	12.26
林地	184.49	335.06	150.57	81.61
草地	3 011.44	2 803.02	-208.42	-6.92
城镇村及工矿用地	119.89	161.28	41.39	34.52
交通运输用地	29.29	44.51	15.22	51.98
水域及水利设施用地	113.70	41.61	-72.08	-63.40
其他用地	32.04	52.12	20.08	62.67

4.2.3　乌海市

2010—2020 年，乌海市耕地面积增加 0.05 万亩，增长比例为 0.38%；园地面积增加 1.07 万亩，增长比例为 64.07%；林地面积增加 4.78 万亩，增长比例为 47.09%；草地面积减少 12.84 万亩，减少比例为 8.86%；城镇村及工矿用地面积增加 23.15 万亩，增长比例为 70.86%；交通运输用地面积增加 2.96 万亩，增长比例为 69.80%；水域及水利设施用地面积减少 6.97 万亩，减少比例为 33.98%；其他用地面积减少 16.96 万亩，减少比例为 73.68%（表 4-4）。

表 4-4　乌海市土地利用面积变化

土地类型	土地面积		土地变化	
	2010 年 / 万亩	2020 年 / 万亩	增加面积 / 万亩	增长比例 /%
耕地	13.17	13.22	0.05	0.38
园地	1.67	2.74	1.07	64.07
林地	10.15	14.93	4.78	47.09
草地	144.86	132.02	-12.84	-8.86
城镇村及工矿用地	32.67	55.82	23.15	70.86
交通运输用地	4.22	7.18	2.96	70.14
水域及水利设施用地	20.54	13.56	-6.98	-33.98
其他用地	23.02	6.06	-16.96	-73.68

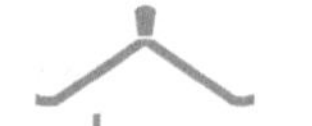

4.2.4 赤峰市

2010—2020 年，赤峰市耕地面积增加 635.21 万亩，增长比例为 30.12%；园地面积减少 18.56 万亩，减少比例为 46.70%；林地面积增加 1 001.40 万亩，增长比例为 25.37%；草地面积减少 1 840.87 万亩，减少比例为 31.54%；城镇村及工矿用地面积增加 39.32 万亩，增长比例为 13.66%；交通运输用地面积增加 47.35 万亩，增长比例为 46.56%；水域及水利设施用地面积减少 111.71 万亩，减少比例为 43.87%；其他用地面积增加 141.21 万亩，增长比例为 30.62%（表 4-5）。

表 4-5 赤峰市土地利用面积变化

土地类型	土地面积		土地变化	
	2010 年 / 万亩	2020 年 / 万亩	增加面积 / 万亩	增长比例 /%
耕地	2 108.73	2 743.94	635.21	30.12
园地	39.74	21.18	-18.56	-46.70
林地	3 947.78	4 949.18	1 001.40	25.37
草地	5 835.73	3 994.86	-1 840.87	-31.54
城镇村及工矿用地	287.82	327.14	39.32	13.66
交通运输用地	101.72	149.07	47.35	46.56
水域及水利设施用地	254.65	142.94	-111.71	-43.87
其他用地	461.10	602.31	141.21	30.62

4.2.5 通辽市

2010—2020 年，通辽市耕地面积增加 1178.93 万亩，增长比例为 58.33%；园地减少 2.42 万亩，减少比例为 24.03%；林地面积增加 40.69 万亩，增长比例为 1.91%；草地面积减少 896.95 万亩，减少比例为 25.20%；城镇村及工矿用地面积增加 21.76 万亩，增长比例为 7.93%；交通运输用地面积增加 29.19 万亩，增长比例为 25.27%；水域及水利设施用地面积减少 122.13 万亩，减少比例为 58.72%；其他用地面积减少 307.90 万亩，减少比例为 60.24%（表 4-6）。

表 4-6　通辽市土地利用面积变化

土地类型	土地面积		土地变化	
	2010 年 / 万亩	2020 年 / 万亩	增加面积 / 万亩	增长比例 /%
耕地	2 021.01	3 199.94	1 178.93	58.33
园地	10.08	7.66	−2.42	−24.03
林地	2 129.98	2 170.67	40.69	1.91
草地	3 559.27	2 662.32	−896.95	−25.20
城镇村及工矿用地	274.23	295.99	21.76	7.93
交通运输用地	115.54	144.74	29.2	25.27
水域及水利设施用地	207.98	85.85	−122.13	−58.72
其他用地	511.09	203.19	−307.90	−60.24

4.2.6　鄂尔多斯市

2010—2020 年，鄂尔多斯市耕地面积增加 293.29 万亩，增长比例为 48.03%；园地面积增加 1.05 万亩，增长比例为 28.93%；林地面积增加 588.68 万亩，增长比例为 29.88%；草地面积减少 356.90 万亩，减少比例为 4.41%；城镇村及工矿用地面积增加 98.01 万亩，增长比例为 63.14%；交通运输用地面积增加 68.59 万亩，增长比例为 85.68%；水域及水利设施用地面积减少 88.65 万亩，减少比例为 35.62%；其他用地面积减少 662.28 万亩，减少比例为 35.25%（表 4-7）。

表 4-7　鄂尔多斯市土地利用面积变化

土地类型	土地面积		土地变化	
	2010 年 / 万亩	2020 年 / 万亩	增加面积 / 万亩	增长比例 /%
耕地	610.62	903.91	293.29	48.03
园地	3.63	4.68	1.05	28.93
林地	1 970.40	2 559.08	588.68	29.88
草地	8 084.43	7 727.53	−356.90	−4.41
城镇村及工矿用地	155.22	253.23	98.01	63.14
交通运输用地	80.05	148.64	68.59	85.68
水域及水利设施用地	248.90	160.25	−88.65	−35.62
其他用地	1 878.92	1 216.64	−662.28	−35.25

4.2.7 呼伦贝尔市

2010—2020 年，呼伦贝尔市耕地面积增加 512.28 万亩，增长比例为 19.23%；园地面积增加 0.37 万亩，增长比例为 7.36%；林地面积减少 1 011.52 万亩，减少比例为 5.62%；草地面积减少 2 005.04 万亩，减少比例为 16.60%；城镇村及工矿用地面积减少了 13.77 万亩，减少比例为 5.83%；交通运输用地面积增加 19.48 万亩，增长比例为 13.45%；水域及水利设施用地面积减少 2 883.18 万亩，减少比例为 83.68%；其他用地面积减少 1 051.34 万亩，减少比例为 78.88%（表 4-8）。

表 4-8 呼伦贝尔市土地利用面积变化

土地类型	土地面积		土地变化	
	2010 年 / 万亩	2020 年 / 万亩	增加面积 / 万亩	增长比例 /%
耕地	2 664.37	3 176.65	512.28	19.23
园地	5.03	5.40	0.37	7.36
林地	18 008.78	16 997.26	-1 011.52	-5.62
草地	12 079.21	10 074.17	-2 005.04	-16.60
城镇村及工矿用地	236.02	222.25	-13.77	-5.83
交通运输用地	144.86	164.34	19.48	13.45
水域及水利设施用地	3 445.31	562.13	-2 883.18	-83.68
其他用地	1 332.84	281.50	-1 051.34	-78.88

4.2.8 巴彦淖尔市

2010—2020 年，巴彦淖尔市耕地面积增加 304.16 万亩，增长比例为 28.87%；园地面积减少 1.93 万亩，减少比例为 27.77%；林地面积增加 534.86 万亩，增长比例为 222.69%；草地面积减少 573.49 万亩，减少比例为 8.93%；城镇村及工矿用地面积增加 36.99 万亩，增长比例为 26.23%；交通运输用地面积增加 35.29 万亩，增长比例为 63.85%；水域及水利设施用地面积减少 195.52 万亩，减少比例为 45.56%；其他用地面积减少 177.44 万亩，减少比例为 12.46%（表 4-9）。

表 4-9　巴彦淖尔市土地利用面积变化

土地类型	土地面积		土地变化	
	2010 年 / 万亩	2020 年 / 万亩	增加面积 / 万亩	增长比例 /%
耕地	1 053.51	1 357.67	304.16	28.87
园地	6.95	5.02	-1.93	-27.77
林地	240.18	775.04	534.86	222.69
草地	6 420.89	5 847.40	-573.49	-8.93
城镇村及工矿用地	141.02	178.01	36.99	26.23
交通运输用地	55.28	90.57	35.29	63.85
水域及水利设施用地	429.13	233.61	-195.52	-45.56
其他用地	1 423.94	1 246.50	-177.44	-12.46

4.2.9　乌兰察布市

2010—2020 年，乌兰察布市耕地面积增加 124.94 万亩，增长比例为 9.12%；园地面积增加 0.39 万亩，增长比例为 21.31%；林地面积减少 67.81 万亩，减少比例为 6.11%；草地面积减少 30.69 万亩，减少比例为 0.60%；城镇村及工矿用地面积增加 50.44 万亩，增长比例为 35.48%；交通运输用地面积增加 38.51 万亩，增长比例为 70.23%；水域及水利设施用地面积减少 81.35 万亩，减少比例为 61.79%；其他用地面积减少 83.55 万亩，减少比例为 38.05%（表 4-10）。

表 4-10　乌兰察布市土地利用面积变化

土地类型	土地面积		土地变化	
	2010 年 / 万亩	2020 年 / 万亩	增加面积 / 万亩	增长比例 /%
耕地	1 370.64	1 495.58	124.94	9.12
园地	1.83	2.22	0.39	21.31
林地	1 110.50	1 042.69	-67.81	-6.11
草地	5 137.12	5 106.43	-30.69	-0.60
城镇村及工矿用地	142.17	192.61	50.44	35.48
交通运输用地	54.83	93.34	38.51	70.23
水域及水利设施用地	131.65	50.30	-81.35	-61.79
其他用地	219.60	136.05	-83.55	-38.05

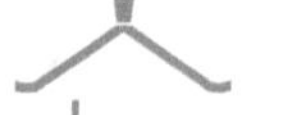

4.2.10 兴安盟

2010—2020 年，兴安盟耕地面积增加 412.27 万亩，增长比例为 21.65%；园地面积增加 1.09 万亩，增长比例为 18.86%；林地面积减少 19.83 万亩，减少比例为 0.77%；草地面积减少 582.28 万亩，减少比例为 17.83%；城镇村及工矿用地面积增加 19.60 万亩，增长比例为 13.19%；交通运输用地面积增加 15.15 万亩，增长比例 22.43%；水域及水利设施用地面积减少 54.98 万亩，减少比例为 36.74%；其他用地面积减少 50.08 万亩，减少比例为 32.50%（表 4-11）。

表 4-11　兴安盟土地利用面积变化

土地类型	土地面积		土地变化	
	2010 年 / 万亩	2020 年 / 万亩	增加面积 / 万亩	增长比例 /%
耕地	1 903.85	2 316.02	412.17	21.65
园地	5.78	6.87	1.09	18.86
林地	2 573.91	2 554.08	-19.83	-0.77
草地	3 266.16	2 683.88	-582.28	-17.83
城镇村及工矿用地	148.62	168.22	19.60	13.19
交通运输用地	67.53	82.68	15.15	22.43
水域及水利设施用地	149.64	94.66	-54.98	-36.74
其他用地	154.09	104.01	-50.06	-32.50

4.2.11 锡林郭勒盟

2010—2020 年，锡林郭勒盟耕地面积增加 100.29 万亩，增长比例为 27.73%；园地面积减少 0.47 万亩，减少比例为 83.93%；林地面积增加 588.15 万亩，增长比例为 63.29%；草地面积减少 790.86 万亩，减少比例为 2.93%；城镇村及工矿用地面积增加 36.87 万亩，增长比例为 32.27%；交通运输用地面积增加 70.38 万亩，增长比例为 76.54%；水域及水利设施用地面积减少 620.34 万亩，减少比例为 84.88%；其他用地面积减少 585.39 万亩，减少比例为 72.75%（表 4-12）。

表 4-12 锡林郭勒盟土地利用面积变化

土地类型	土地面积		土地变化	
	2010 年 / 万亩	2020 年 / 万亩	增加面积 / 万亩	增长比例 /%
耕地	361.69	461.98	100.29	27.73
园地	0.56	0.09	-0.47	-83.93
林地	929.34	1 517.49	588.15	63.29
草地	26 949.06	26 158.20	-790.86	-2.93
城镇村及工矿用地	114.27	151.14	36.87	32.27
交通运输用地	91.95	162.33	70.38	76.54
水域及水利设施用地	730.83	110.49	-620.34	-84.88
其他用地	804.67	219.29	-585.39	-72.75

4.2.12 阿拉善盟

2010—2020 年，阿拉善盟耕地面积增加 37.68 万亩，增长比例为 54.55%；园地面积增加 1.33 万亩，增长比例为 350%；林地面积增加 1 890.15 万亩，增长比例为 164.89%；草地面积增加 215.95 万亩，增加比例为 1.62%；城镇村及工矿用地面积增加 42.86 万亩，增长比例为 89.14%；交通运输用地面积增加 51.97 万亩，增长比例为 334.64%；水域及水利设施用地面积增加 5.12 万亩，增长比例为 8.19%；其他用地面积减少 2 062.57 万亩，减少比例为 9.74%（表 4-13）。

表 4-13 阿拉善盟土地利用面积变化

土地类型	土地面积		土地变化	
	2010 年 / 万亩	2020 年 / 万亩	增加面积 / 万亩	增长比例 /%
耕地	69.08	106.76	37.68	54.55
园地	0.38	1.71	1.33	350.00
林地	1 146.32	3 036.47	1 890.15	164.89
草地	13 336.10	13 552.05	215.97	1.62
城镇村及工矿用地	48.08	90.94	42.86	89.14
交通运输用地	15.53	67.50	51.97	334.64
水域及水利设施用地	62.53	67.65	5.12	8.19
其他用地	21 175.94	19 113.37	-2 062.57	-9.74

第5章 内蒙古自治区自然资源利用条件评价

5.1 自然资源禀赋

资源禀赋是指一个地区拥有各种资源的数量、质量、分布等方面的总体情况。自然资源是区域社会经济发展的物质基础，自然资源的数量多寡影响区域生产发展的规模大小，自然资源的质量及开发利用条件影响区域生产活动的经济效益，自然资源的地域组合影响产业布局和产业结构。因此，一个地区的自然资源禀赋可以作为该地区的自然资源利用条件评价的重要指标。

5.1.1 地表资源分布

5.1.1.1 种植土地空间分布指数

种植土地是指经过开垦种植农作物以及多年生木本和草本作物，并经常耕耘管理，作物覆盖度一般大于50%的土地。包括熟耕地、新开发整理荒地、以农为主的草田轮作地。各种集约化经营管理的乔灌木、热带作物以及果树、苗圃、花圃等土地。具体包括水田、旱地、果园、茶园、橡胶园、苗圃、花圃、其他经济苗木等8个二级类。

种植土地空间分布指数是区域内种植土地占全区比例与该区域面积占全区陆地面积比例的比例，反映种植土地在不同区域的分布情况。空间分布指数值越大，优势度越高，表明该区域内种植土地的分布程度越高。如果空间分布指数大于1，表示种植土地在该区域内的分布属于优势分布。

从全区看各盟市种植土地空间分布指数差异较大，其中通辽市、兴安盟和呼和浩特市种植土地空间分布指数处于领先位置，通辽市以3.65居首；种植土地空间分布指数较小的3个盟市是阿拉善盟、锡林郭勒盟和乌海市，最小值为阿拉善盟的0.03，不足首位通辽市的1%（表5-1和图5-1）。

表5-1 各盟市种植土地空间分布指数

盟市名称	种植土地空间分布指数
呼和浩特市	2.66
包头市	1.22
乌海市	0.58
赤峰市	2.26
通辽市	3.65
鄂尔多斯市	0.69
呼伦贝尔市	0.89
巴彦淖尔市	1.48
乌兰察布市	1.57
兴安盟	2.80
锡林郭勒盟	0.17
阿拉善盟	0.03

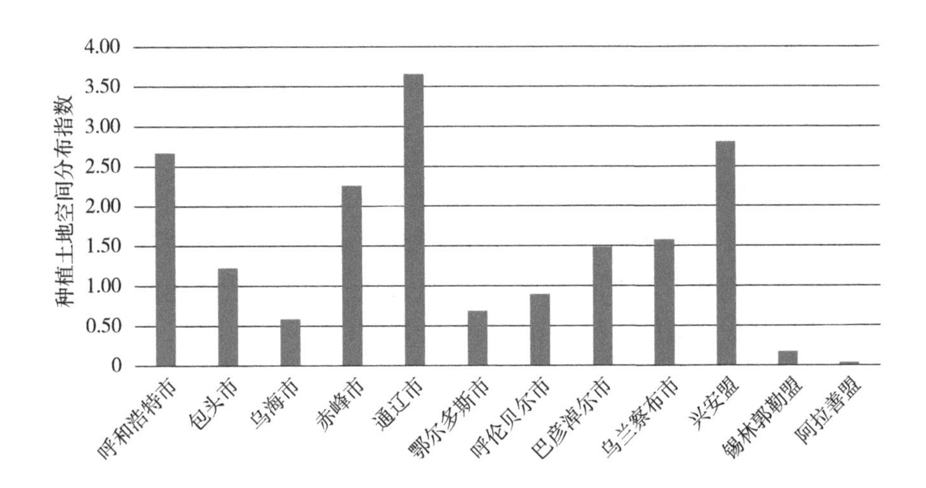

图5-1 各盟市种植土地空间分布指数

可以看出，种植土地空间分布指数大小总体上东部和中部指数大，西部指数小。其中 7 个盟市的种植土地空间分布指数大于 1，主要分布在东部、中部地区；其余 5 个盟市的种植土地空间分布指数小于 1，主要分布在西部地区（图 5-2）。

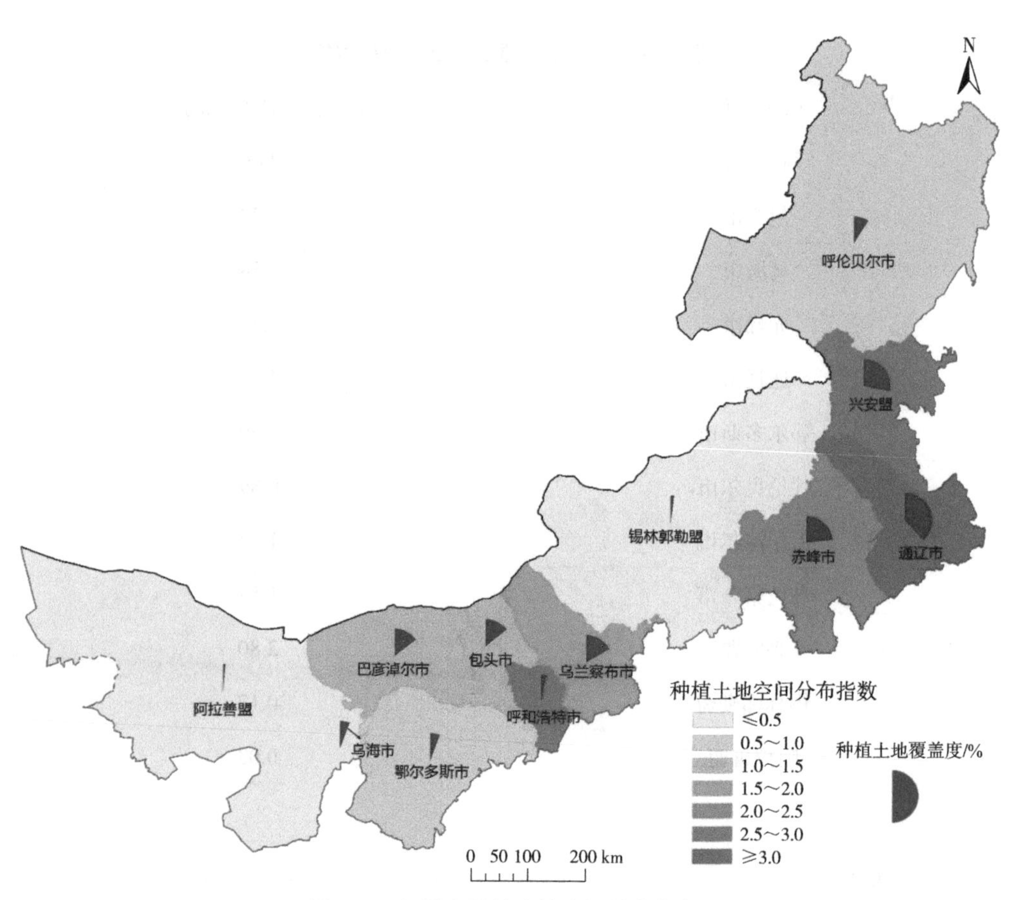

图 5-2　各盟市种植土地空间分布指数

从种植土地的空间分布来看，东部地区的通辽市、兴安盟和赤峰市等盟市的种植土地聚集程度较高。其次是中西部地区的呼和浩特市、巴彦淖尔市和包头市等地区，这里地处河套平原和土默川平原，地势平坦、土壤较肥沃、灌溉条件较好，适宜大面积、机械化耕作。西部地区地广人稀，种植土地聚集程度较低，特别是阿拉善盟，主要是受气候、地形、劳动力等条件的限制（图 5-3）。

图 5-3 全区种植土地分布

5.1.1.2 林草覆盖空间分布指数

林草覆盖是指实地被树木和草连片覆盖的地表，包括乔木林、灌木林、乔灌混合林、竹林、疏林、绿化林地、人工幼林、灌草丛、天然草地、人工草地 10 个二级类。其中天然草地又分为高覆盖度天然草地、中覆盖度天然草地、低覆盖度天然草地。

林草覆盖空间分布指数是区域内林草覆盖占全区比例与该区域面积占全区陆地面积比例的比例，反映林草覆盖在不同区域的分布状况。空间分布指数值越大，优势度越高，表明该区域内林草覆盖的分布程度越高。如果空间分布指数大于 1，表示林草覆盖在该区域内的分布属于优势分布。

从全区看各盟市林草覆盖空间分布指数差异较小，其中锡林郭勒盟、呼伦贝尔市和包头市位居前列，首位锡林郭勒盟（1.28）是末位阿拉善盟（0.64）的 2 倍（表 5-2 和图 5-4）。

表 5-2 各盟市林草覆盖空间分布指数

盟市名称	林草覆盖空间分布指数
呼和浩特市	0.86
包头市	1.08
乌海市	0.82
赤峰市	0.95
通辽市	0.77
鄂尔多斯市	1.07
呼伦贝尔市	1.18
巴彦淖尔市	1.03
乌兰察布市	1.06
兴安盟	0.91
锡林郭勒盟	1.28
阿拉善盟	0.64

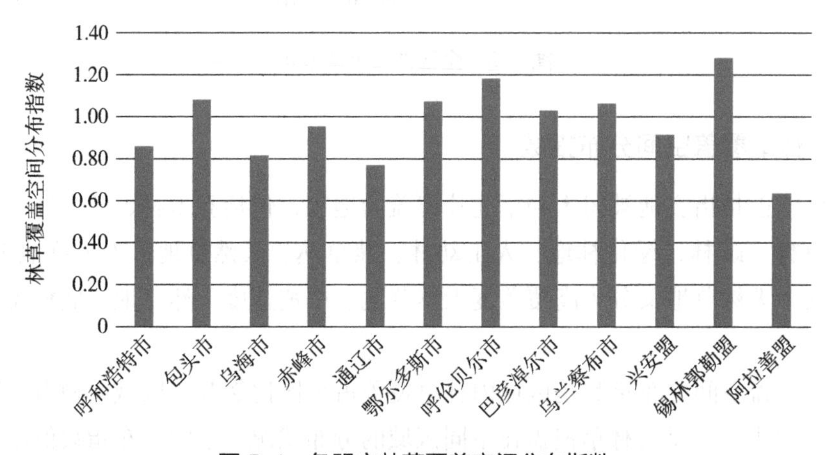

图 5-4 各盟市林草覆盖空间分布指数

可以看出，全区 6 个盟市的林草覆盖空间分布指数大于 1；其余 6 个盟市的林草覆盖空间分布指数小于 1。林草覆盖空间分布指数较高的区域主要集中在中东部（图 5-5）。

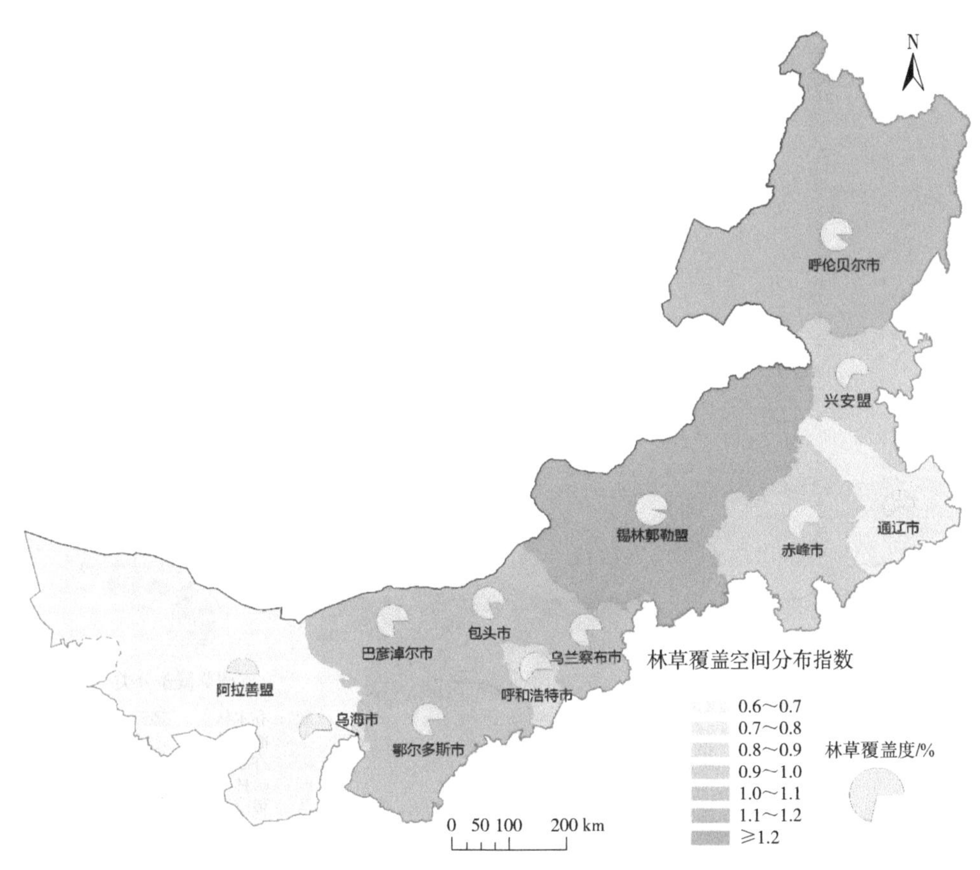

图 5-5 各盟市林草覆盖空间分布指数

从林草覆盖的空间分布来看，林草覆盖主要分布在中部和东部地区，如锡林郭勒盟和呼伦贝尔市；其次为中部地区的乌兰察布市、包头市（图 5-6）。

5.1.2 可复用及后备地表资源

可复用及后备地表资源是指在当前技术条件下，能够通过开发、复垦、整理等措施改变成为种植土地、林草覆盖等地表资源的未利用地或毁损废弃地等，反映区域可用于复垦以及未利用的、可供将来建设的土地资源情况。本节中可复用及后备地表资源主要包括低坡荒漠与裸露地、盐碱地、废弃房屋建筑区和堆放物。

5.1.2.1 低坡荒漠与裸露地构成

荒漠指气候干旱、地表缺水及岩石裸露或地面被沙砾覆盖的自然地理景观。依据《中国生态系统》的分类方法，荒漠包括有植被荒漠和无植被荒漠两种。地理国情普查中有植被荒漠为地表植被覆盖度低于 10%（含植被覆盖度 5%～10% 的荒漠草地），无植被荒漠主要以沙漠、戈壁、石山、高山岩屑、风蚀裸地等为主，具体包括盐碱地表、泥土地表、沙质地表、砾石地表和岩石地表等类型。

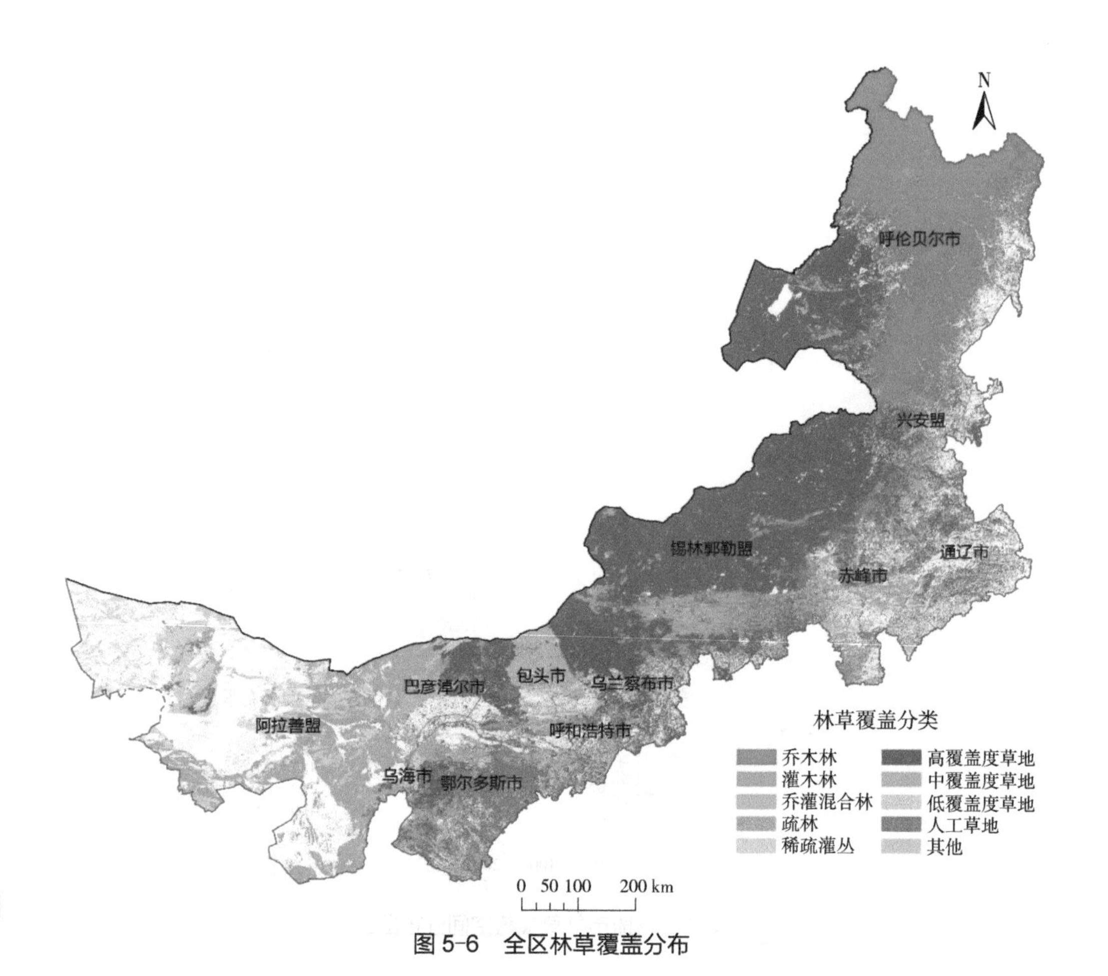

图 5-6　全区林草覆盖分布

全区荒漠与裸露地面积为 14.54 万 km²，95.39% 的荒漠与裸露地分布在西部地区。荒漠与裸露地面积较大的阿拉善盟、鄂尔多斯市、巴彦淖尔市、锡林郭勒盟和赤峰市 5 个盟市占全区荒漠与裸露地面积的 97.81%；荒漠与裸露地面积较小的乌海市、兴安盟、呼和浩特市、包头市和呼伦贝尔市 5 个盟市占全区荒漠与裸露地面积的 1.10%（图 5-7）。

低坡荒漠与裸露地构成是指一个地区内坡度低于 25° 的不同坡度带荒漠裸露地面积与该坡度带面积的比值。值越大，表明该坡度带上的荒漠裸露地面积占比越大。

全区低坡荒漠裸露地面积 14.38 万 km²，占全区荒漠裸露地面积的 98.87%。其中 68.83% 的荒漠与裸露地分布在 5° 以下区域，主要分布在阿拉善盟、鄂尔多斯市、巴彦淖尔市等盟市（表 5-3 和图 5-8）。

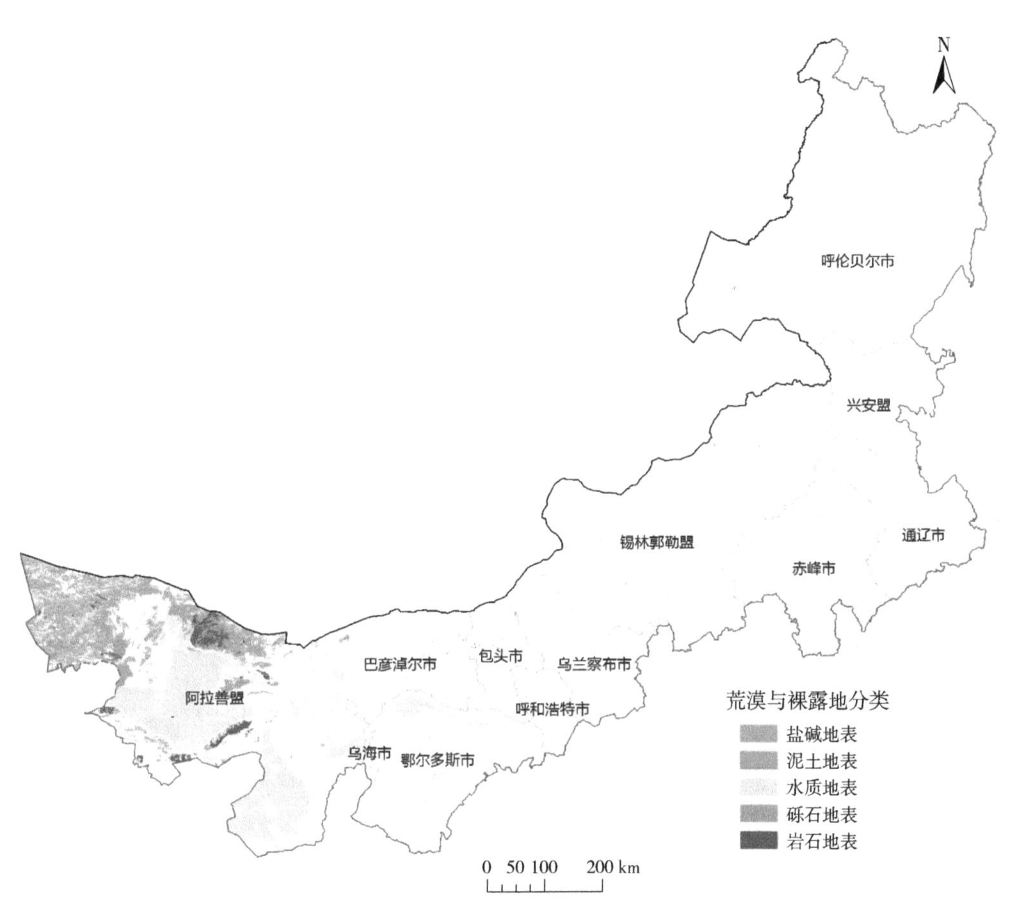

图 5-7 各盟市荒漠与裸露地分布

表 5-3 各盟市低坡荒漠与裸露地构成 单位：%

盟市名称	[0°, 2°)	[2°, 3°)	[3°，5°)	[5°, 6°)	[6°, 8°)	[8°，10°)	[10°，15°)	[15°，25°)
呼和浩特市	1.28	2.23	1.89	1.81	1.77	1.63	1.33	1.16
包头市	2.15	1.08	1.18	1.68	2.29	2.89	2.72	1.37
乌海市	3.54	2.57	2.37	2.81	3.40	3.92	3.69	3.08
赤峰市	2.55	2.39	2.90	3.26	3.19	2.75	1.73	0.65
通辽市	1.04	2.37	3.22	3.88	4.02	3.73	2.64	0.79
鄂尔多斯市	7.40	10.73	14.31	16.82	16.78	14.38	8.87	2.17
呼伦贝尔市	0.61	0.20	0.09	0.05	0.03	0.02	0.01	0.01
巴彦淖尔市	3.98	6.78	7.68	8.12	7.76	6.76	4.94	2.35
乌兰察布市	1.38	1.00	0.95	0.95	0.94	0.91	0.86	0.55
兴安盟	0.84	0.33	0.20	0.11	0.07	0.04	0.02	0.04
锡林郭勒盟	0.83	0.56	0.76	0.96	1.08	1.12	1.01	0.71
阿拉善盟	38.08	56.58	67.55	74.72	78.19	80.69	81.43	76.20

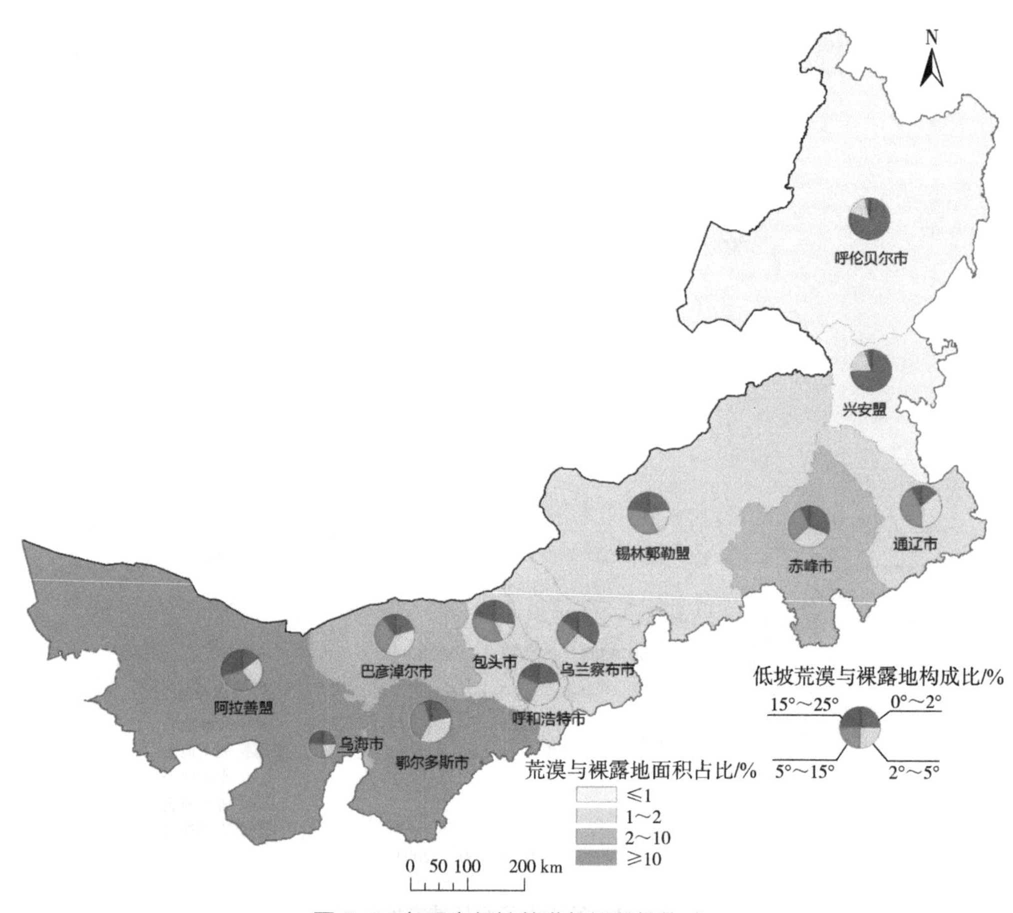

图 5-8　各盟市低坡荒漠与裸露地构成

5.1.2.2　盐碱地占地比例

盐碱地指表层裸露物以盐碱为主的地表。盐碱地占地比例是指一个地区内盐碱地面积与该地区国土面积的比值。值越大，表明该地区的盐碱地面积占比越大。

全区各盟市盐碱地占地比例表现出明显的两极分化趋势，其中阿拉善盟、鄂尔多斯市和锡林郭勒盟盐碱地占地比例高且均高于全区平均值（0.15%），首位阿拉善盟的盐碱地占地比例（0.47%）约为全区平均值的 3 倍。其余 9 个盟市盐碱地占地比例均不足 0.10%（表 5-4 和图 5-9）。

可以看出，盐碱地主要集中分布于西部地区。阿拉善盟与鄂尔多斯市分布着大量的盐碱地，其面积约占全区盐碱地的 76.30%。盐碱地在全区中、东部地区分布较少，仅锡林郭勒盟等盟市有分布（图 5-10 和图 5-11）。

表 5-4 各盟市盐碱地占地比例

盟市名称	盐碱地占地比例 /%
呼和浩特市	—
包头市	0.02
乌海市	0.02
赤峰市	0.01
通辽市	0.03
鄂尔多斯市	0.21
呼伦贝尔市	0.01
巴彦淖尔市	0.01
乌兰察布市	0.07
兴安盟	0.01
锡林郭勒盟	0.16
阿拉善盟	0.47

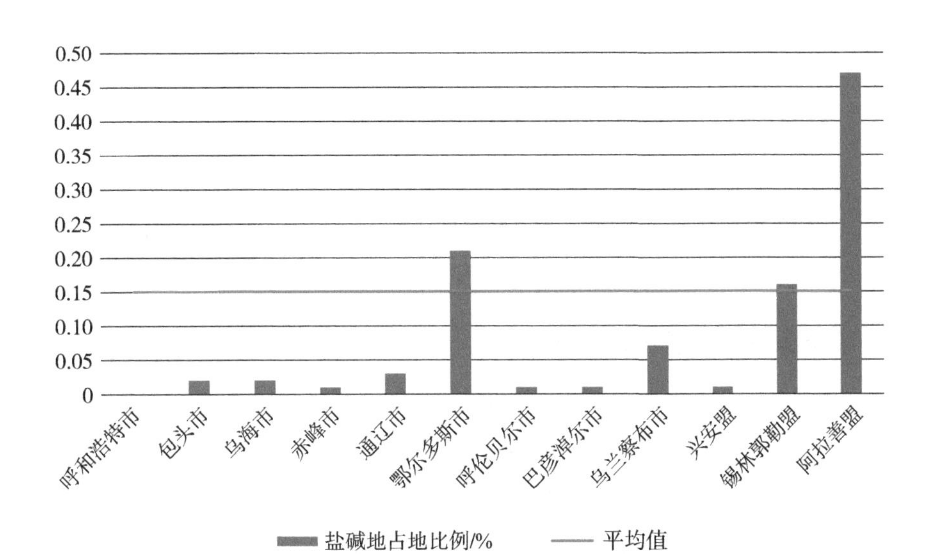

图 5-9 各盟市盐碱地占地比例

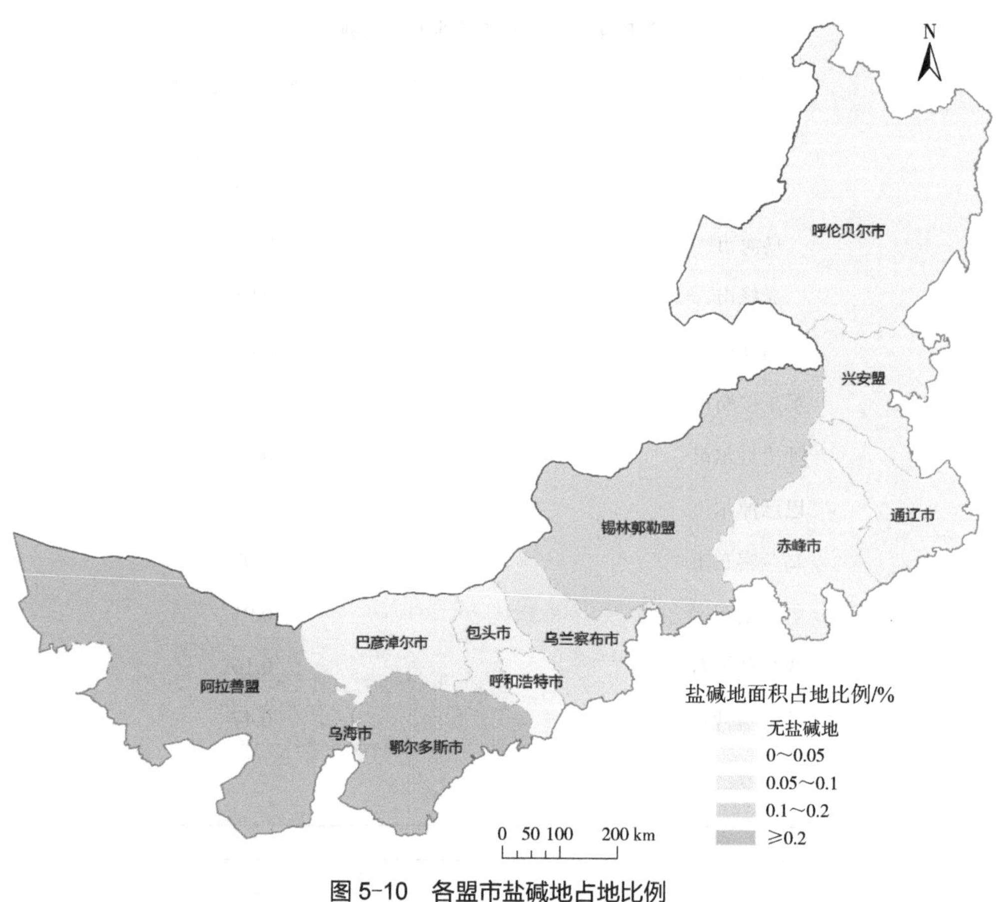

图 5-10　各盟市盐碱地占地比例

阿拉善盟、鄂尔多斯市有大面积、成片分布的盐碱地。阿拉善盟更有天然的吉兰泰盐池，土壤含盐量高，影响作物的正常生长，这也是这些地区种植土地覆盖度小的原因之一。

5.1.2.3　废弃房屋建筑区占地比例

废弃房屋指人口整体迁移、无人居住、废弃的农村地区连片房屋建筑区。废弃房屋建筑区占地比例是指一个地区内废弃房屋面积与该地区土地面积的比值。

可以看出，全区废弃房屋建筑区空间分布极度不均，西部地区乌兰察布市与呼和浩特市的废弃房屋建筑区最为密集，呈现片状空间分布；其次是东部区的赤峰市呈现不连续片状空间分布；而其余盟市的房屋建筑区较为稀少，呈现零星状空间分布（图 5-12）。

图 5-11 各盟市盐碱地分布

全区各盟市废弃房屋建筑区占地比例普遍偏低但差异较为显著，其中乌兰察布市和呼和浩特市遥遥领先，比例分别为 2.01‰ 和 1.43‰；呼伦贝尔市、鄂尔多斯市、巴彦淖尔市占地比例较小，排名最末的呼伦贝尔市仅为 0.01‰（表 5-5）。

全区废弃房屋建筑区面积为 20.88 km^2，全区废弃房屋建筑区占地比例为 0.18‰。其中 5 个盟市的废弃房屋建筑区面积占比大于 0.18‰，主要包括中部的呼包乌地区、西部的乌海市与东部区的赤峰市，原因可归结为这些地区人口较为稠密，城市化进程较快；其余 7 个盟市的废弃房屋建筑区占比小于 0.18‰，主要分布在东部地区（图 5-13 和图 5-14）。

图 5-12 全区废弃房屋建筑区分布

表 5-5 各盟市废弃房屋建筑区占地比例

盟市名称	废弃房屋建筑区占地比例 /‰
呼和浩特市	1.43
包头市	0.18
乌海市	0.38
赤峰市	0.25
通辽市	0.06
鄂尔多斯市	0.05
呼伦贝尔市	0.01
巴彦淖尔市	0.05
乌兰察布市	2.01
兴安盟	0.05
锡林郭勒盟	0.05
阿拉善盟	0.09

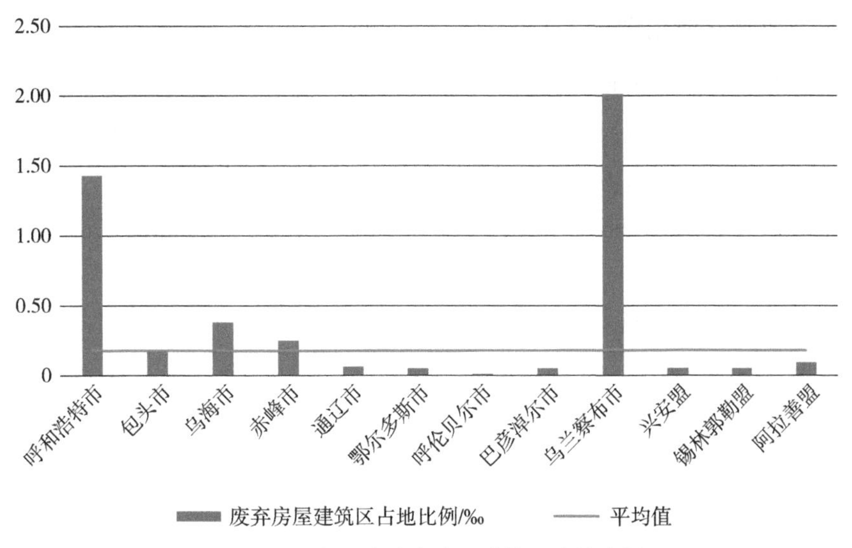

图 5-13　各盟市废弃房屋建筑区占地比例

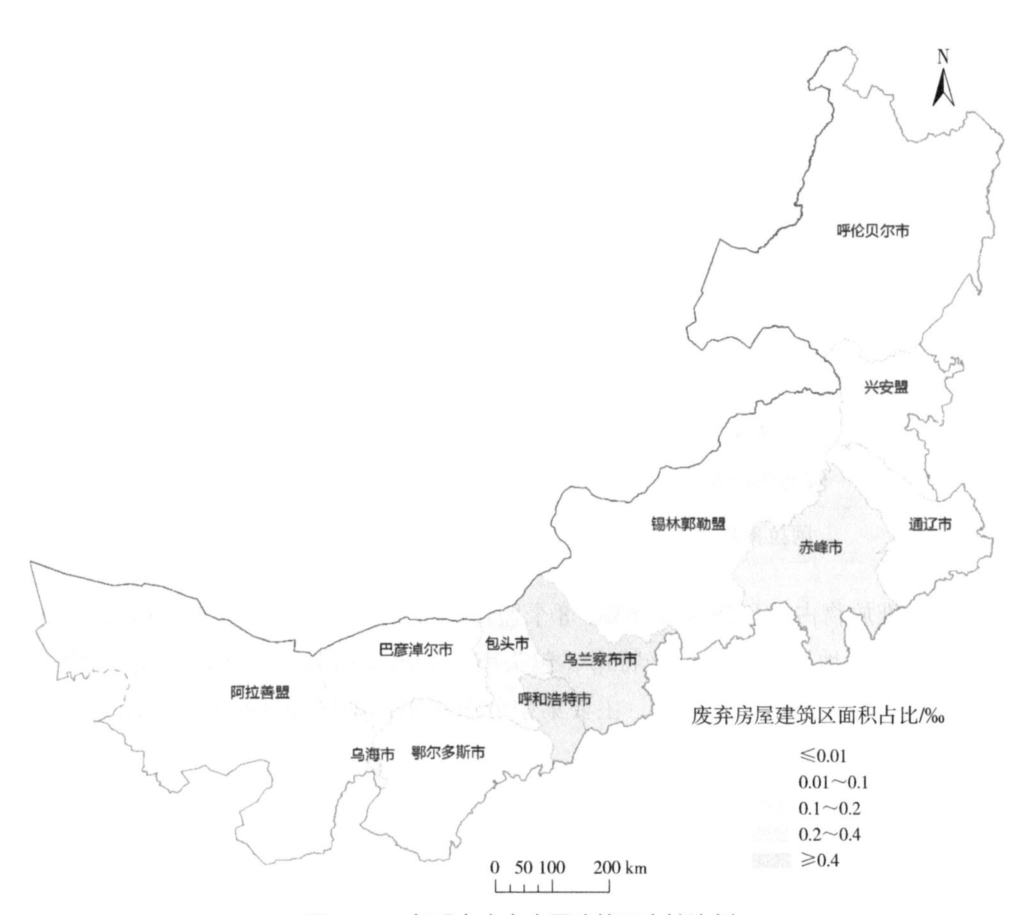

图 5-14　各盟市废弃房屋建筑区占地比例

5.1.2.4 堆放物占地比例

堆放物是指人工长期堆积的各种矿物、尾矿、弃渣、垃圾、沙土、岩屑等人工堆积物覆盖的地表，包括尾矿堆放物、垃圾堆放物和其他堆放物。堆放物占地比例是指一个地区内堆放物面积与该地区土地面积的比值。

全区堆放物面积为 406.61 km^2，其中包头市、鄂尔多斯市和通辽市堆放物占地面积大于 50 km^2。乌海市、包头市和呼和浩特市堆放物占地比例远高于其他盟市，其中乌海市以 7.00‰ 居首。堆放物占地比例较小的 3 个盟市是呼伦贝尔市、兴安盟和阿拉善盟（表 5-6）。

表 5-6　各盟市堆放物占地比例

盟市名称	堆放物占地比例 /‰
呼和浩特市	0.93
包头市	2.30
乌海市	7.00
赤峰市	0.47
通辽市	0.77
鄂尔多斯市	0.49
呼伦贝尔市	0.12
巴彦淖尔市	0.61
乌兰察布市	0.88
兴安盟	0.12
锡林郭勒盟	0.19
阿拉善盟	0.15

全区堆放物占地比例为 0.36‰，8 个盟市的堆放物占地比例大于 0.36‰，主要集中在中西部地区，如呼和浩特市、包头市、鄂尔多斯市、乌海市；仅 4 个盟市的堆放物占地比例小于 0.36‰，主要集中分布在东部地区和阿拉善盟（图 5-15 和图 5-16）。

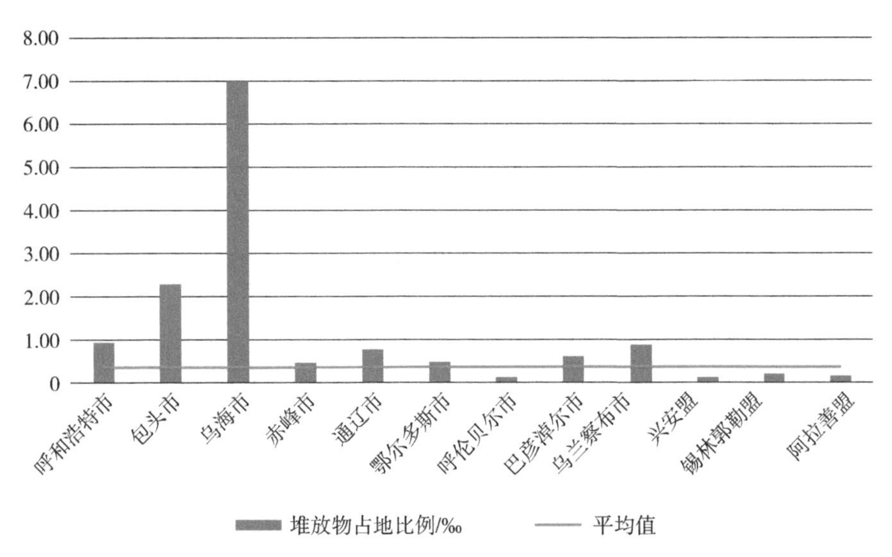

图 5-15　各盟市堆放物占地比例

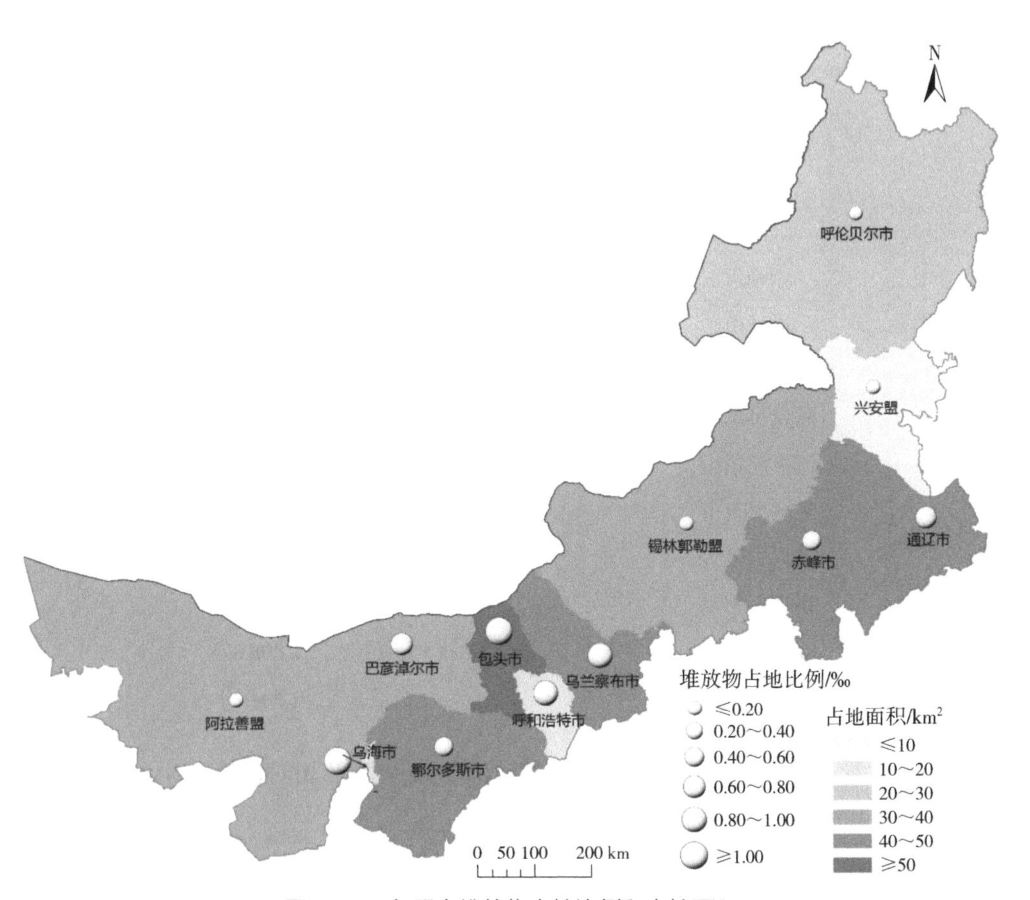

图 5-16　各盟市堆放物占地比例和占地面积

5.2 自然地理区位条件

5.2.1 海拔高差

海拔高差是描述区域地形起伏的一个宏观性的自然地理区位指标，一般用区域内的最高点海拔高度与最低点海拔高度之间的差值表示。

从数值看各盟市海拔高差差异显著。海拔高差较大的盟市有阿拉善盟、赤峰市和兴安盟，其中阿拉善盟最大，为 2 808.87 m；巴彦淖尔市、呼伦贝尔市、乌兰察布市等 7 个盟市次之，海拔高差在 1 300～1 600 m；海拔高差小于 1 300 m 的盟市包括锡林郭勒盟和乌海市，其中乌海市最小，为 748.08 m。自治区平均海拔高差为 1 504.20 m，其中有 5 个盟市海拔高差超过自治区平均值，有 7 个盟市海拔高差在自治区平均值之下（表 5-7 和图 5-17）。

表 5-7　各盟市海拔高差

盟市	海拔高差 /m
呼和浩特市	1 384.23
包头市	1 364.19
乌海市	748.08
赤峰市	1 804.65
通辽市	1 356.33
鄂尔多斯市	1 300.31
呼伦贝尔市	1 535.51
巴彦淖尔市	1 555.67
乌兰察布市	1 394.86
兴安盟	1 612.08
锡林郭勒盟	1 185.59
阿拉善盟	2 808.87
平均值	1 504.20

整体来看，全区 12 个盟市海拔高差数值呈现东西部相对较高、中部相对偏低的特点，与其海拔分布基本一致（图 5-18）。

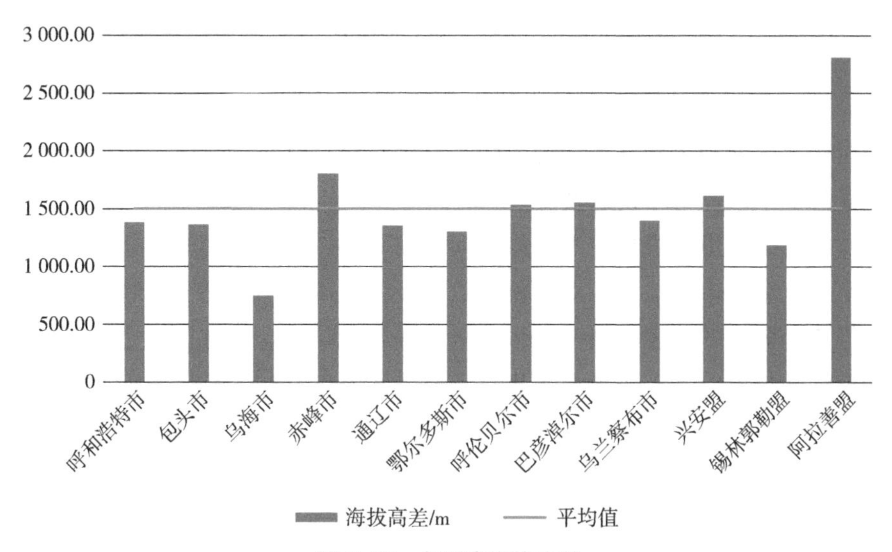

图 5-17　各盟市海拔高差

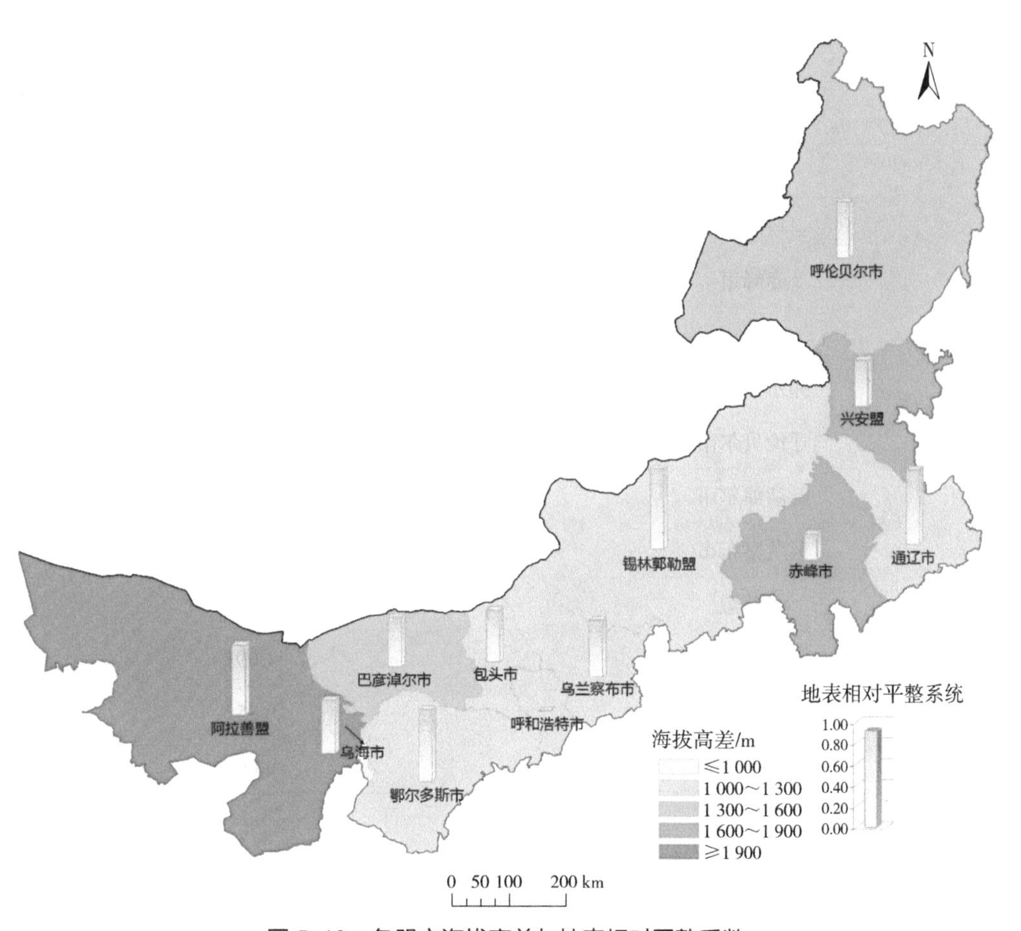

图 5-18　各盟市海拔高差与地表相对平整系数

5.2.2 地表相对平整系数

地表相对平整系数是指区域内地表陆地土地面积与表面积比值的离差标准化值，该指标可以宏观反映区域内地表的平整程度。一般其值越大，说明区域地表越平坦；其值越小，说明区域地表越凹凸。

从数值看各盟市地表相对平整系数均值为 0.66，其中锡林郭勒盟、通辽市和鄂尔多斯市等 7 个盟市的地表相对平整系数高于各盟市均值，呼和浩特市、赤峰市和兴安盟等 5 个盟市的地表相对平整系数低于各盟市均值。锡林郭勒盟、通辽市、鄂尔多斯市和阿拉善盟 4 个盟市地表相对平整系数大于 0.80，总体上地表相对平整系数相对较大，说明上述 4 个盟市地表较为平坦；呼和浩特市、赤峰市地表相对平整系数低于 0.35，地表相对平整系数相对较小，说明地表凹凸程度较大（表 5-8 和图 5-19）。

表 5-8　各盟市地表相对平整系数

盟市	地表相对平整系数
呼和浩特市	0.00
包头市	0.64
乌海市	0.66
赤峰市	0.34
通辽市	0.93
鄂尔多斯市	0.90
呼伦贝尔市	0.71
巴彦淖尔市	0.62
乌兰察布市	0.71
兴安盟	0.59
锡林郭勒盟	1.00
阿拉善盟	0.85
平均值	0.66

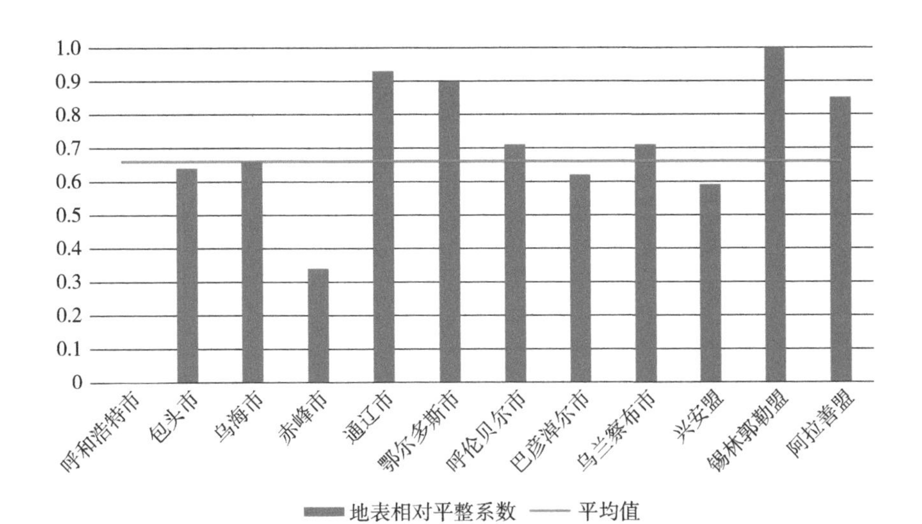

图 5-19　各盟市地表相对平均系数

整体来看，全区 12 个盟市地表相对平整系数数值分布不均匀，但相对集中于高值区域，仅呼和浩特市和赤峰市地表相对平整系数明显偏小，说明全区地表总体凹凸程度不大，偏平坦。

5.3　地表生态状况

5.3.1　自然生态空间覆盖率

自然生态空间覆盖率是一个区域内的自然生态要素空间覆盖面积占区域总面积的比例，是反映一个区域自然生态空间占有情况或者自然资源丰富程度的重要指标，也是确定自然生态空间经营和开发利用的重要依据之一。

从各盟市来看，锡林郭勒盟的自然生态空间覆盖率最高，为 97.25%，是全区整体自然生态空间覆盖率的 1.12 倍；紧随其后的是呼伦贝尔市和鄂尔多斯市，自然生态空间覆盖率分别为 89.53% 和 84.46%，分别是全区整体自然生态空间覆盖率的 1.18 倍和 1.02 倍。自然生态空间覆盖率最低的 3 个盟市为呼和浩特市、乌海市和通辽市，自然生态空间覆盖率只有 66.46%、66.01% 和 59.93%。自然生态空间覆盖率排名最高的锡林郭勒盟是排名最低的通辽市的 1.62 倍（表 5-9 和图 5-20）。

表 5-9　各盟市自然生态空间覆盖率

盟市名称	自然生态空间覆盖率 /%
呼和浩特市	66.46
包头市	83.26
乌海市	66.01
赤峰市	75.71
通辽市	59.93
鄂尔多斯市	84.46
呼伦贝尔市	89.53
巴彦淖尔市	74.54
乌兰察布市	81.13
兴安盟	69.75
锡林郭勒盟	97.25
阿拉善盟	76.84

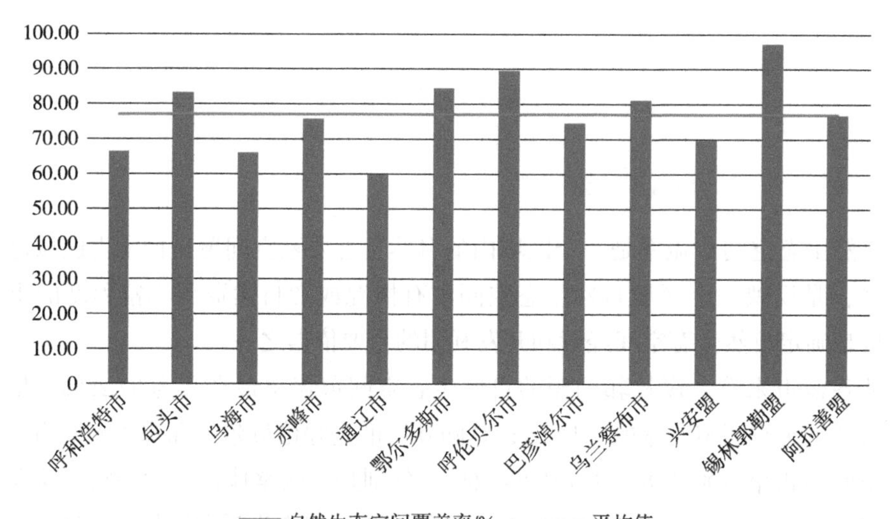

图 5-20　各盟市自然生态空间覆盖率

从整体来看，全区平均自然生态空间覆盖率处于全国的前列（全国第五名）。但从盟市分布来看，自然生态空间覆盖率空间分布差异明显。除了锡林郭勒盟、呼伦贝尔市和鄂尔多斯市自然生态空间覆盖率处于平均值以上，其他的 9 个盟市皆处于平均值以下。这种差异产生的原因主要是地区间的气候水文、地形地貌等自然要素的不同造成的。东部区域的呼伦贝尔市和锡林郭勒盟以林草为主，因此其自然生态空间覆盖率较高；而通辽市和兴安盟的种植土地（耕地、水田等）面积占比较大，造成其自然生态空间覆盖率普遍不高。中部区域的包头市、乌兰察布市因林草面积占比高，因此其自然生态空间覆盖率较高；而呼和浩特市一是种植面积占比大，二是地区经济社会发展水平相对高，进而造成该区域自然生态空间覆盖率低，自然生态空间保护压力大。西部区域以草地和荒漠为主，如鄂尔多斯市和巴彦淖尔市的自然生态空间覆盖率较高；虽然阿拉善盟本身以草地和荒漠为主，但是因其稀疏灌丛面积占比大，是造成其自然生态空间覆盖率较低的主要原因。乌海市不仅政区面积较小，而且受社会经济发展影响较大，造成了其自然生态空间覆盖率较低（图 5-21）。

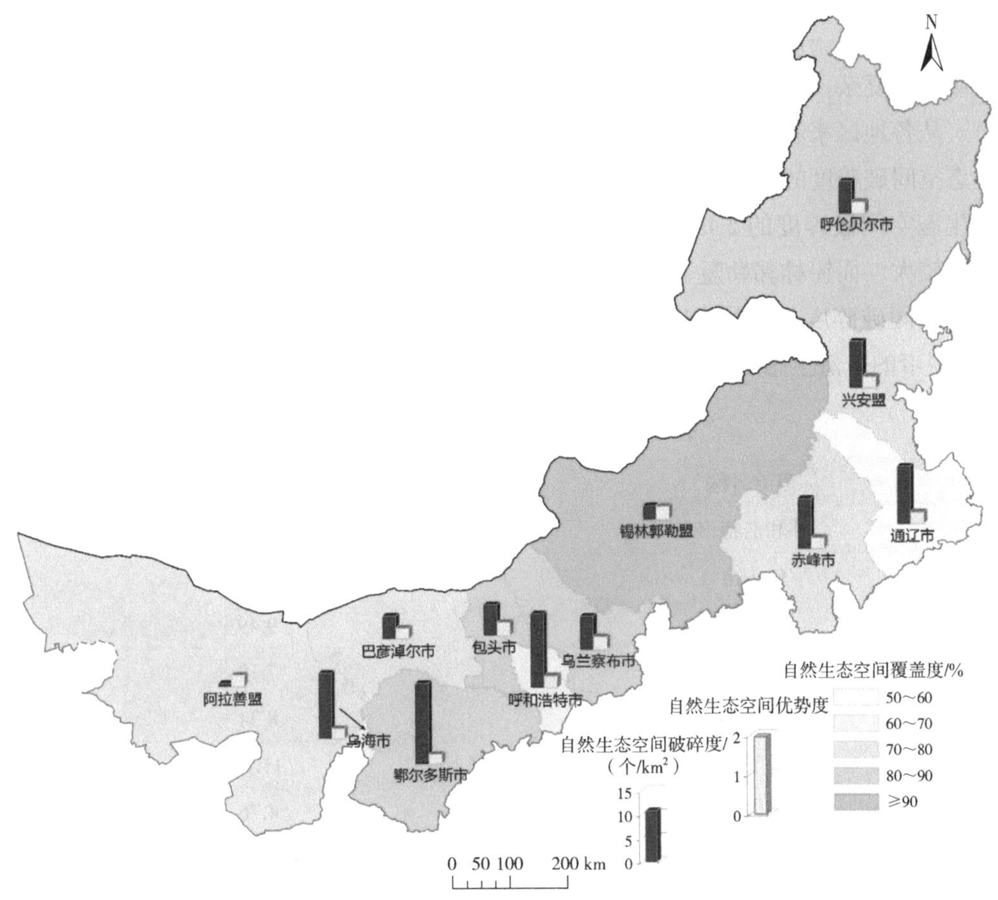

图 5-21 各盟市自然生态空间覆盖率、空间破碎度、空间优势度

从整体来看，人口较少的盟市自然生态空间覆盖率较高，自然资产整体保有率较高；社会经济发展水平也对自然生态空间覆盖率有非常大的影响。因此，要因地制宜，在经济发展与保持自然资产优势之间保持好水平，绝对不能走过去“先污染，再治理，先破坏，再恢复”的老路。

5.3.2 自然生态空间破碎度

景观破碎化是指由于自然或人为因素的干扰，原来连续的景观要素经外力作用后逐步变为许多彼此隔离的、不连续的斑块镶嵌体的过程，而破碎度正是对这一过程中某一时刻景观破碎特征的度量。景观破碎化直观上表现为斑块数量增加、平均面积缩小，形状不规则、内部生境缩小异化，线性空间增加、分割作用增强、廊道被截断，以及形成斑块彼此隔离的生态空间现象。随着工农业发展，城市化的推进以及交通运输网络的形成和发展，再加上全球气候变化的影响，景观破碎化成为全球日益突出的生态现象，是人为因素与自然因素长期协同作用于自然生态系统的结果。自然生态空间破碎度是指自然生态空间被分割的破碎程度，反映了生态景观结构的复杂性。一般来说，破碎度越高，自然生态空间被分割得越破碎，自然生态景观结构越复杂。

从各地区来看，鄂尔多斯市的自然生态空间破碎度领跑全区，是全区整体自然生态空间破碎度的 2.65 倍，紧随其后的是呼和浩特市和乌海市，分别是全区整体自然生态空间破碎度的 2.43 倍和 2.15 倍，表明这 3 个盟市的自然生态空间干扰强度相对较大。而锡林郭勒盟、阿拉善盟的自然生态空间破碎度位居全区后两位，自然生态空间破碎度分别是全区整体自然生态空间破碎度的 0.47 倍和 0.11 倍，表明这 2 个盟市的自然生态空间干扰强度相对较小（表 5-10 和图 5-22）。

表 5-10 各盟市自然生态空间破碎度

盟市名称	自然生态空间破碎度 /（个 /km^2）
呼和浩特市	10.72
包头市	4.53
乌海市	9.49
赤峰市	7.19
通辽市	8.34
鄂尔多斯市	11.70
呼伦贝尔市	4.76
巴彦淖尔市	3.39
乌兰察布市	4.85
兴安盟	6.74
锡林郭勒盟	2.07
阿拉善盟	0.52

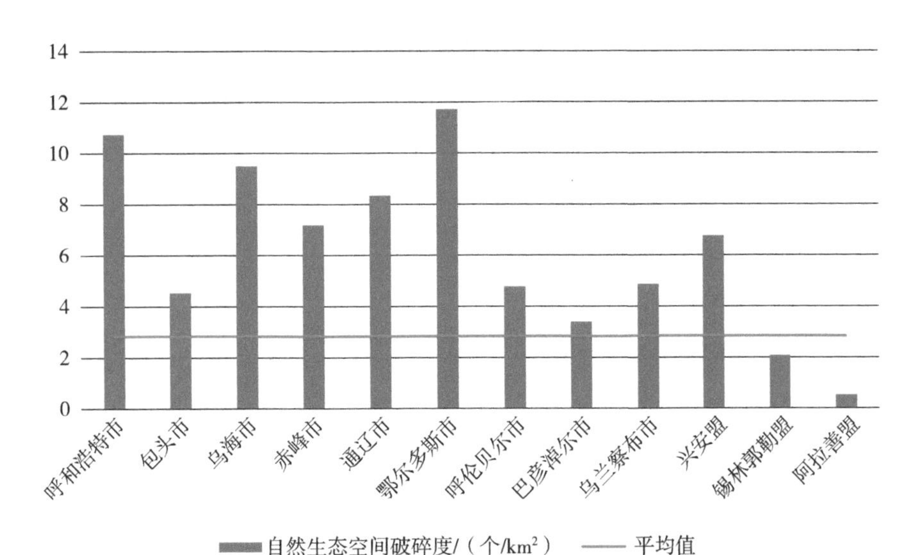

图 5-22　各盟市自然生态空间破碎度

从整体分布来看，内蒙古自治区自然生态空间破碎度远低于全国的平均值（约 19 个 /km^2）。呼和浩特市、鄂尔多斯市和乌海市的自然生态空间破碎度领先全区；兴安盟、赤峰市、通辽市、包头市、呼伦贝尔市和乌兰察布市的自然生态空间破碎度处于中游位置；巴彦淖尔市、阿拉善盟和锡林郭勒盟的自然生态空间破碎度较低。三级阶梯化特征明显，造成这种现象的原因，主要是由于人口分布和经济活动的差异：区域内人口数量相对较多，人类活动频繁，在一定程度上加剧了自然生态空间的碎片化，而人类社会经济活动较少，对自然生态空间的影响就较小，进而自然生态的原始群落特征改变程度小，碎片化水平就相对较低。

5.3.3　自然生态空间优势度

生态空间优势度是表示生态群落内各生态要素种类处于何种优势或劣势状态群落测定度。自然生态空间优势度反映了自然生态要素种群数量的变化情况以及自然生态要素在群落中的地位与作用。自然生态优势度指数越大，说明群落内自然生态要素种群数量分布越不均匀，优势要素种群的地位越突出。

从各地区来看（表 5-11 和图 5-23），锡林郭勒盟的自然生态空间优势度在全区领先，表明该区域内自然生态空间物种数量分布较不均匀、优势种群的地位较突出。乌海市和鄂尔多斯市的种群优势度位居全区后两位，自然生态空间优势度分别只有 1.48 和 1.43，表明这两个区域的自然生态空间物种数量较为均匀，优势种群的地位不太突出。

表 5-11　各盟市自然生态空间优势度

盟市名称	自然生态空间优势度
呼和浩特市	1.67
包头市	1.90
乌海市	1.48
赤峰市	1.57
通辽市	1.67
鄂尔多斯市	1.43
呼伦贝尔市	1.71
巴彦淖尔市	1.56
乌兰察布市	1.87
兴安盟	1.68
锡林郭勒盟	1.96
阿拉善盟	1.73

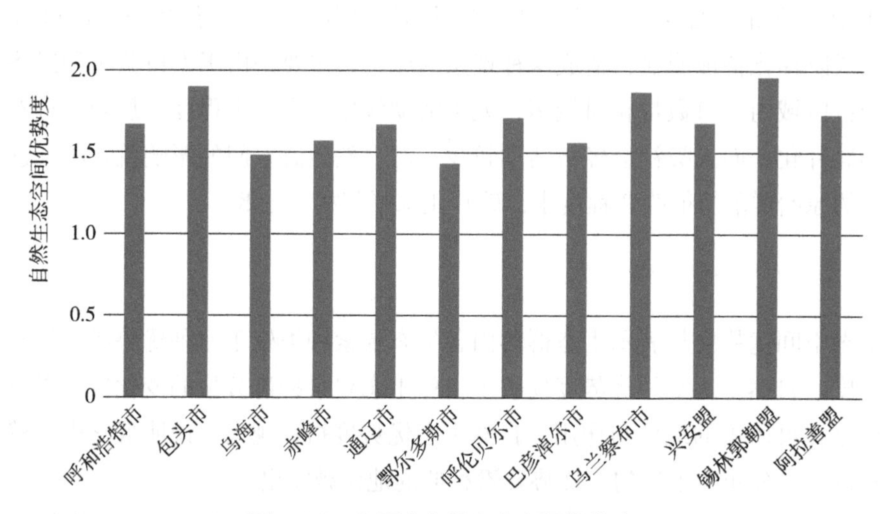

图 5-23　各盟市自然生态空间优势度

从区域分布来看，东部区域的呼伦贝尔市、锡林郭勒盟和乌兰察布市及西部区域的阿拉善盟的自然生态空间优势度全区领先，主要原因是该地区的林草覆盖或荒漠占比较大，优势突出。而鄂尔多斯市和乌海市的自然生态空间优势度较低。自然地理条件及人类生产活动的地域差异性，造就了各地自然生态空间的优势度现状。因此，在各地社会经济发展过程中，应该结合自身的条件，发挥区域地理优势，利用资源种群优势，因地制宜发挥特色产业，促进自然生态系统的良性循环，保障社会经济活动的可持续发展。

5.3.4 水网密度

水环境是构成环境的基本要素之一，是人类社会赖以生存和发展的重要场所，也是受人类干扰和破坏最严重的领域。水网密度采用统计区域内地表河流、水渠总长度与统计区域面积之比，用于反映被评价区域地表水体的覆盖密集程度。水网密度值越高，表明区域内地表水体的覆盖越密集；反之，水网密度值越低，表明区域内地表水体覆盖越稀疏。

从地区分布来看，全区水网密度最高的盟市是巴彦淖尔市，水网密度值达到了 1 136.12 m/km^2。锡林郭勒盟和鄂尔多斯市的水网密度值位于全区的后两位，分别为 212 m/km^2 和 189.50 m/km^2。全区水网密度值最高的巴彦淖尔市是全区水网密度值最低的鄂尔多斯市的 6 倍，表明全区地表水体覆盖空间差异较大（表 5-12 和图 5-24）。

表 5-12　各盟市水网密度

盟市名称	水网密度 /（m/km^2）
呼和浩特市	953.42
包头市	508.62
乌海市	630.43
赤峰市	387.67
通辽市	251.18
鄂尔多斯市	189.50
呼伦贝尔市	445.02
巴彦淖尔市	1 136.12
乌兰察布市	425.46
兴安盟	416.83
锡林郭勒盟	212
阿拉善盟	505.14

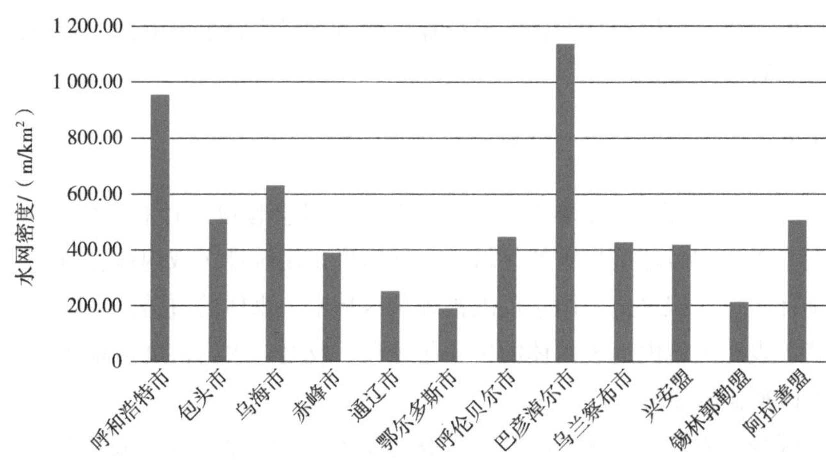

图 5-24　各盟市水网密度

从整体来看，自治区水网密度（430 m/km^2）远低于全国平均值（约 900 m/km^2）。巴彦淖尔市的引黄灌溉河流、水渠众多，是其水网密度最高的原因。呼和浩特市和乌海市因其行政区面积较小，造成其水网密度排名靠前。阿拉善盟境内干涸河流数量较多，造成其水网密度排名靠前。而呼伦贝尔市辖区内河流较密集，但其行政面积较大，是其水网密度不突出的原因。总体上看，区域的水网密度空间分布受到自然地理环境的影响较大。各地区应该结合地区实际，制定适合区域发展的水资源战略，保障经济社会可持续发展的水资源需求（图 5-25）。

5.3.5　生境质量指数

生境传统上常指生物体的生存区域，稳定的生境质量是维持生态系统生物多样性的重要基础。生境质量指数用于评价区域内生境质量的适宜性，反映生物栖息地质量，通过单位面积上各生境类型的数量差异反映。通过生境质量指数，能对区域内进行客观科学的生态质量评价，生境质量指数越高，表明区域内生态环境质量越好，生物栖息地质量较高；反之，则越差。

以各地区来看，呼伦贝尔市的生境质量指数位居全区首位，归一化后为 100，锡林郭勒盟、乌兰察布市和兴安盟位居第二、第三、第四，生境质量指数分别为 73.94、72.40 和 70.12，而阿拉善盟的生境质量指数最低，仅为 18.42（表 5-13 和图 5-26）。

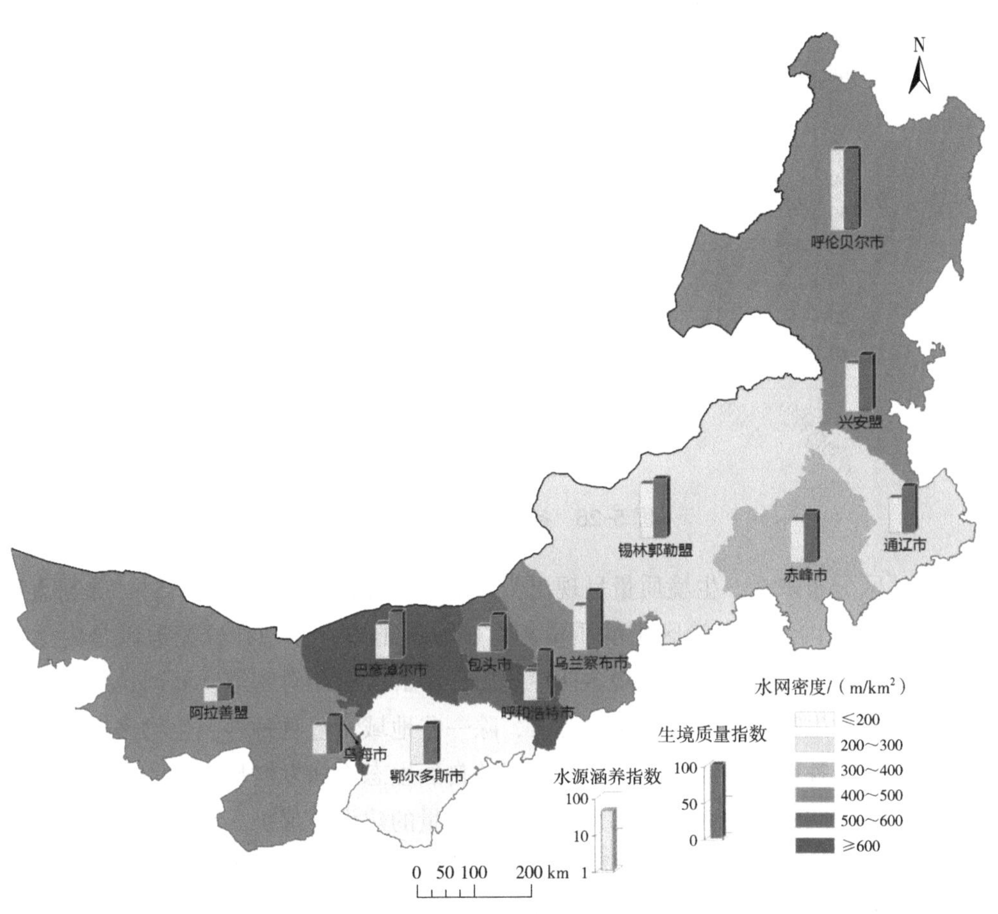

图 5-25 各盟市水网密度、水源涵养指数、生境质量指数

表 5-13 各盟市生境质量指数

盟市名称	生境质量指数
呼和浩特市	60.25
包头市	45.48
乌海市	46.48
赤峰市	61.95
通辽市	57.79
鄂尔多斯市	49.26
呼伦贝尔市	100.00
巴彦淖尔市	57.25
乌兰察布市	72.40
兴安盟	70.12
锡林郭勒盟	73.94
阿拉善盟	18.42

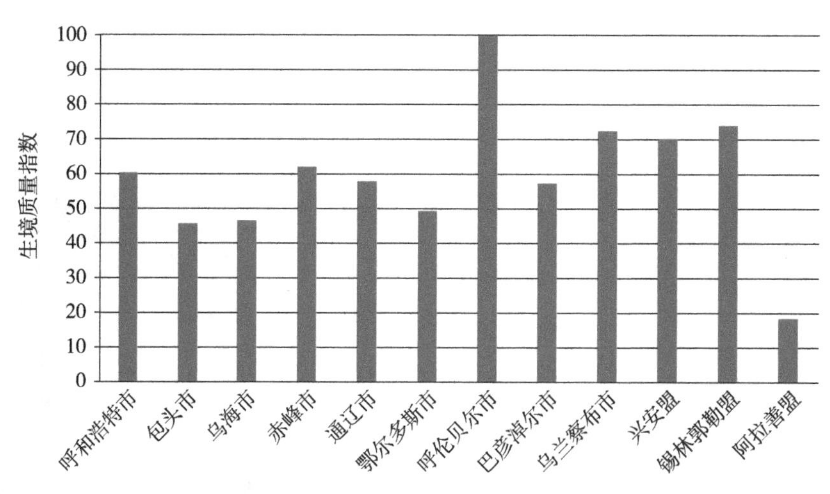

图 5-26　各盟市生境质量指数

从地区分布来看，生境质量呈现出明显的差异性，呼伦贝尔市、锡林郭勒盟和乌兰察布市是内蒙古自治区生境质量相对较好的地方，体现在这些地区是内蒙古自治区重要的生物栖息地，生物多样性突出，种群分布相对密集。而阿拉善盟受地理环境影响，生物栖息地环境相对恶劣，除一些地域特色物种外，生物多样性不突出。鉴于此，各地应该建立适用于本地区的自然生态空间发展规划，因地制宜，加强自然生态空间的保护力度，尤其注重物种数量的建设与保护。自然生态脆弱区应该重视自然保护区建设，最大限度地保护自然生态空间的生物丰富度。在发展经济建设的同时应该尽力保全物种的丰富度，在保持自然生态空间的原始基础上维护自然生态空间的稳定性与持续性。

5.3.6　水源涵养指数

生态系统水源涵养功能主要表现在拦蓄降水、调节径流、影响降水量、净化水质等方面，同时，对改善水文状况、防止河流水库淤塞和调节区域水分循环、降低土地沙漠化也起着关键作用。水源涵养能力与植被类型、盖度、枯落物组成、土层厚度及土壤物理性质等因素密切相关。水源涵养指数是表征生态系统的水源涵养功能的特征指标，水源涵养指数越高，表明区域内生态系统的水源涵养能力越强，反之，则越弱。

从各地区来看，呼伦贝尔市的水源涵养指数最高，归化后为 100，排名第二的锡林郭勒盟的水源涵养指数为 67.83，这两个盟市的水源涵养指数较高，自然生态空间的水源涵养功能成效显著，而呼和浩特市、包头市、阿拉善盟的水源涵养指数仅为 35.47、31.74 和 16.48，自然生态空间的水源涵养功能还亟待加强（表 5-14 和图 5-27）。

表 5-14 各盟市水源涵养指数

盟市名称	水源涵养指数
呼和浩特市	35.47
包头市	31.74
乌海市	36.03
赤峰市	51.94
通辽市	43.33
鄂尔多斯市	43.59
呼伦贝尔市	100.00
巴彦淖尔市	42.90
乌兰察布市	54.14
兴安盟	59.48
锡林郭勒盟	67.83
阿拉善盟	16.48

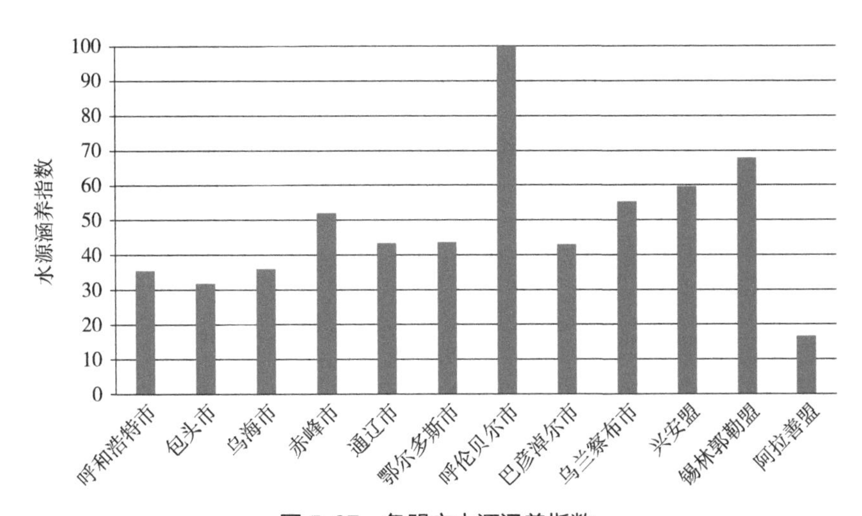

图 5-27 各盟市水源涵养指数

从地区分布来看，水源涵养指数与生境质量具有一定的耦合性，水源涵养也呈现出明显的差异性。呼伦贝尔市、锡林郭勒盟和乌兰察布市是内蒙古自治区生境质量相对较好的地方，也是内蒙古自治区水源涵养指数较高的区域。这些区域尤其是呼伦贝尔市，是我国重要的水源涵养服务生态功能区。而西部地区（尤其是阿拉善盟和鄂尔多斯市部分地区）因为地理环境的原因，年降水量少，蒸发量远大于降水量，水源涵养相对弱，生物栖息地环境相对恶劣，生态压力较大。各地在制定本地区规划时应结合实际，因地制宜，提高水资源的利用效率，增强水源地环境保护，提高水资源涵养能力。

5.4 交通设施服务能力

5.4.1 高速公路服务覆盖率

高速公路服务覆盖率是指区域一定半径内高速公路出入口所覆盖的居民地数量与该区域居民地总数量的比值，它在一定程度上可以反映交通网络体系的健全程度。一般来说，区域内高速公路服务覆盖率越高，享受高速公路资源越便利，交通网络的渗透程度就越深，交通设施服务能力相对较强，有利于促进区域经济和沿线产业带的发展。

从数值看，内蒙古自治区 5 km 半径高速公路服务覆盖率均值为 13.08%。呼和浩特市、包头市和乌海市等 6 个盟市的高速公路服务覆盖率高于该均值，最高值的盟市是乌海市，其覆盖率达到 33.03%，呼和浩特市和包头市的覆盖率分别是 23.89% 和 17.2%；通辽市、赤峰市和呼伦贝尔市等 6 个盟市的高速公路服务覆盖率低于均值，其中通辽市、赤峰市和呼伦贝尔市的高速公路服务覆盖率分别为 6.36%、8.33% 和 5.89%（表 5-15 和图 5-28）。

表 5-15 内蒙古自治区各盟市高速公路服务覆盖率

盟市	5 km 半径高速公路服务覆盖率 /%
呼和浩特市	23.89
包头市	17.20
乌海市	33.03
赤峰市	8.33
通辽市	6.36
鄂尔多斯市	17.17
呼伦贝尔市	5.89
巴彦淖尔市	12.65
乌兰察布市	19.16
兴安盟	8.56
锡林郭勒盟	8.64
阿拉善盟	23.92

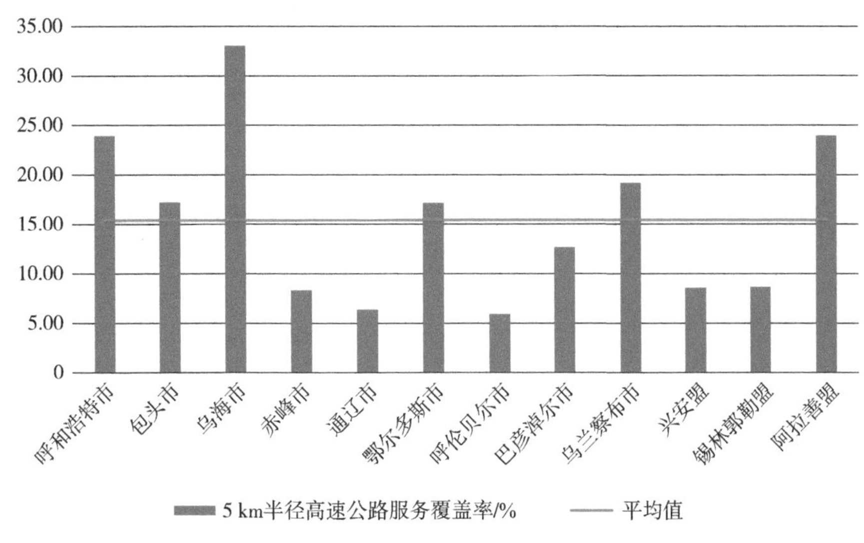

图 5-28　各盟市高速公路服务覆盖率

整体来说，内蒙古自治区 5 km 半径高速公路服务覆盖率空间分布差异性显著，总体呈由西部向东部递减的态势。因内蒙古自治区疆域辽阔，相对而言其交通网络覆盖程度不如其他地区深入，故导致各盟市高速公路服务覆盖率较低（图 5-29）。

5.4.2　长途汽车站服务覆盖率

长途汽车站服务覆盖率指区域一定半径内长途汽车站所覆盖的居民地数量与该区域居民地总数量的比值，它可以反映区域内居民出行的方便程度。一般来说，长途汽车站服务覆盖率越大，该区域内居民出行的便捷程度相对就越高，反之，则越弱。

从数值看，内蒙古自治区 1 km、5 km 半径长途汽车站服务覆盖率的均值分别为 4.69% 和 26.46%。1 km、5 km 半径长途汽车站服务覆盖率在均值以上的盟市分别有 8 个和 9 个。1 km 半径长途汽车站服务覆盖率排名靠前的 3 个盟市分别是呼伦贝尔市、阿拉善盟和乌海市，排名最后的是赤峰市，其中呼伦贝尔市和赤峰市的长途汽车站覆盖率分别是 11.36% 和 1.69%；5 km 半径长途汽车站覆盖率排名靠前的 3 个盟市分别是乌海市、呼和浩特市和呼伦贝尔市，排名最末的是赤峰市，其中乌海市的覆盖率为 59.39%，约为赤峰市的 3.8 倍（表 5-16 和图 5-30）。

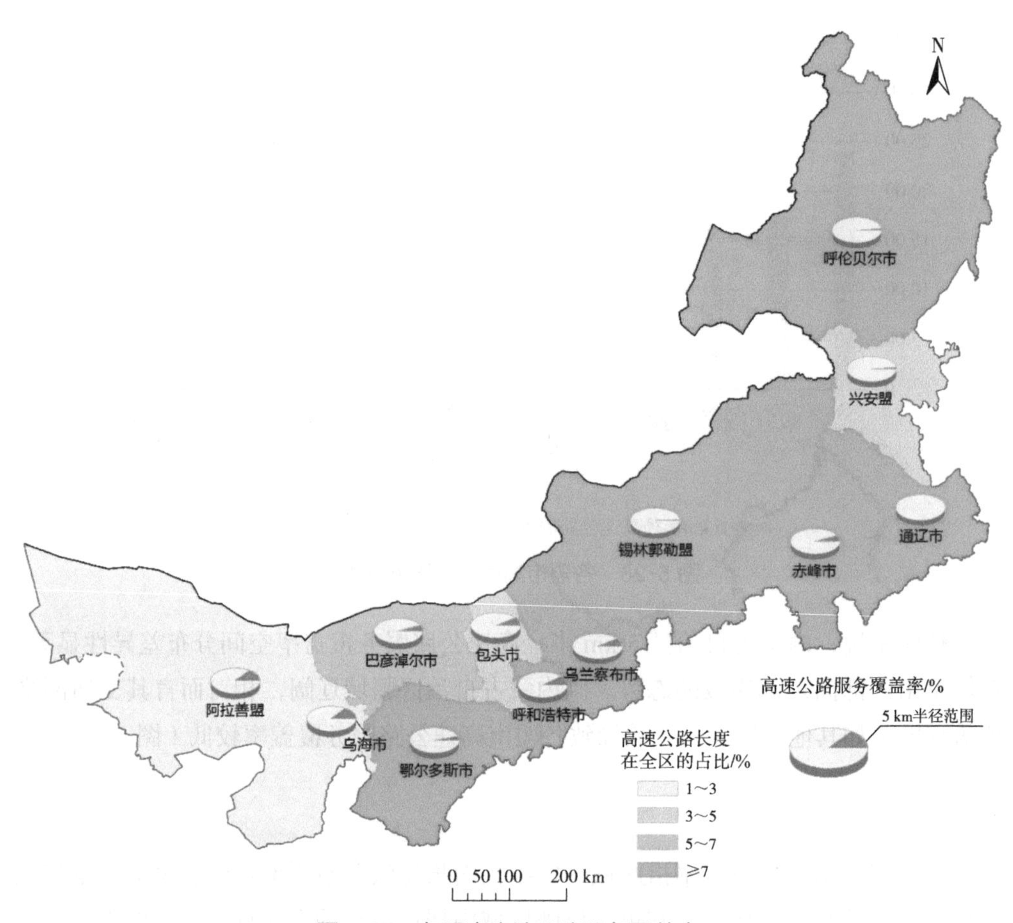

图 5-29 各盟市高速公路服务覆盖率

表 5-16 各盟市长途汽车站服务覆盖率

盟市	1 km 半径长途汽车站服务覆盖率 /%	5 km 半径长途汽车站服务覆盖率 /%
呼和浩特市	3.61	46.52
包头市	2.81	27.65
乌海市	8.49	59.39
赤峰市	1.69	15.72
通辽市	6.28	29.64
鄂尔多斯市	4.90	35.63
呼伦贝尔市	11.36	42.69
巴彦淖尔市	7.14	34.53
乌兰察布市	4.16	22.53
兴安盟	5.28	26.21
锡林郭勒盟	4.85	29.44
阿拉善盟	9.48	37.83

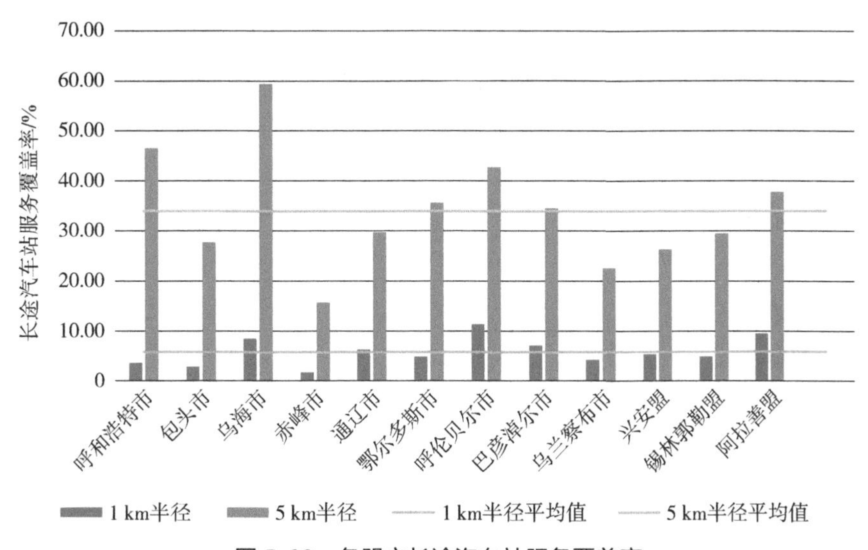

图 5-30　各盟市长途汽车站服务覆盖率

5.4.3　火车站服务覆盖率

火车站服务覆盖率指区域一定半径内火车站所覆盖的居民地数量与该区域居民地总数量的比值，它在一定程度上可以用来衡量居民出行交通设施服务能力的强弱。一般来说，区域内火车站服务覆盖率越大，该区域内居民利用铁路资源越便捷，反之，则越弱。

从数值看，该省份 1 km、5 km 半径火车站服务覆盖率的均值分别是 1.79% 和 19.17%，在均值以上的盟市都有 5 个。其中 1 km 半径火车站服务覆盖率排名靠前的是乌海市、通辽市和呼伦贝尔市，其覆盖率分别是 4.76%、3.35% 和 3.15%；而排名最后的是阿拉善盟，仅为 0.06%。5 km 半径火车站服务覆盖率排名靠前的 3 个盟市是乌海市、包头市和通辽市，排名靠后的 3 个盟市是赤峰市、兴安盟和阿拉善盟，其中覆盖率最大的乌海市相当于覆盖率最小的阿拉善盟的 15.9 倍多（表 5-17 和图 5-31）。

表 5-17　各盟市火车站服务覆盖率

盟市	1 km 半径火车站服务覆盖率 /%	5 km 半径火车站服务覆盖率 /%
呼和浩特市	0.94	18.48
包头市	2.50	36.72
乌海市	4.76	50.51
赤峰市	0.87	12.37
通辽市	3.35	27.60

续表

盟市	1 km 半径火车站服务覆盖率 /%	5 km 半径火车站服务覆盖率 /%
鄂尔多斯市	1.25	17.42
呼伦贝尔市	3.15	23.45
巴彦淖尔市	1.26	15.13
乌兰察布市	2.58	25.04
兴安盟	1.75	9.96
锡林郭勒盟	1.13	10.87
阿拉善盟	0.06	3.18

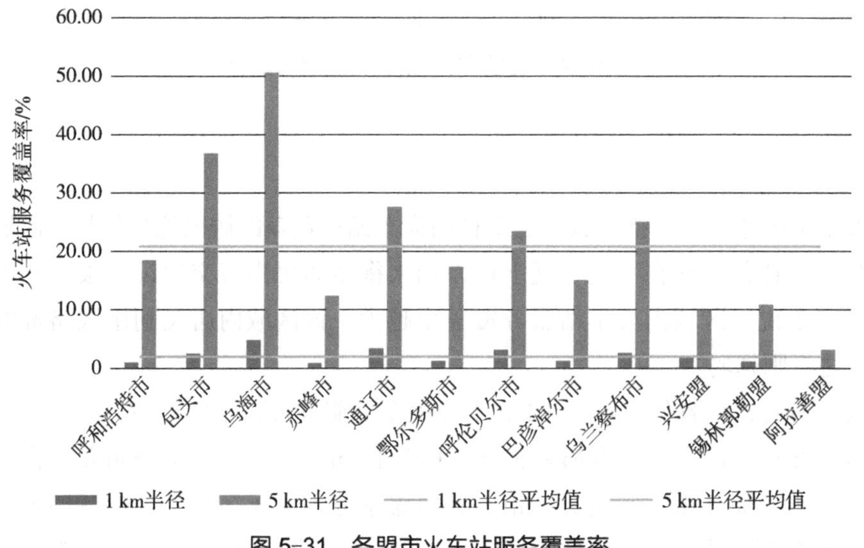

图 5-31　各盟市火车站服务覆盖率

第6章 内蒙古自治区自然资源利用状况分析

6.1 地表资源占有量

地表资源占有量是指区域内资源的数量情况。本节从地表资源人均拥有量、覆盖度等方面对地表资源占有量进行分析。

6.1.1 种植土地人均拥有量

种植土地人均拥有量是指在一个地区人均拥有的种植土地面积。值越大，表明该地区的种植土地人均拥有量越大。

全区各盟市种植土地人均拥有量差异较大。其中种植土地人均拥有量较大的3个盟市是兴安盟、呼伦贝尔市和通辽市，种植土地人均拥有量较小的3个盟市是呼和浩特市、包头市和乌海市。排名第一的兴安盟的种植土地人均拥有量（11.23 km^2/万人）约是末位乌海市（1.76 km^2/万人）的64倍（表6-1）。

表6-1 各盟市种植土地人均拥有量

盟市名称	种植土地人均拥有量/（km^2/万人）
呼和浩特市	13.48
包头市	12.67
乌海市	1.76
赤峰市	49.51
通辽市	76.24

续表

盟市名称	种植土地人均拥有量 /（km^2/ 万人）
鄂尔多斯市	28.13
呼伦贝尔市	102.54
巴彦淖尔市	63.76
乌兰察布市	51.38
兴安盟	111.23
锡林郭勒盟	30.62
阿拉善盟	30.54

全区种植土地人均拥有量为 48.87 km^2/ 万人，远高于全国平均水平（11.44 km^2/ 万人），各盟市中仅乌海市低于全国平均水平。兴安盟等 6 个盟市的种植土地人均占有量高于全区平均水平，其余 6 个盟市的种植土地人均占有量低于全区平均水平（图 6-1 和图 6-2）。

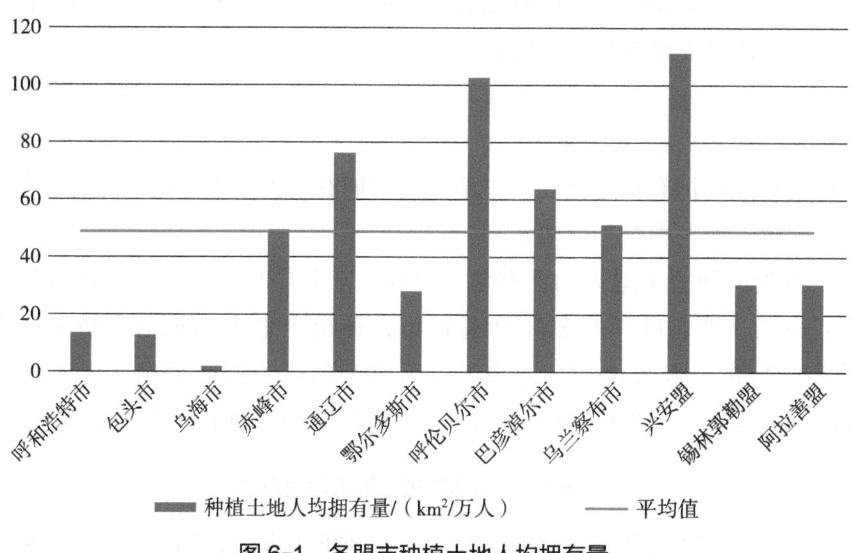

图 6-1 各盟市种植土地人均拥有量

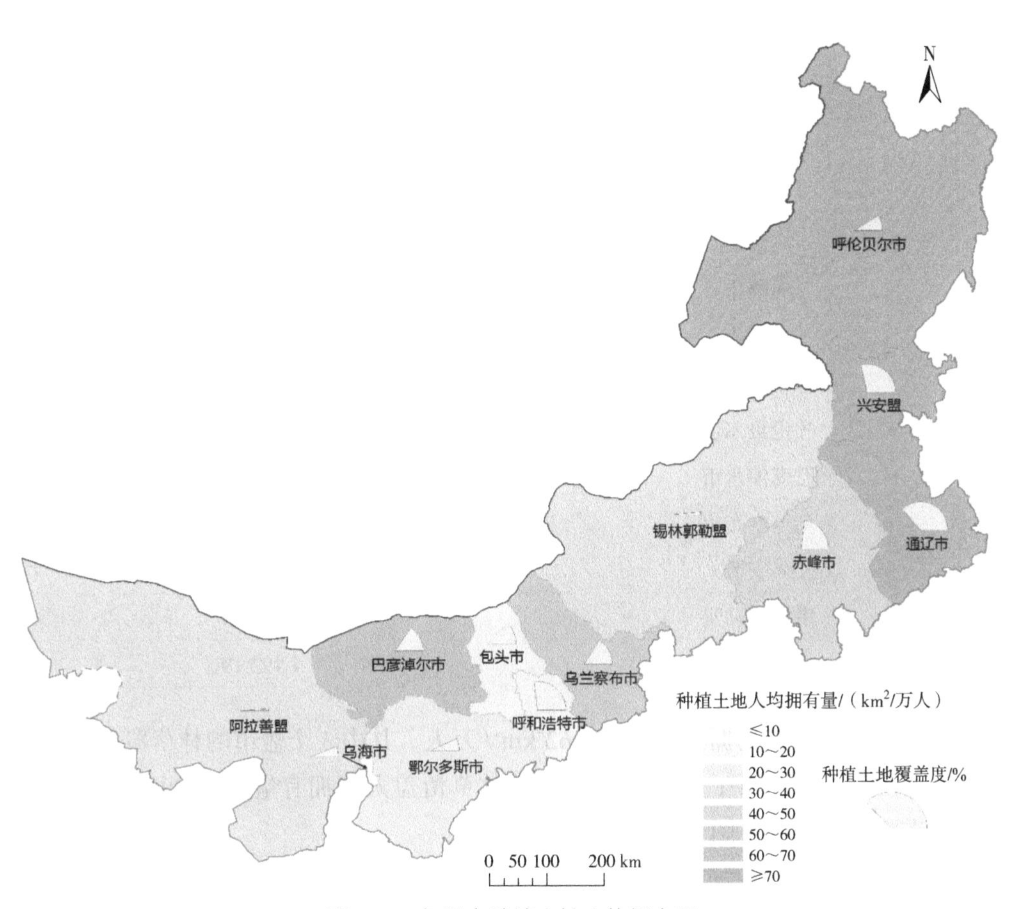

图 6-2　各盟市种植土地人均拥有量

从地域分布来看，种植土地人均拥有量与地区经济水平大致呈负相关。经济越发达地区，人口密度大，种植土地人均拥有量越少；经济欠发达地区，人口密度小，种植土地人均拥有量越多。

6.1.2　林草覆盖人均拥有量

林草覆盖人均拥有量是指一个地区人均拥有的林草覆盖面积。值越大，表明该地区的林草覆盖人均拥有量越大。

全区各盟市林草覆盖人均拥有量差异显著，其中阿拉善盟、锡林郭勒盟和呼伦贝尔市遥遥领先，而包头市、呼和浩特市和乌海市排名最后，首位阿拉善盟（4 492.19 km^2/ 万人）约为末位乌海市（18.13 km^2/ 万人）的 250 倍（表 6-2）。

表 6-2　各地区林草覆盖人均拥有量

盟市名称	林草覆盖人均拥有量 /（km^2/ 万人）
呼和浩特市	31.92
包头市	82.17
乌海市	18.13
赤峰市	153.84
通辽市	118.20
鄂尔多斯市	323.16
呼伦贝尔市	999.63
巴彦淖尔市	326.20
乌兰察布市	255.27
兴安盟	266.68
锡林郭勒盟	1 727.14
阿拉善盟	4 492.19

全区林草覆盖人均拥有量为 359.62 km^2/ 万人。其中 3 个盟市的林草覆盖人均拥有量高于全区平均水平；其余 9 个盟市的林草覆盖人均拥有量低于全区平均水平，主要分布在中部地区（图 6-3）。

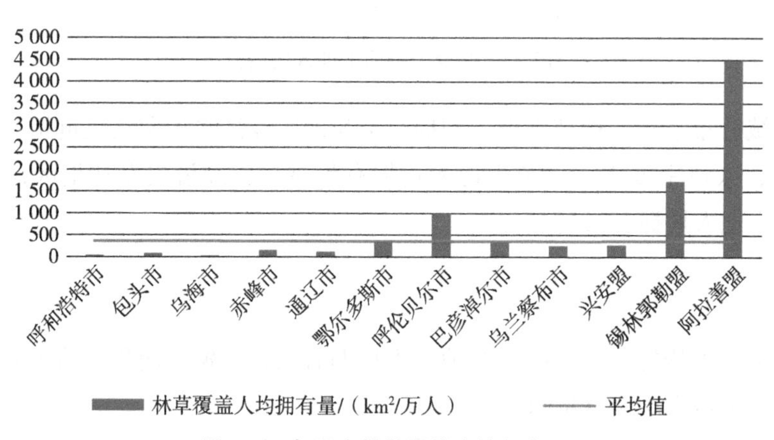

图 6-3　各盟市林草覆盖人均拥有量

从地域分布来看，林草覆盖人均拥有量较大的地区主要分布在内蒙古自治区西部和北部。除人口数量影响外，西部和北部地区的地理位置、地形条件、气候等因素导致了该地区林草覆盖面积大，使人均拥有量远高于其他地区。中部和东部地区的林草覆盖人均拥有量较小，主要受该地区林草覆盖面积小、人口数量多、人地关系紧张等因素的影响（图 6-4）。

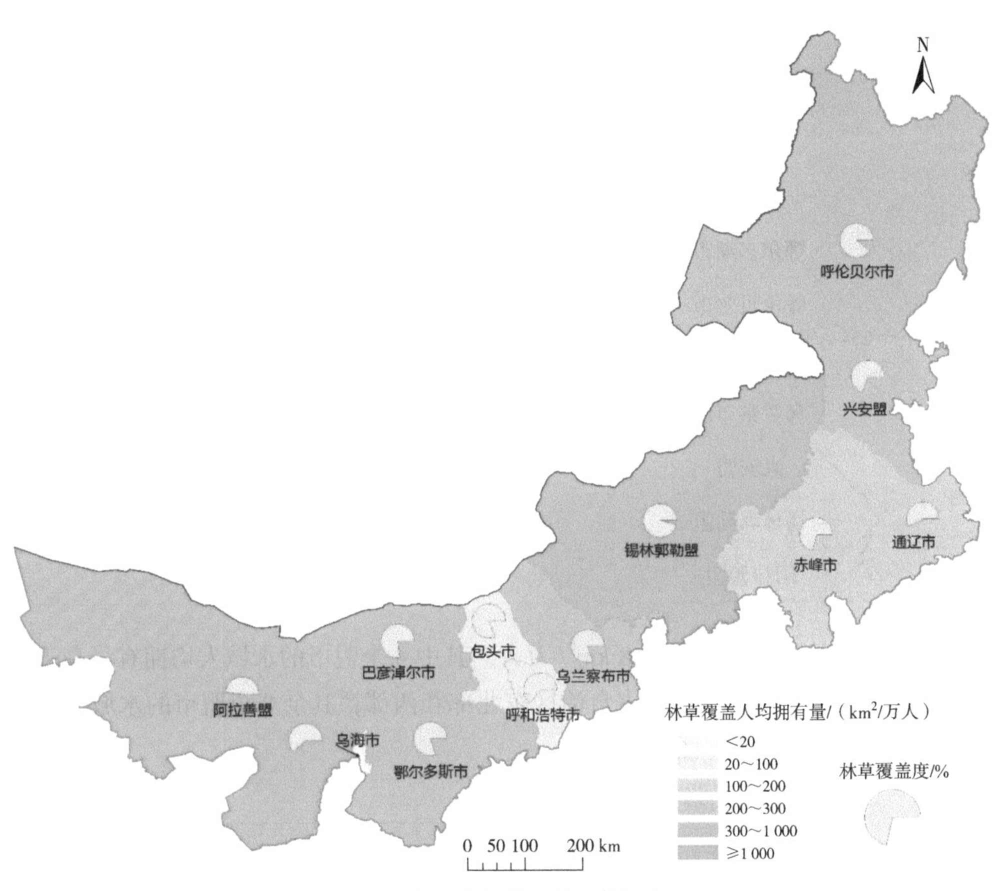

图 6-4　各盟市林草覆盖人均拥有量

6.1.3　水域人均拥有量

水域人均拥有量是指一个地区人均拥有的水域面积。值越大，表明该地区的水域人均拥有量越大。

从全区看，各盟市水域人均拥有量普遍偏低，明显分成两个梯队，其中呼伦贝尔市、阿拉善盟和锡林郭勒盟遥遥领先形成第一梯队，其余盟市形成第二梯队。居首的呼伦贝尔市（15.56 km^2/ 万人）约为末位呼和浩特市（0.38 km^2/ 万人）的 40 倍（表 6-3）。

表 6-3　各盟市水域人均拥有量

盟市名称	水域人均拥有量 /（km^2/ 万人）
呼和浩特市	0.38
包头市	0.67
乌海市	1.47

续表

盟市名称	水域人均拥有量 /（km^2/ 万人）
赤峰市	1.36
通辽市	1.14
鄂尔多斯市	2.77
呼伦贝尔市	15.56
巴彦淖尔市	3.07
乌兰察布市	1.48
兴安盟	3.28
锡林郭勒盟	7.11
阿拉善盟	12.46

全区水域人均拥有量为 3.18 km^2/ 万人。其中 4 个盟市的水域人均拥有量高于全区平均水平，主要分布在内蒙古自治区东北部和西部；其余 8 个盟市的水域人均拥有量低于全区平均水平（图 6-5）。

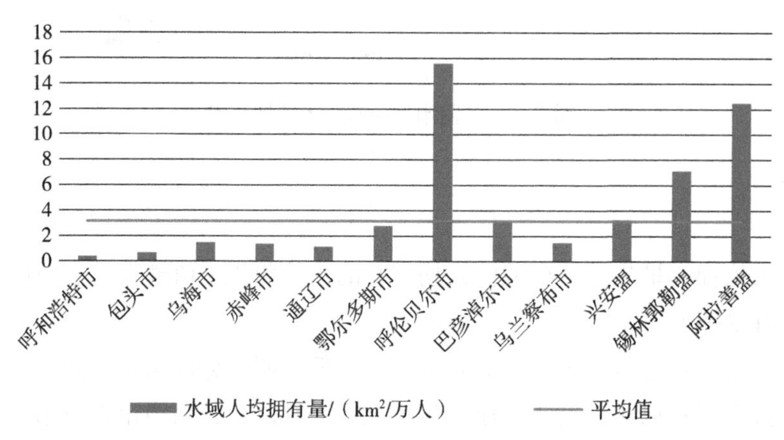

图 6-5　各盟市水域人均拥有量

从地域分布来看，水域人均拥有量较大的地区主要分布在内蒙古自治区西部和北部，这些地区分布着大面积的水域，同时也是众多河流的发源地，再加上人口数量少，使得水域人均拥有量远大于其他地区。另外，水域人均拥有量地域分布与林草植被人均拥有量基本一致，也说明水资源是影响内蒙古自治区林草植被分布的重要因素（图 6-6）。

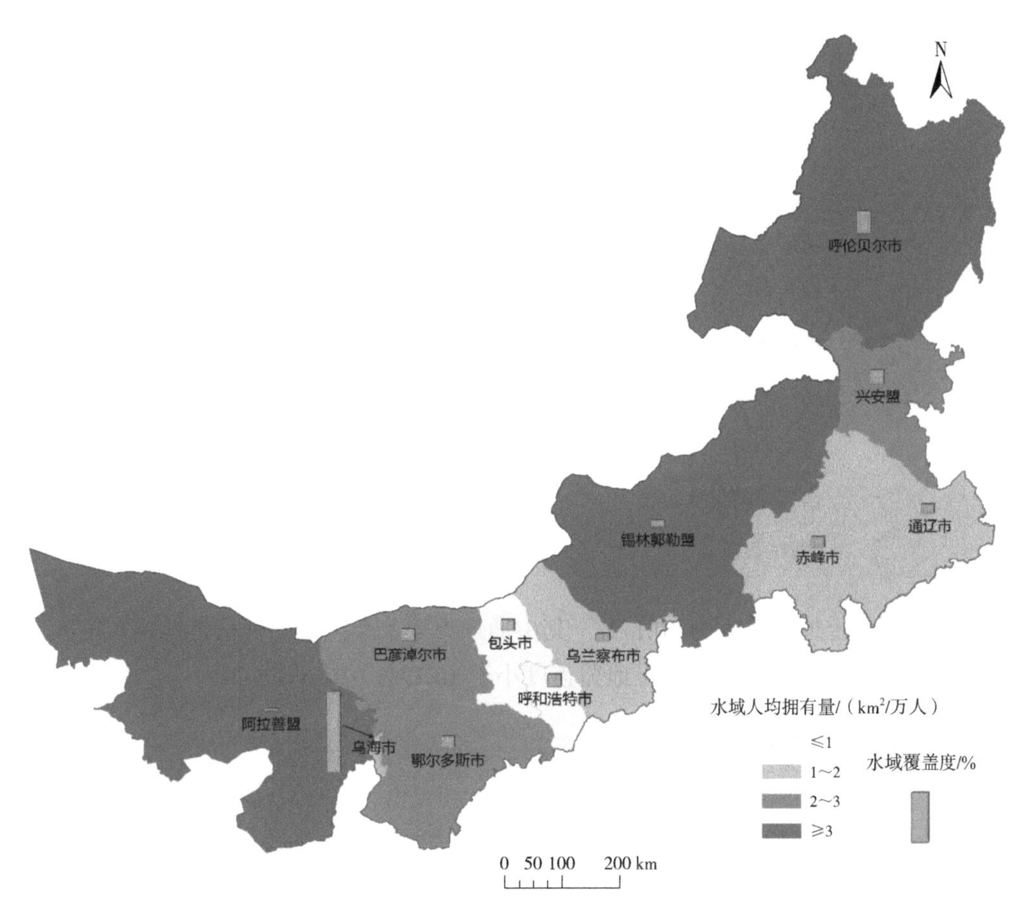

图 6-6 各盟市水域人均拥有量

6.1.4 种植土地覆盖度

种植土地覆盖度是指在一个地区内种植土地面积与该地区土地面积的比值。值越大，表明该地区的种植土地覆盖面积占比越大。

全区各盟市种植土地覆盖度存在明显差异。其中种植土地覆盖度较大的 3 个盟市是通辽市、呼和浩特市和兴安盟，种植土地覆盖度较小的 3 个盟市是阿拉善盟、锡林郭勒盟和乌海市。排名首位的通辽市（37.14%）约为末位阿拉善盟（0.32%）的 115 倍（表 6-4）。

表 6-4 各盟市种植土地覆盖度

盟市名称	种植土地覆盖度 /%
呼和浩特市	27.10
包头市	12.45
乌海市	5.93

续表

盟市名称	种植土地覆盖度 /%
赤峰市	22.97
通辽市	37.14
鄂尔多斯市	6.98
呼伦贝尔市	9.07
巴彦淖尔市	15.03
乌兰察布市	15.99
兴安盟	28.51
锡林郭勒盟	1.70
阿拉善盟	0.32

全区种植土地覆盖度为 10.17%。其中通辽市等 7 个盟市的种植土地覆盖度大于 10.17%；其余 5 个盟市的种植土地覆盖度小于 10.17%（图 6-7）。

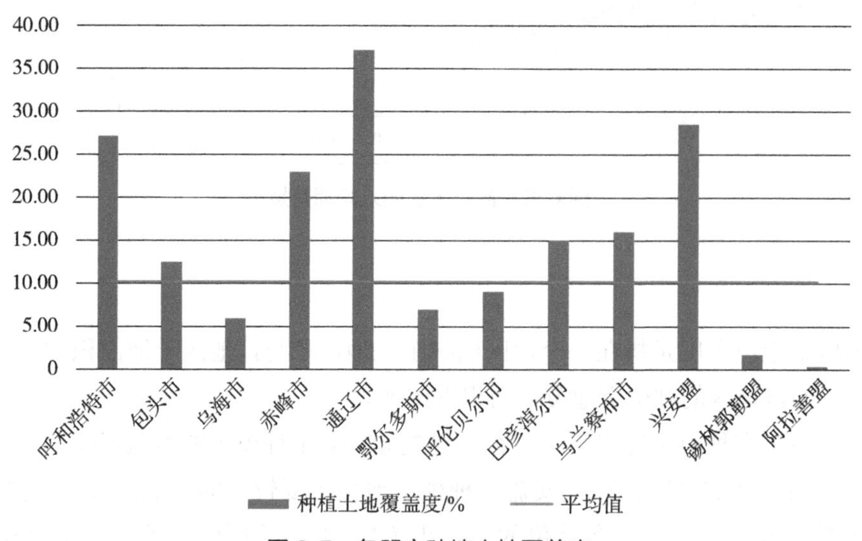

图 6-7　各盟市种植土地覆盖度

整体来看，种植土地覆盖度地域分异规律与种植土地空间分布指数的地域分异规律大致相同。东部和中部地区人口众多、粮食需求量大，大面积开垦荒地进行耕作，种植土地覆盖度高。西部地区劳动力匮乏，加上气候、地形等条件的限制，种植土地覆盖度较低。

6.1.5 林草覆盖度

林草覆盖度是指在一个地区内林草覆盖面积与该地区土地面积的比值。值越大，表明该地区的林草覆盖面积占比越大。

全区各盟市林草覆盖度普遍较高。其中林草覆盖度较高的3个盟市是锡林郭勒盟、呼伦贝尔市和包头市，林草覆盖度最高的盟市为锡林郭勒盟（95.81%）；林草覆盖度较小的3个盟市是阿拉善盟、通辽市和乌海市，林草覆盖度最低的盟市为阿拉善盟（47.58%）（表6–5）。

表6–5 各盟市林草覆盖度

盟市名称	林草覆盖度/%
呼和浩特市	64.15
包头市	80.73
乌海市	60.99
赤峰市	71.35
通辽市	57.59
鄂尔多斯市	80.18
呼伦贝尔市	88.44
巴彦淖尔市	76.92
乌兰察布市	79.46
兴安盟	68.36
锡林郭勒盟	95.81
阿拉善盟	47.58

全区林草覆盖度为74.84%。其中6个盟市的林草覆盖度大于74.84%，主要分布在内蒙古自治区中部和东北部；其余6个盟市的林草覆盖度小于74.84%，主要分布在内蒙古自治区西部和东部（图6–8）。

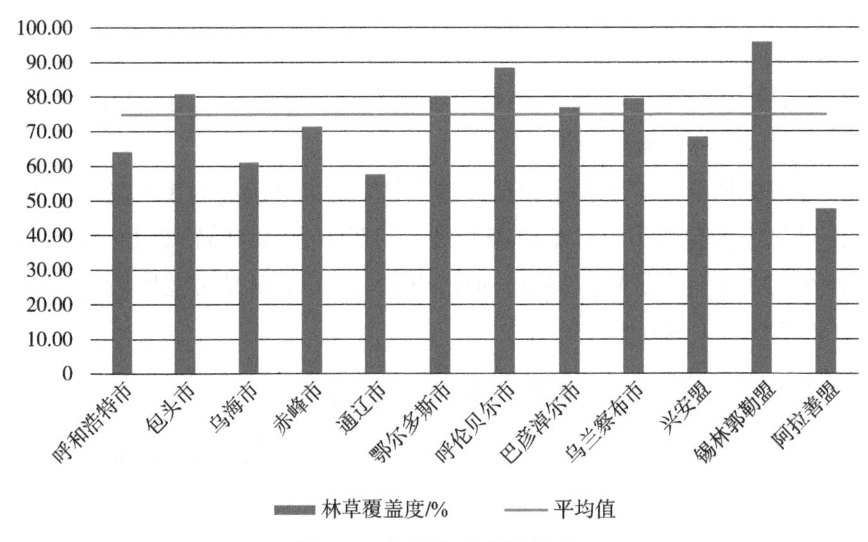

图 6-8　各盟市林草覆盖度

整体来看，林草覆盖度地域分异规律与林草覆盖空间分布指数的地域分异规律大致相同。中部和东北部，林草覆盖度普遍较大。西部的阿拉善盟，受气候、地形环境的限制，林草覆盖度小，土地覆盖类型以荒漠为主。

6.1.6　水域覆盖率

水域覆盖率指在一个地区内水域面积与该地区土地面积的比值。值越大，表明该地区的水域覆盖率越大。

全区各盟市水域覆盖率普遍偏低。水域覆盖率较高的 3 个盟市是乌海市、呼伦贝尔市和兴安盟，最大值为乌海市的 4.94%；水域覆盖率较小的 3 个盟市是阿拉善盟、乌兰察布市和锡林郭勒盟，最小值为阿拉善盟的 0.13%（表 6-6）。

表 6-6　各盟市水域覆盖率

盟市名称	水域覆盖率 /%
呼和浩特市	0.76
包头市	0.66
乌海市	4.94
赤峰市	0.63
通辽市	0.56
鄂尔多斯市	0.69
呼伦贝尔市	1.38

续表

盟市名称	水域覆盖率 /%
巴彦淖尔市	0.72
乌兰察布市	0.46
兴安盟	0.84
锡林郭勒盟	0.39
阿拉善盟	0.13

全区平均水域覆盖率为 0.66%。其中乌海市等 7 个盟市水域覆盖率高于全区平均水平，主要分布在黄河中上游地区、嫩江流域和西辽河流域，其余 5 个盟市的水域覆盖率低于全区平均水平，主要分布在中西部地区内流河流域（图 6-9）。

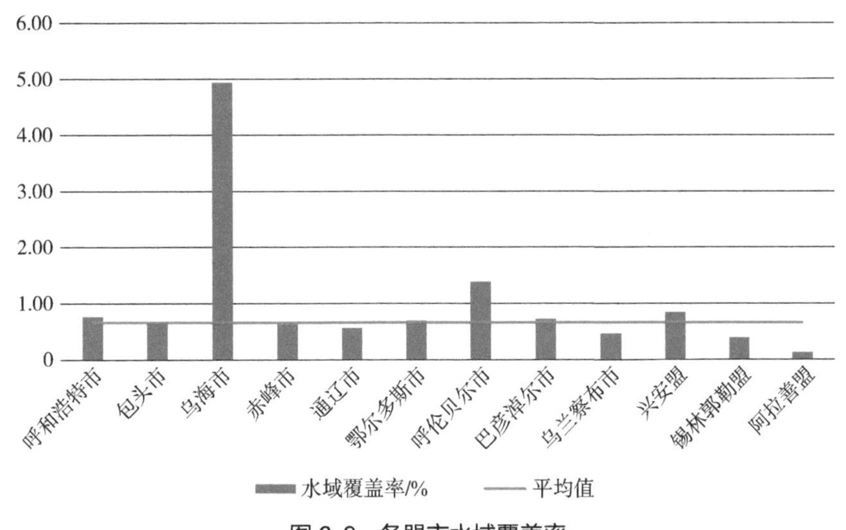

图 6-9　各盟市水域覆盖率

从地域分布来看，水域覆盖率高的地区主要分布在西部地区的黄河上中游乌海市和巴彦淖尔市，东部地区的嫩江流域和西辽河流域境内呼伦贝尔市和兴安盟。特别是乌海市“引黄入乌”建成乌海湖，极大地扩大了乌海市的水域面积，使其跃居全区第一。

6.1.7　粮食主产区耕地优势度

粮食主产区是指地理、土壤、气候、技术等条件适合种植粮食作物并具有一定经济优势的专属经济区，是内蒙古自治区粮食生产的主体和商品粮的主要来源地，有着粮食生产的资源优势、技术优势和经济效益优势。主产区的选择不仅取决于粮食生产量，还取决于能否提供较多的商品粮食。从某种意义上说，全区粮食是否能够供求平衡取决于粮食主产区的持续稳定增产。内蒙古自治区粮食主产区有河套—土默川平原农业主产区、大兴安岭沿麓农业产业带和西辽河平原农业主产区。粮食主产区耕地优势度是区域内耕地面积所占比例，反映该区域耕地的优势程度。

内蒙古自治区耕地优势度较大的粮食主产区是西辽河平原农业主产区，耕地优势度为49.12%；其次是河套—土默川平原农业主产区，耕地优势度为31.85%；最小的是大兴安岭沿麓农业产业带，耕地优势度为25.91%（表6-7）。

表6-7 粮食主产区耕地优势度

地区	耕地优势度/%
河套—土默川平原农业主产区	31.85
大兴安岭沿麓农业产业带	25.91
西辽河平原农业主产区	49.12

整体来看，耕地优势度大的粮食主产区主要分布在内蒙古自治区东部地区。一方面东部地区人口稠密，粮食生产有着充足的劳动力；另一方面处于平原与低矮丘陵地区，适宜大面积的机械化作业，再加上气候适宜、水源充足、土壤肥沃等有利的自然条件，使得地处东部地区的粮食主产区的耕地优势度明显高于西部地区的粮食主产区。

6.2 生态压力

生态压力指标表征人类的经济和社会活动对环境的作用，如资源索取、物质消费，以及各种产业运作过程所产生的物质排放等对环境造成的破坏和扰动。本节从生态人为干扰指数、植被受干扰指数、不透水地表占地比重、扬尘地表占地比重和农业面源污染等方面对全区12个盟市的生态压力差异进行分析。力求从中找出生态环境建设面临的压力因素，为区域生态战略布局提供可借鉴的依据。

6.2.1 人为干扰指数

干扰是自然界中普遍存在的一种现象，直接影响着生态系统的演变过程。人类有目的的生产、生活和其他社会活动是干扰产生的最主要来源之一，包括土地开垦、林业和牧业发展、城市化和工业化等。近年来，人类活动所造成的人为干扰对地表自然环境和生态系统的影响急剧增加、不合理的资源索取与开发仍是目前生态环境问题形成与加剧的最重要原因之一。

人类活动对区域地表覆盖、土地利用等的影响变化，可通过人为干扰指数（FHAI）揭示出对生态空间的影响强度 P_i。人为干扰指数采用人类活动形成的区域地表覆盖、土地利用的数值变化来构建。一般来说，人为干扰指数越高，表明人类活动对区域的生态空间影响强度越高；反之人为干扰指数越低，表明人类活动对区域的生态空间影响强度越低（表 6-8）。

表 6-8　地表要素类型影响强度

地表要素类型	影响强度 P_i
水田	0.550
旱地	0.550
园地	0.435
城市绿植覆盖	0.435
林地（不包含稀疏灌丛）	0.100
灌草地	0.230
房屋建筑（区）	0.950
铁路与道路	0.950
构筑物、堆掘地	0.950
水域	0.115

从各地区来看，乌海市的人为干扰指数全区最高，为 0.39，是全区人为干扰指数的 1.86 倍；并列排名第二位的是呼和浩特市和通辽市，人为干扰指数为 0.35，分别是全区整体人为干扰指数的 1.70 倍和 1.67 倍；排名居后的呼伦贝尔市、阿拉善盟的生态人为干扰指数分别只有 0.19 和 0.08，只相当于全区整体人为干扰指数的 0.94 倍和 0.41 倍（表 6-9 和图 6-10）。

表 6-9　各盟市人为干扰指数

盟市名称	人为干扰指数
呼和浩特市	0.352
包头市	0.29
乌海市	0.39
赤峰市	0.28
通辽市	0.349
鄂尔多斯市	0.20

续表

盟市名称	人为干扰指数
呼伦贝尔市	0.19
巴彦淖尔市	0.24
乌兰察布市	0.29
兴安盟	0.29
锡林郭勒盟	0.22
阿拉善盟	0.08

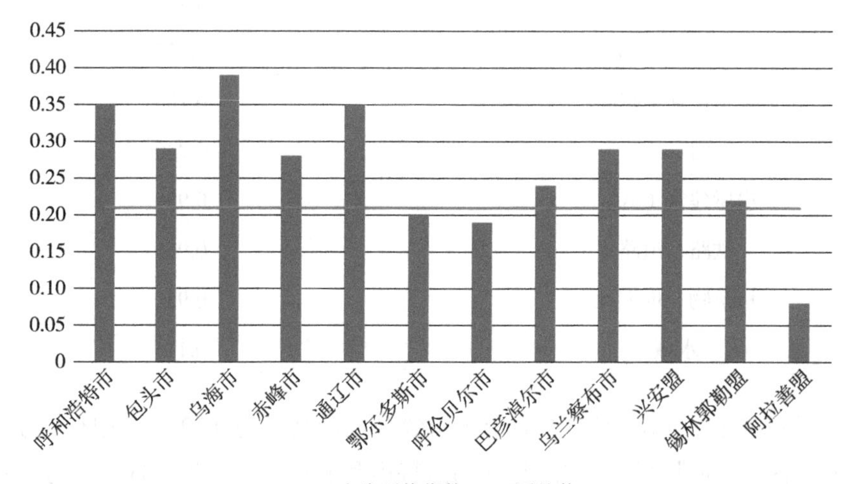

图 6-10　各盟市人为干扰指数

从地区分布来看，按照数值从高到低排序，人为干扰指数处于第一梯队的盟市主要集中在人口较多的地区，如包头市、呼和浩特市、乌海市、赤峰市、兴安盟、乌兰察布市和通辽市；处于第二梯队的地区有鄂尔多斯市、呼伦贝尔市和锡林郭勒盟等盟市；处于第三梯队的地区有阿拉善盟。中东部地区人口众多、密度较大，社会经济发展快速，人类活动对自然生态空间的影响较大，而西部区域、东北部区域地广人稀、人口密度较小，人类活动对自然生态空间的影响较小。鉴于此，有必要在人口密集地区探索加强自然保护区建设、完善制度政策，降低开发强度，最大限度地减少人为干扰，维护自然生态空间的平衡与稳定，保持地区经济平稳可持续发展（图 6-11）。

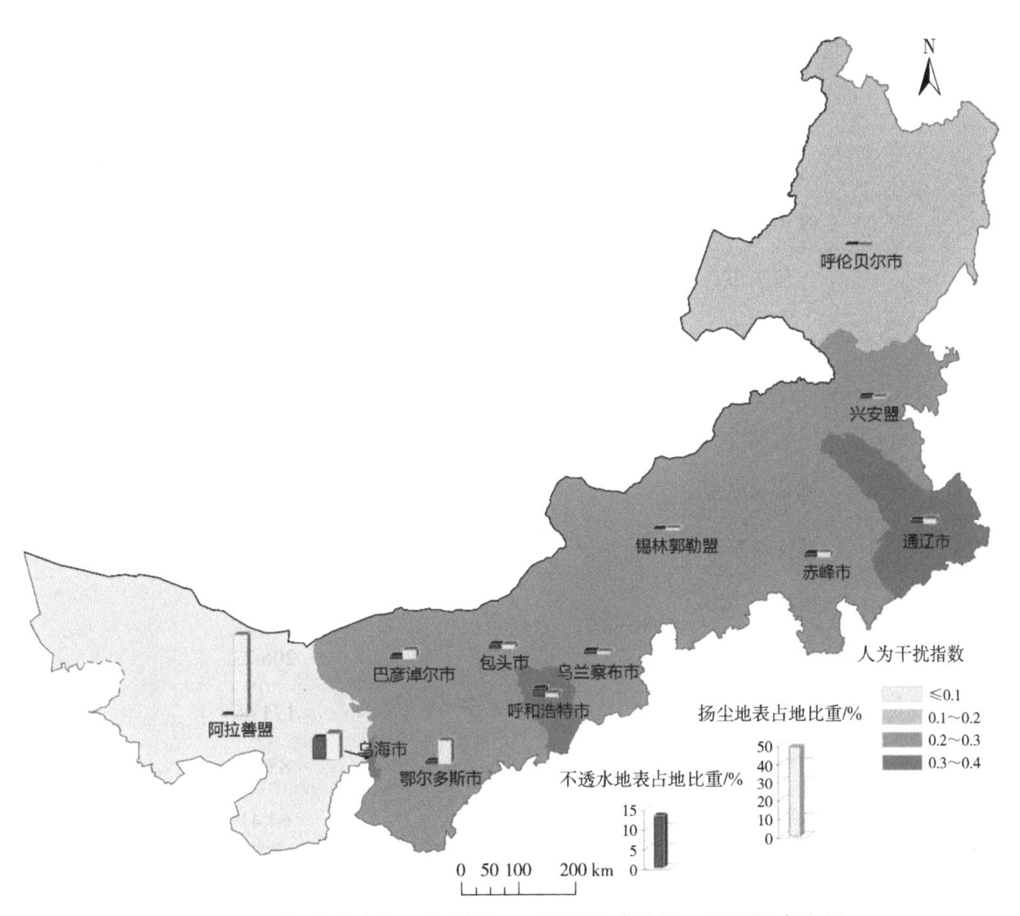

图 6-11 各盟市人为干扰指数、不透水地表比重、扬尘地表比重

6.2.2 植被受干扰指数

植被受干扰指数（采用统计区域内廊道总长度与统计区域面积之比）是衡量一个区域自然生态环境受干扰程度的重要指标，其中廊道包括公路、铁路、沟渠[1]。植被受干扰指数一定程度上反映出人类活动对植被的干扰作用，干扰程度越小，越利于生物的生存。

从各地区来看（表6-10和图6-12），乌海市植被受干扰指数最高，为750.52 m/km^2，是全区整体植被受干扰指数的4.55倍；排名第二的呼和浩特市，其植被受干扰指数为645.55 m/km^2，是全区整体植被受干扰指数的3.91倍；排名第三的巴彦淖尔市，其植被受干扰指数为555.82 m/km^2，是全区整体植被受干扰指数的3.36倍。而锡林郭勒盟和阿拉善盟的植被受干扰指数全区最低，分别只有83.66 m/km^2、64.41 m/km^2，分别是全区整体植被受干扰指数的0.51倍和0.39倍，

1 未考虑扣除架设在地面高架桥面上未对地表进行景观切割的铁路、公路、沟渠。

全区整体差异性显著（表 6-10 和图 6-12）。

表 6-10　各盟市植被受干扰指数

盟市名称	植被受干扰指数
呼和浩特市	645.55
包头市	342.63
乌海市	750.52
赤峰市	200.84
通辽市	235.51
鄂尔多斯市	203.66
呼伦贝尔市	119.49
巴彦淖尔市	555.82
乌兰察布市	206.23
兴安盟	174.46
锡林郭勒盟	83.66
阿拉善盟	64.41

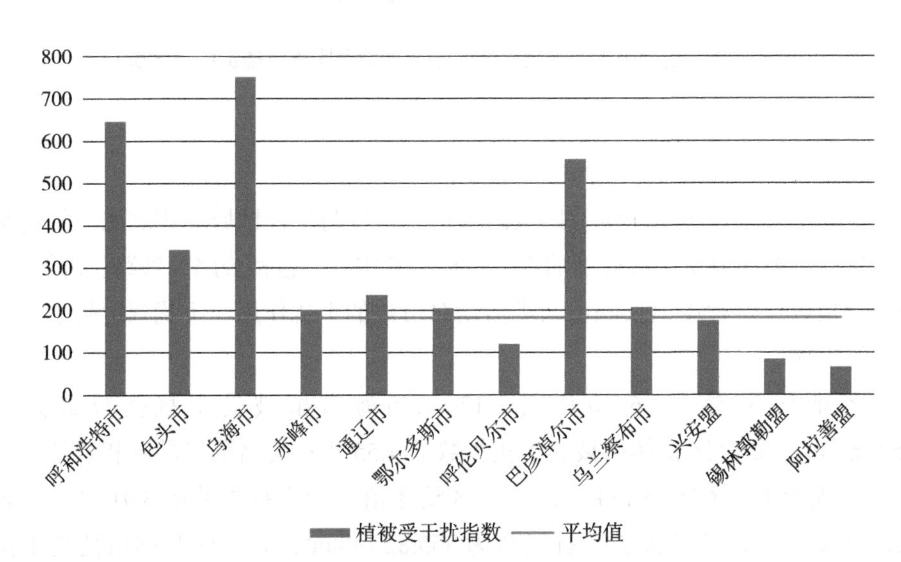

图 6-12　各盟市植被受干扰指数

从地区分布来看，植被受干扰程度差异总体呈现两极分化状态，一方面中部地区经济发达，道路密布；另一方面河套地区农业发展历史悠久，天然沟渠和用于农业灌溉的人工沟渠较发达。因此，地区内的景观廊道对生态景观的切割性明显，影响了动植物的大范围连续分布，动植物受干扰程度较高，动植物群落的孤岛分布较明显，不利于陆上生物的种群扩散。而东北和广大西部地区的植被受干扰指数相对较低，人类对生态的干扰强度较小，有利于生物生存。鉴于此，各地应结合地区实际，有针对性地制定区域发展规划，建立合适的自然保护区，减少人类活动的干扰，为动植物留出足够的自然生态空间，将区域发展与生态保护有机结合起来（图 6-13）。

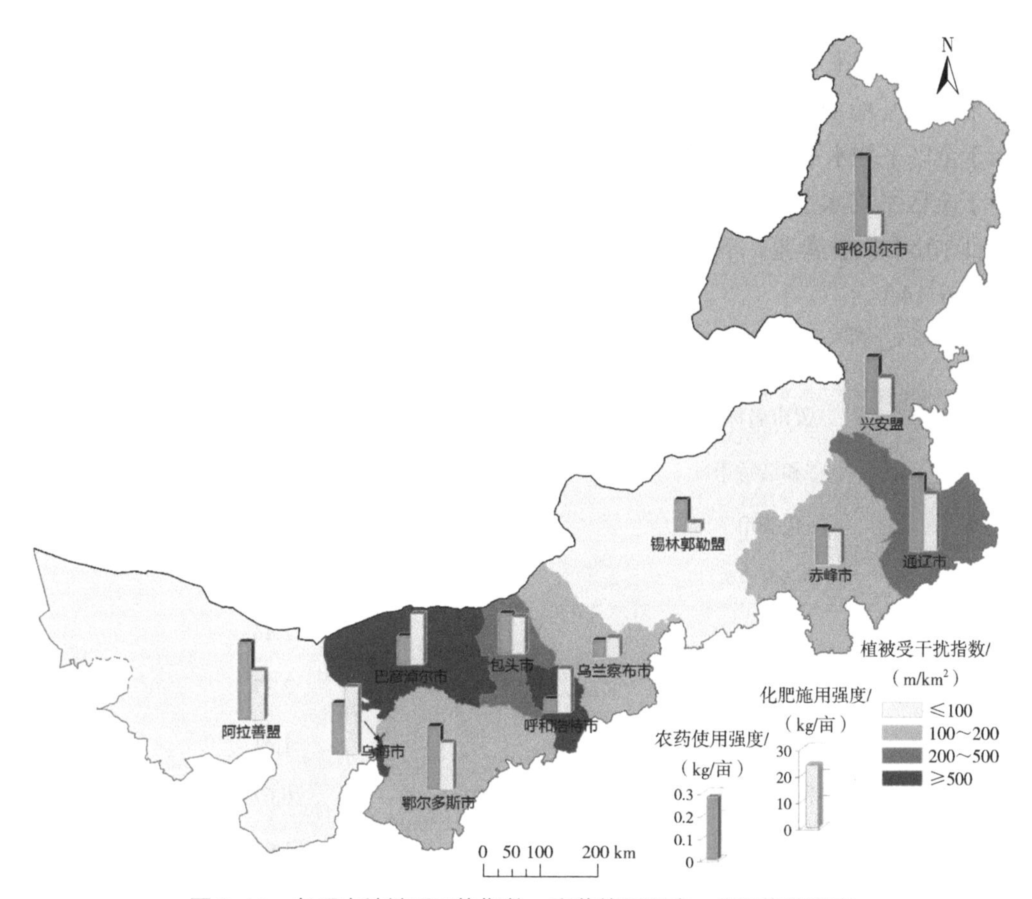

图 6-13　各盟市植被受干扰指数、农药使用强度、化肥施用强度

6.2.3　不透水地表占地比重

不透水层的增加会导致区域径流的持续时间和强度的增加，从而影响地表径流，容易导致急流和洪水的加剧；同时，不透水层积水易滋生病原体、产生养分及有毒物质和沉积物等，从而影响该区域的水的质量，甚至改变流域水文。不透水层改变了原始地表对光线、水汽等气候因素的影响，改变了城市地表温度。一般来

说，不透水层面积与城市区域的地表温度呈正相关，是影响城市热岛的重要因子，是国家大力倡导海绵城市建设中重点关注的地表生态要素。依据第一次内蒙古自治区地理国情普查指标体系，不透水地表包括道路、房屋建筑（区）、构筑物、建筑工地等。

不透水地表占地比重为区域内不透水地表面积与该地区土地面积的比值。不透水地表占地比重越高，表明人类活动对自然生态空间的干扰强度越大；反之不透水地表占地比重越低，表明人类活动对自然生态空间的干扰强度越弱。不透水地表占地比重可以反映一个地区人类活动对生态环境的干扰强度。

从各地区来看，乌海市的不透水地表占地比重为全区最高，为 13.23%，约为全区平均水平的 11.03 倍；呼和浩特市位居次席，不透水地表占地比重为 5.40%，相当于全区平均水平的 4.50 倍；排名第三的包头市不透水地表占地比重为 2.80%，相当于全区平均水平的 2.33 倍；不透水地表占地比重较低的分别为锡林郭勒盟、呼伦贝尔市和阿拉善盟，不透水地表占地比重依次为 0.72%、0.67%、0.26%（表 6-11 和图 6-14）。

表 6-11　各盟市不透水地表占地比重

盟市名称	不透水地表占地比重 /%
呼和浩特市	5.40
包头市	2.80
乌海市	13.23
赤峰市	2.14
通辽市	2.37
鄂尔多斯市	1.81
呼伦贝尔市	0.67
巴彦淖尔市	1.91
乌兰察布市	2.15
兴安盟	1.48
锡林郭勒盟	0.72
阿拉善盟	0.26

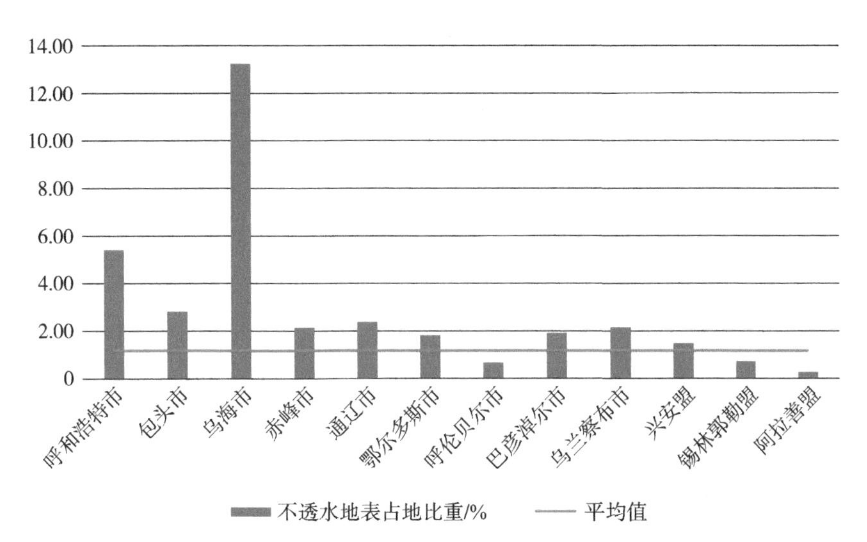

图 6-14 各盟市不透水地表占地比重

从区域分布来看，乌海市的不透水地表占比在全区遥遥领先，呼和浩特市次之。从整体来看，不透水地表比重大的地区主要集中在经济发展快速的区域。而阿拉善盟和呼伦贝尔市等地区地广人稀，不透水地表比重远低于全区平均水平。不透水地表面积的增加给生态修复造成了极大的障碍，并且给生态修复带来的压力越来越大。鉴于此，在不透水地表占地比重较高的区域有必要控制城市建设规模，合理规划城市绿色空间，为生态空间的休养生息提供必要的余地。

6.2.4 扬尘地表占地比重

扬尘环境是指地表松散颗粒物在自然力或人力作用下，进入环境空气中形成的一定范围的空气颗粒物充斥环境，扬尘的天然来源主要是裸露地表。在不利气候条件下，这些颗粒物会从地表进入空气中。内蒙古自治区气候干燥少雨，冬春季多风，具备扬尘环境条件。且京津风沙源位于内蒙古自治区腹地，其引发的沙尘暴严重影响了我国北方部分城市。

依据第一次全国地理国情普查指标体系，扬尘地表包括露天采掘场、堆放物、建筑工地、其他人工堆掘地、盐碱地表、泥土地表、沙质地表、砾石地表和碾压踩踏地表。扬尘地表占地比重为区域内扬尘地表占地面积与该地区土地面积的比值，可以反映一个地区扬尘污染的风险程度，也反映了该地区的生态环境。扬尘地表占地比重越高，表明发生扬尘污染的风险越高，该地区的生态环境压力越大。

从各地区来看，阿拉善盟的扬尘地表占地比重全区最高，为 48.70%；乌海市次之，扬尘地表占地比重为 15.88%；排名第三的鄂尔多斯市扬尘地表占地比重为 14.05%；扬尘地表占地比重较低的分别为呼伦贝尔市、兴安盟，扬尘地表占地比重依次为 0.86%、0.45%（表 6-12 和图 6-15）。

表 6-12　各盟市扬尘地表占地比重

盟市名称	扬尘地表占地比重 /%
呼和浩特市	2.72
包头市	2.75
乌海市	15.88
赤峰市	2.71
通辽市	3.04
鄂尔多斯市	14.05
呼伦贝尔市	0.45
巴彦淖尔市	5.70
乌兰察布市	1.80
兴安盟	0.86
锡林郭勒盟	1.28
阿拉善盟	48.70

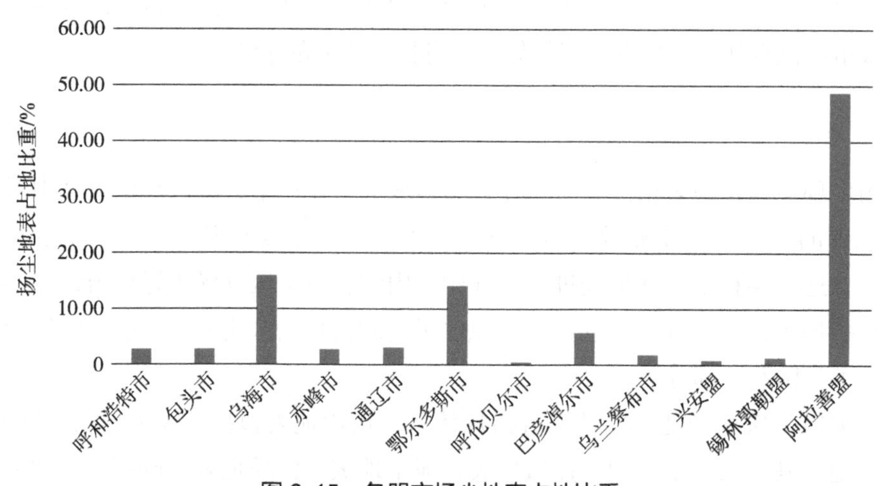

图 6-15　各盟市扬尘地表占地比重

从地区分布来看，西部地区的扬尘地表比重全区领先，这与西部地区分布的大面积沙漠、戈壁等有关。西部地区中，阿拉善盟、乌海市和鄂尔多斯市的扬尘地表构成中以沙质地表和砾石地表为主，又由于其靠近华北地区，成为华北地区扬尘污染的重要来源。除以上地区，全区其他地区的扬尘地表占地比重差异不大，全区扬尘地表占地比重最低的是呼伦贝尔市。扬尘污染防治是一项需要多部门协同、全社会参与的综合性工作，各地区应按照因地制宜的原则，根据当地污染特征、气候条件、生态环境建设规划、经济发展水平、地区环境管理需求等实际情况，加强重点扬尘污染源监控、制定切实可行的扬尘污染防控措施。

6.2.5 化肥施用强度和农药使用强度

我国是一个农业大国，改革开放以来，我国农业现代化取得巨大成就。但在粮食生产连年丰收、单位亩产量维持高位的状况下，应该清醒地看到，我国农业主要依靠资源消耗的粗放经营方式没有根本改变，农业面源污染和生态退化的趋势尚未有效遏制，绿色优质农产品和生态产品供给还不能满足人民群众日益增长的需求[1]。推进农业绿色发展是实施“五位一体”总体布局在农业上的具体体现。尤其是随着农业的发展，化肥、农药用量越来越大，成为重要的农业面源污染来源，农田施用的各种化肥不能全部被植物吸收利用。过量地施用后，未被作物吸收利用的肥料和在自然环境下难以降解的农药大量进入环境，一方面削弱农作物生产能力；另一方面对作物品种及生物链造成污染，破坏土地资源，对环境造成污染。

化肥施用强度是指单位耕作播种区域[2]面积中实际施用的化肥数量[3]。农药使用强度是单位农药使用区域[4]面积中实际喷施的农药数量[5]。化肥施用强度和农药使用强度反映了化学药品对生态环境中土地的破坏程度，反映了区域农业面源的污染程度，一般来说，化肥施用强度和农药使用强度越高，表明人类在农业作业区域内投入的化学药品的数量越多，对区域生态的污染破坏程度越重，反之化肥施用强度和农药使用强度越低，表明人类在农业区域内投入的化学药品的数量越少，对区域生态的污染破坏程度越轻。

从各地区来看，化肥施用强度排名靠前的盟市为乌海市、通辽市和巴彦淖尔市，其中乌海市的化肥施用强度最大，达到了 23.64 kg/ 亩。全区有 6 个盟市的化肥施用强度低于全区平均值，化肥施用强度最低的分别为呼伦贝尔市、乌兰察布市和锡林郭勒盟，化肥施用强度依次为 7.95 kg/ 亩、7.03 kg/ 亩、3.22 kg/ 亩（表 6-13 和图 6-16）。

从各地区来看，农药使用强度排名靠前的盟市为呼伦贝尔市、阿拉善盟和通辽市，其中呼伦贝尔市的农药使用强度最大，达到了 0.28 kg/ 亩。全区有 7 个盟市的

---

1 中共中央办公厅、国务院办公厅 . 关于创新体制机制推进农业绿色发展的意见，2017。

2 化肥施用区域，包括种植土地、温室和大棚。

3 包括氮、磷、钾三要素。化肥用量通过折纯量进行计算，将氮肥、磷肥、钾肥分别按照含有的纯氮、五氧化二磷和氯化钾的有效成分进行折算。复合肥料或混合肥料则按照包装袋上表明的氮、五氧化二磷和氯化钾进行折算，化肥折纯量来自《中国统计年鉴》。

4 农药使用区域，包括种植土地、温室和大棚等。

5 农药使用量来自《中国统计年鉴》。

农药使用强度低于全区平均值，农药使用强度较低的分别为乌兰察布市和呼和浩特市，农药使用强度依次为 0.06 kg/ 亩、0.05 kg/ 亩（表 6-13 和图 6-16）。

表 6-13　各盟市化肥施用强度和农药使用强度

盟市名称	化肥施用强度 /（kg/ 亩）	农药使用强度 /（kg/ 亩）
呼和浩特市	15.49	0.05
包头市	12.72	0.14
乌海市	23.64	0.18
赤峰市	11.48	0.13
通辽市	19.76	0.26
鄂尔多斯市	16.52	0.22
呼伦贝尔市	7.95	0.28
巴彦淖尔市	17.60	0.10
乌兰察布市	7.03	0.06
兴安盟	12.87	0.20
锡林郭勒盟	3.22	0.11
阿拉善盟	17.22	0.27

从地区分布来看，内蒙古自治区化肥和农药的使用强度地区分布总体上一致，主要集中在通辽市、兴安盟、鄂尔多斯市、巴彦淖尔市、乌海市和阿拉善盟。以上地区大部分都包含内蒙古自治区重要的粮食种植或农产品供应地，这些地区较高的化肥和农药使用强度反映了当地农业粗放经营的传统农业生产方式依然存在，其加强农业绿色生产方式实施应更加严格。总的来说，化肥和农药使用强度较高的地区在做好农业生产的同时应该重视农业生态环境的保护，着力改变“大水”“大肥”“大药”的粗放经营方式，健全化肥、农药等农业投入品减量使用制度，着力探索“绿色 +”特色产业、休闲农业、乡村旅游、产业扶贫等发展模式，减缓农业面源污染加重的态势，让美丽田网、青山绿水、生态环保成为现代农业的鲜明标志。

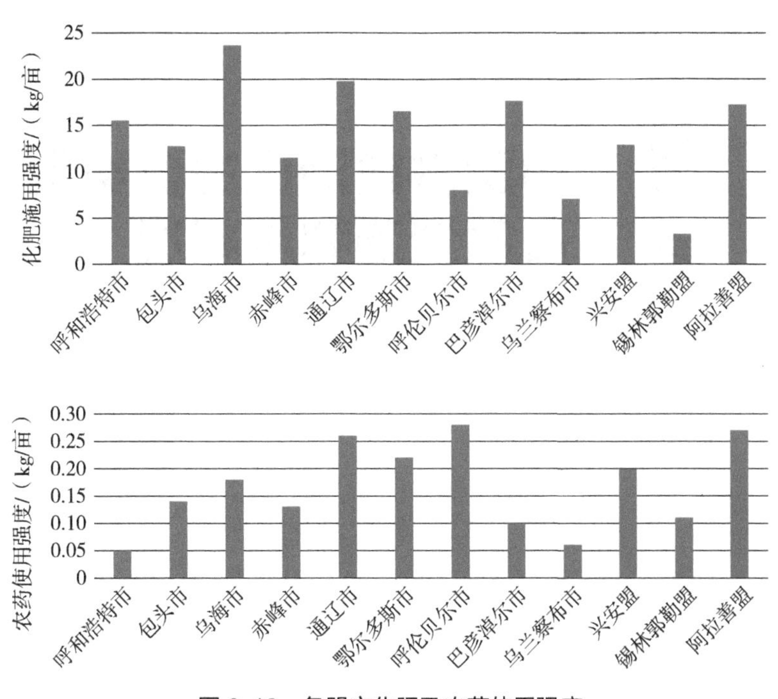

图 6-16　各盟市化肥及农药使用强度

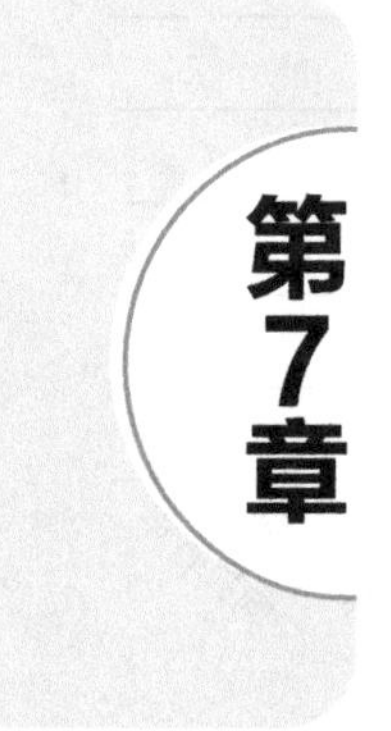

内蒙古自治区主要类型自然资源利用状况

7.1 农业资源利用状况

7.1.1 耕地质量状况及区域差异分析

7.1.1.1 全区耕地质量状况

内蒙古耕地按质量情况由高到低分为优等地、高等地、中等地和低等地。内蒙古耕地面积17 244.88万亩（蒙甘争议区未参与统计），中等地分布最为广泛。其中，优等地面积为4 245.84万亩，占耕地总面积的24.62%。高等地面积为4 276.58万亩，占耕地总面积的24.80%。中等地所占比重较大，占耕地总面积的30.54%。低等地占耕地总面积的20.04%（表7-1）。

表7-1 内蒙古耕地分类面积比例及主要分布区域

耕地质量分类	面积/万亩	比例/%	主要分布盟市
优等地	4 245.84	24.62	呼伦贝尔市、兴安盟、巴彦淖尔市
高等地	4 276.58	24.80	呼伦贝尔市、通辽市、兴安盟、巴彦淖尔市
中等地	5 266.66	30.54	通辽市、兴安盟、赤峰、乌兰察布市
低等地	3 455.81	20.04	赤峰市、通辽市、乌兰察布市、鄂尔多斯市

内蒙古耕地质量状况空间地域差异明显。优等地呼伦贝尔市面积最大，面积为2 030.70万亩，占优等耕地总面积的47.83%；其次为兴安盟、巴彦淖尔市，分别

占优等耕地总面积的 12.95%、10.46%；通辽市优等耕地面积为 409.07 万亩，占优等耕地总面积的 9.63%；呼和浩特市、赤峰市、包头市占优等耕地总面积的比例均在 5% 以上；其他地区优等耕地所占比例较小。高等地主要分布在呼伦贝尔市、通辽市、兴安盟、巴彦淖尔市，面积分别为 971.69 万亩、790.32 万亩、669.52 万亩、654.72 万亩；赤峰市高等地面积 462.60 万亩，占高等耕地总面积的 10.82%；呼和浩特市、乌兰察布市占高等耕地总面积均在 4% 以上，其他地区高等耕地所占比例较小。中等地通辽市、赤峰市所占比重较大，占中等耕地总面积的 45.09%，兴安盟、乌兰察布市中等耕地面积分别为 929.21 万亩、625.10 万亩，分别占中等耕地总面积的 17.64%、11.87%。低等地赤峰市、通辽市所占比重较大，占低等耕地总面积的 26.90%、22.06%；乌兰察布市、鄂尔多斯市低等耕地面积所占比例均在 10% 以上，其他地区低等耕地所占比例较小（图 7-1）。

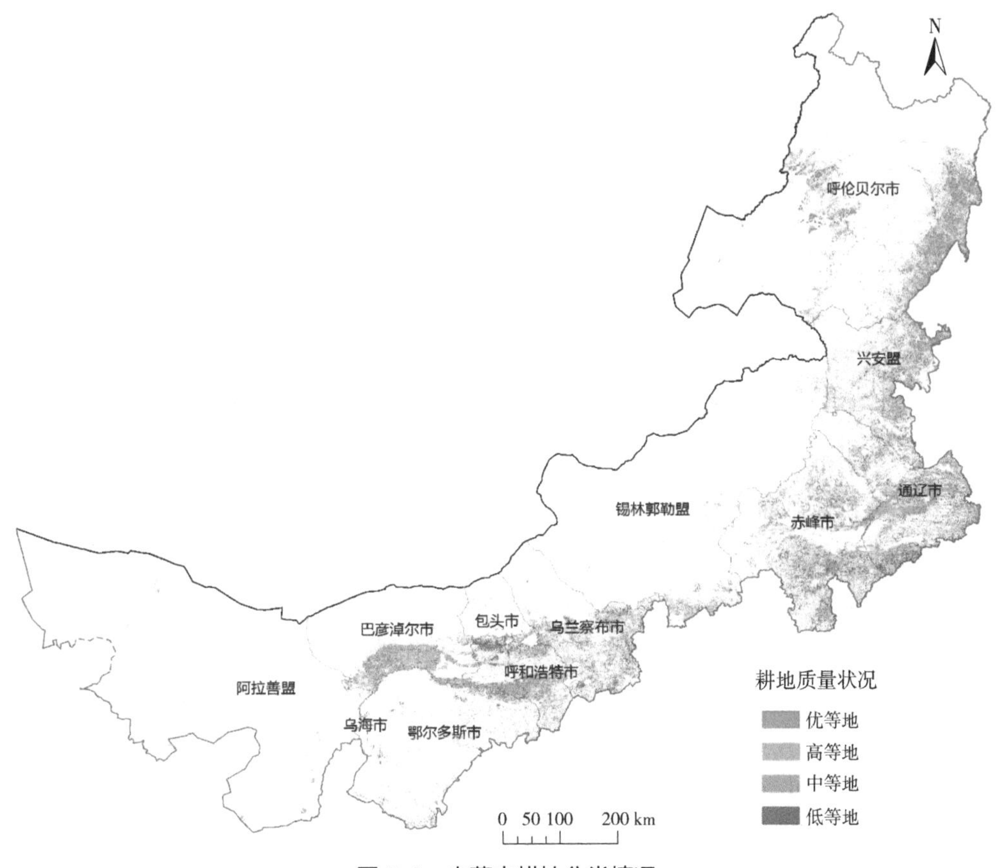

图 7-1 内蒙古耕地分类情况

7.1.1.2 各盟市耕地质量状况

（1）呼和浩特市

呼和浩特市耕地总面积为834.27万亩，整体耕地质量水平不高，中低等地占比52.23%。呼和浩特市耕地多处于山地和丘陵，存在排水能力差、土壤瘠薄等问题，制约耕地可持续发展。其中优等地为221.90万亩，占呼和浩特市耕地总面积的26.60%，集中分布在呼和浩特市中部地区；高等地面积为176.63万亩，占21.17%，主要分布在呼和浩特市中部和北部；中等地280.36万亩，占该地区耕地总面积的33.60%，主要分布在武川县，其他旗县有少量分布；低等耕地面积为155.39万亩，占18.63%，主要分布在武川县、和林格尔县和清水河县（图7-2）。

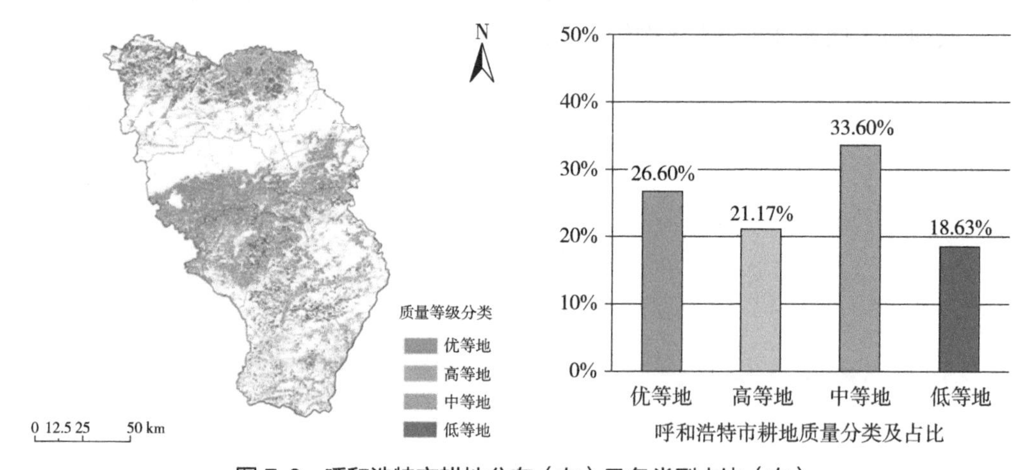

图7-2 呼和浩特市耕地分布（左）及各类型占比（右）

（2）包头市

包头市耕地总面积为645.49万亩，优等、低等耕地面积所占比重较大。包头市耕地处于平原低阶、丘陵中部和下部，基本灌溉水平处于满足水平，但部分区域盐渍化和土壤瘠薄等问题突出。包头市优等地面积为178.05万亩，占包头市耕地总面积的27.58%，主要分布在土默特右旗和九原区南部，昆都仑区和东河区有少量分布；高等地占耕地总面积的9.82%，面积为63.37万亩，在包头市南部土默特右旗、东河区、九原区有零星分布；中等地面积118.65万亩，占耕地总面积的18.38%，固阳县分布较集中；低等耕地占44.22%，面积为285.42万亩，集中分布在达尔罕茂明安联合旗南部和固阳县北部（图7-3）。

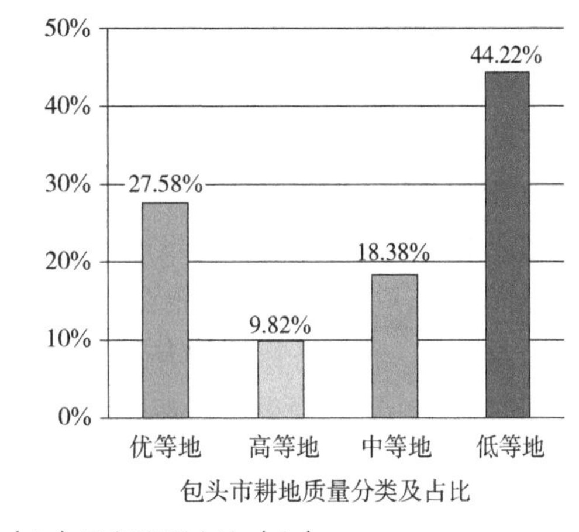

图 7-3　包头市耕地分布（左）及各类型占比（右）

（3）乌海市

乌海市耕地总面积为 13.22 万亩，仅占全区耕地总面积的 0.08%，中等地所占比重较大。乌海市耕地多为水浇地，地貌以平原和山地为主，灌溉和排水能力较高，但农田林网化程度较低，土壤贫瘠、沙化、盐碱化等问题严重。乌海市优等地面积为 0.20 万亩，集中分布在乌达区中部；高等地面积所占比例为 24.70%，面积为 3.27 万亩，分布在海勃湾北部和海南区南部；中等地面积为 8.39 万亩，占该地区耕地总面积的 63.45%，各区域均有分布；而 10.31% 的耕地为低等地，面积为 1.36 万亩，分布在乌达区中部和海南区西北部（图 7-4）。

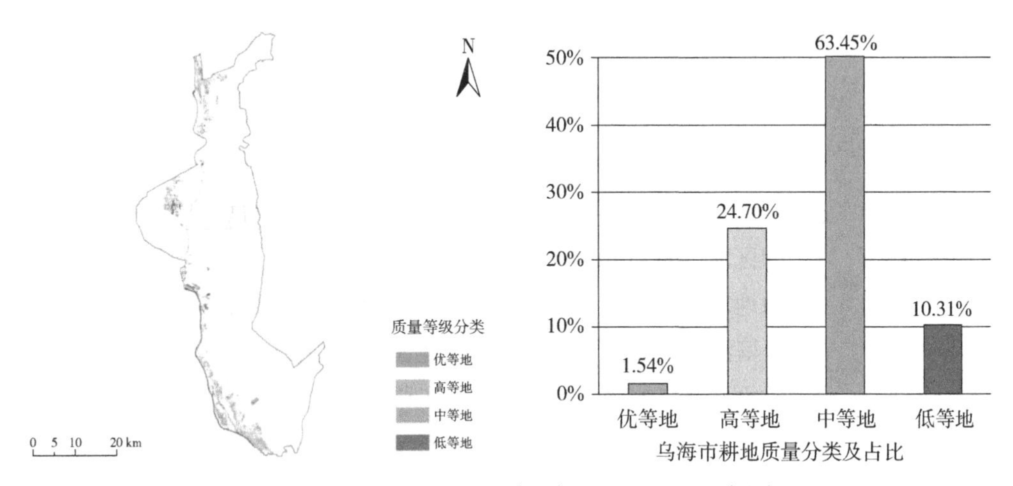

图 7-4　乌海市耕地分布（左）及各类型占比（右）

（4）赤峰市

赤峰市耕地总面积为 2 743.94 万亩，占内蒙古耕地总面积的 15.91%，耕地总面积仅次于通辽市和呼伦贝尔市。赤峰市耕地以中等地、低等地为主，耕地分布所处地势较复杂，平原、丘陵、盆地和山地均有分布，区域土壤瘠薄、沙化、盐渍化问题严重，制约耕地可持续发展。赤峰市优等地面积为 215.52 万亩，占赤峰市耕地总面积的 7.85%，集中分布在翁牛特旗东北部；高等地所占比例为 16.86%，面积为 462.60 万亩，各旗县均有分布；中等地面积 1 136.35 万亩，占该地区耕地总面积的 41.41%，赤峰市东部旗县均有分布；低等耕地所占比例为 33.87%，面积为 929.47 万亩，主要分布在克什克腾旗、敖汉旗、松山区、红山区、宁城县东北部及翁牛特旗西南部（图 7-5）。

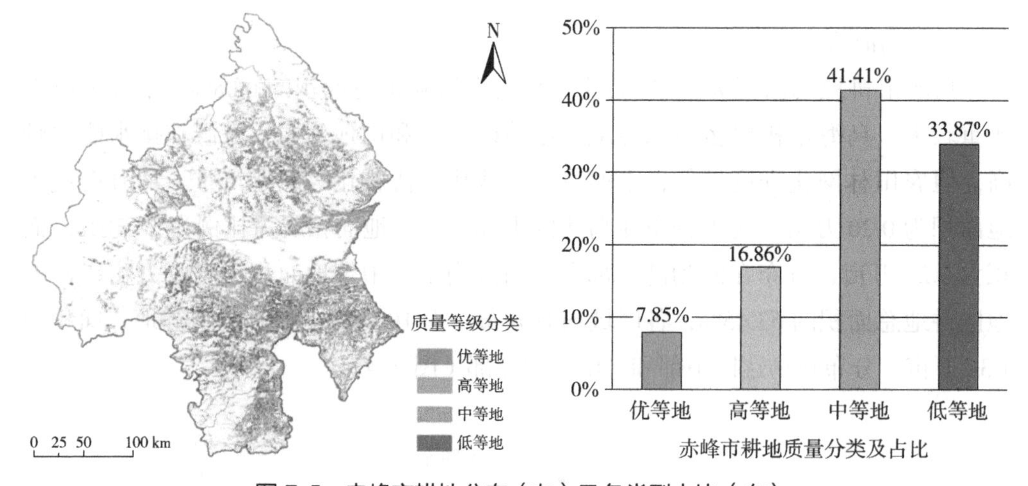

图 7-5 赤峰市耕地分布（左）及各类型占比（右）

（5）通辽市

通辽市耕地总面积为 3 199.94 万亩耕地，占内蒙古耕地总面积的 18.56%，是内蒙古耕地面积最大的区域。通辽市耕地以水浇地和旱地为主，存在少部分水田；耕地在平原、丘陵和山地均有分布，灌溉条件主要以满足和一般满足为主，土壤相对肥沃，但部分区域土壤沙化问题突出，土壤盐渍化严重。通辽市优等地为 409.07 万亩，占通辽市耕地总面积的 12.78%，集中分布在科尔沁区南部和科尔沁左翼后旗；高等地所占比例为 24.70%，面积为 790.32 万亩，主要分布在开鲁县、科尔沁区和科尔沁左翼中旗；中等地面积为 1 238.34 万亩，占该地区耕地总面积的 38.70%，各旗县（市、区）均有分布；低等耕地面积所占比例为 23.82%，面积为 762.21 万亩，主要分布在奈曼旗南部和库伦旗（图 7-6）。

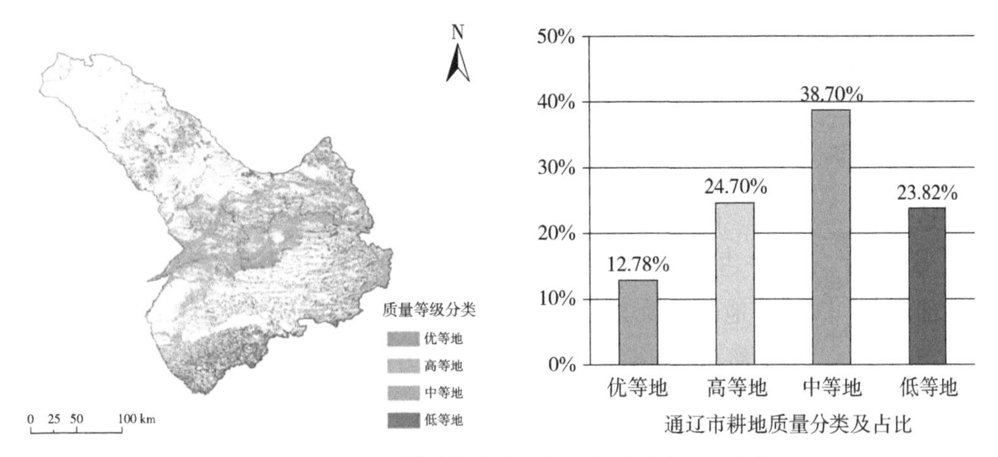

图 7-6 通辽市耕地分布（左）及各类型占比（右）

（6）鄂尔多斯市

鄂尔多斯市耕地总面积为903.91万亩。鄂尔多斯市优等地面积为141.68万亩，占鄂尔多斯市耕地总面积的15.67%，主要分布在达拉特旗及杭锦旗北部；高等地面积为163.42万亩，占鄂尔多斯市耕地总面积的18.08%，主要在鄂尔多斯市北部，另在乌审旗南部有少量分布；中等地面积为245.32万亩，主要分布在达拉特旗及杭锦旗境内；低等地面积为353.61万亩，主要分布在达拉特旗境内，另在鄂托克旗中西部地区及杭锦旗有少量分布。鄂尔多斯市耕地以水浇地为主，耕地分布在平原、丘陵和山地，土壤贫瘠、土壤盐碱化严重，制约了耕地资源发展（图7-7）。

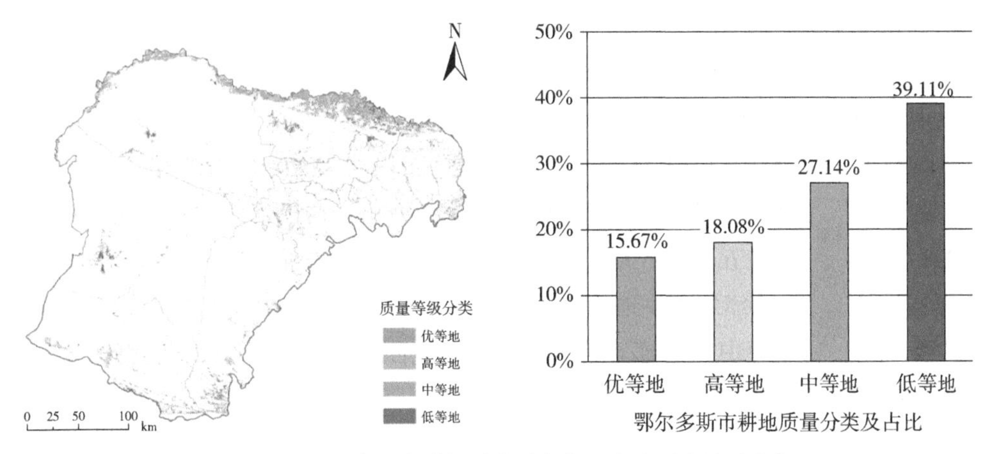

图 7-7 鄂尔多斯市耕地分布（左）及各类型占比（右）

（7）呼伦贝尔市

呼伦贝尔市耕地总面积为 3 176.65 万亩，耕地多为水浇地分布较广，主要分布在平原、山地和丘陵地区，土壤肥沃、有机质含量高，适合发展农业。呼伦贝尔市优等地面积为 2 030.70 万亩，占呼伦贝尔市耕地总面积的 63.93%，主要分布在莫力达瓦达斡尔族自治旗、阿荣旗东南部、扎兰屯市东部以及额尔古纳市南部；高等地面积为 971.66 万亩，占呼伦贝尔市耕地总面积的 30.59%，主要分布在呼伦贝尔市中南部及东部；中等地面积为 174.09 万亩，占呼伦贝尔市耕地总面积的 5.48%，主要分布在鄂伦春自治旗东南部；而低等地面积仅为 0.20 万亩，占呼伦贝尔市耕地总面积的 0.01%（图 7-8）。

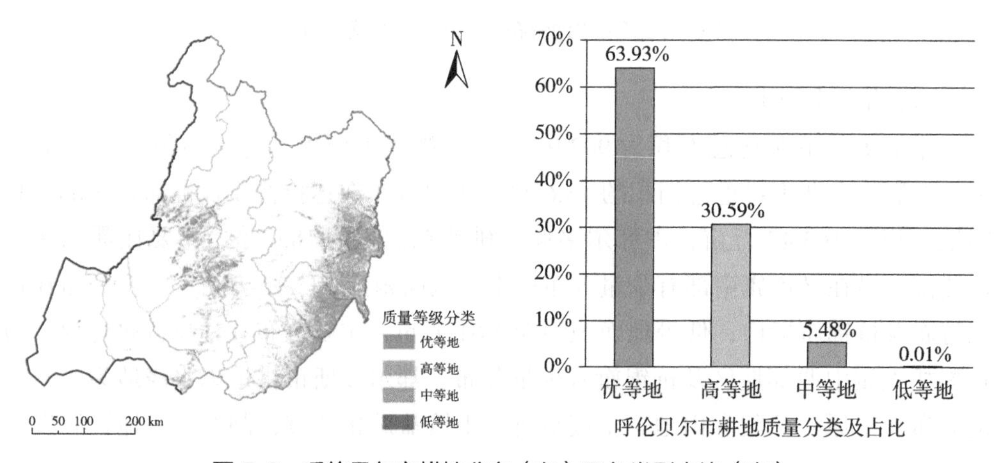

图 7-8　呼伦贝尔市耕地分布（左）及各类型占比（右）

（8）巴彦淖尔市

巴彦淖尔市耕地总面积为 1 357.67 万亩，耕地质量整体状况较好。巴彦淖尔市耕地主要分布在平原低阶，地势平坦、土壤肥沃，适宜农业发展。巴彦淖尔市优等地面积为 444.02 万亩，占巴彦淖尔市耕地总面积的 32.70%，主要分布在杭锦后旗、临河区及五原县北部；高等地面积为 654.72 万亩，占巴彦淖尔市耕地总面积的 48.22%，主要分布在五原县、乌拉特前旗西部、磴口县中部等地区；中等地面积为 209.52 万亩，占巴彦淖尔市耕地总面积的 15.43%，主要分布在乌拉特前旗中部、磴口县西部以及乌拉特中旗南部等地区；而低等地面积仅 49.41 万亩，占巴彦淖尔市耕地总面积的 3.64%（图 7-9）。

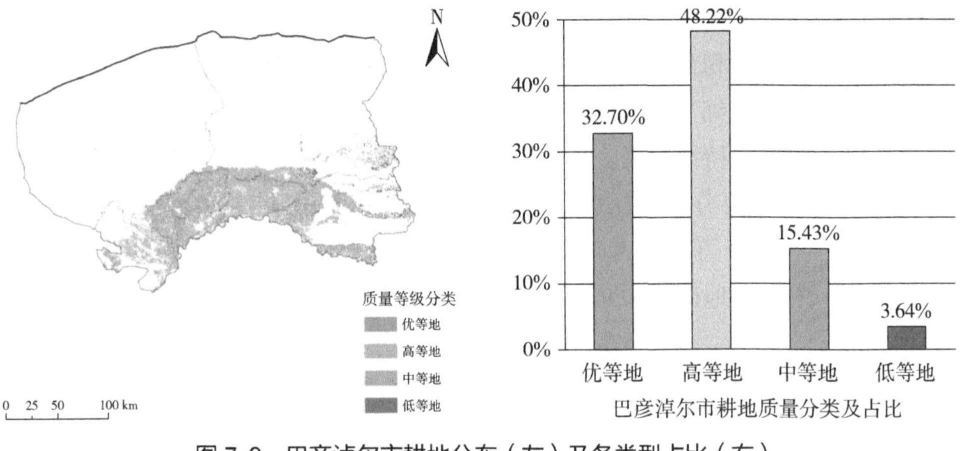

图 7-9 巴彦淖尔市耕地分布（左）及各类型占比（右）

（9）乌兰察布市

乌兰察布市耕地总面积为 1 495.58 万亩，主要以中等地和低等地为主，分别占耕地总面积的 41.80%、43.92%。乌兰察布市优等地面积为 28.45 万亩，占乌兰察布市耕地总面积的 1.90%；高等地面积为 185.15 万亩，占乌兰察布市耕地总面积的 12.38%，主要分布在商都县东南部及四子王旗南部；中等地面积为 625.10 万亩，主要分布在乌兰察布市中部；低等地面积为 656.88 万亩，主要分布在乌兰察布市东部及南部地区。乌兰察布市耕地多处于山地或丘陵区域，且土壤 pH 较高、有机质含量较低，导致乌兰察布市耕地质量整体偏低，土壤盐碱化、土地瘠薄等问题突出（图 7-10）。

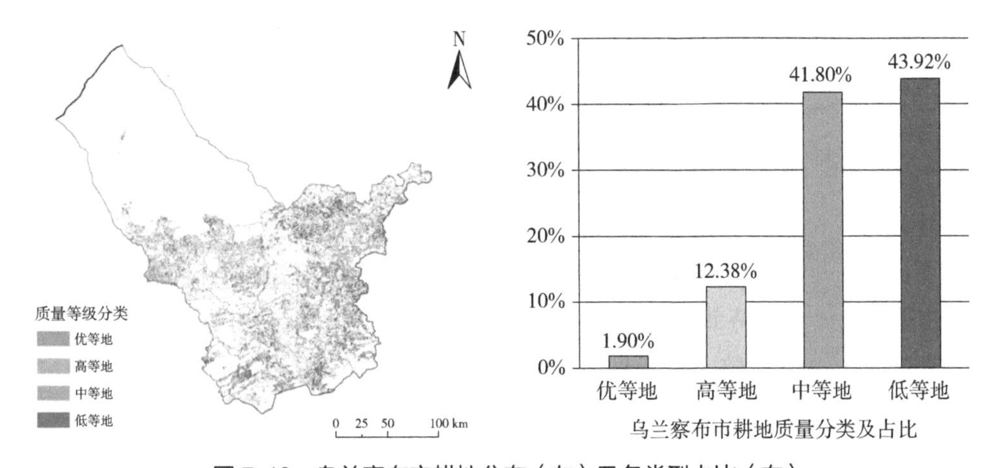

图 7-10 乌兰察布市耕地分布（左）及各类型占比（右）

（10）兴安盟

兴安盟耕地总面积为 2 316.02 万亩。兴安盟耕地有机质含量高、有效土层厚度大、质地构型多为海绵型等因素使耕地质量总体水平较高，但地形复杂、水土流失等问题不利于耕地可持续发展。兴安盟优等地面积为 549.81 万亩，占兴安盟耕地总面积的 23.74%，主要分布在扎赉特旗东部，另在除阿尔山市之外旗县有少量分布；高等地面积为 669.53 万亩，占兴安盟耕地总面积的 28.91%，主要分布在除阿尔山市以外的旗县；中等地面积为 929.21 万亩，主要分布在兴安盟东部及南部；而低等地面积为 167.48 万亩，所占比例为 7.23%，主要分布在科尔沁右翼中旗，另外在乌兰浩特市、科尔沁右翼前旗、扎赉特旗有少量分布（图 7-11）。

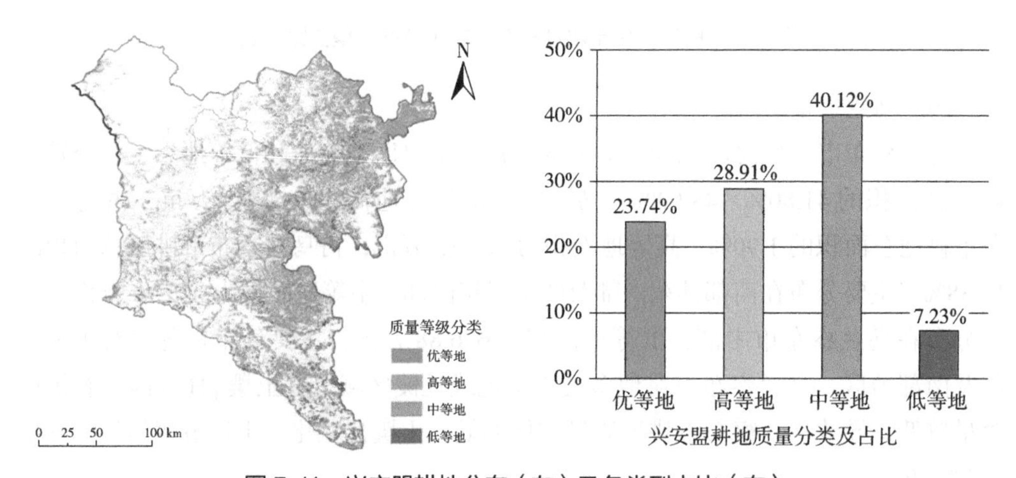

图 7-11　兴安盟耕地分布（左）及各类型占比（右）

（11）锡林郭勒盟

锡林郭勒盟耕地总面积为 461.98 万亩，中等地分布较为广泛，占耕地总面积的 52.37%。优等地面积为 22.36 万亩，占锡林郭勒盟耕地总面积的 4.84%；高等地面积为 118.92 万亩，占锡林郭勒盟耕地总面积的 25.74%，主要分布在太仆寺旗及多伦县，另在东乌珠穆沁旗东北部有少量分布；中等地面积为 241.93 万亩，主要分布在太仆寺旗及多伦县境内；耕地为低等地的比例为 17.05%，面积为 78.76 万亩，主要分布在太仆寺旗、多伦县及正蓝旗东南部。锡林郭勒盟耕地多处于丘陵上部、中部及下部，有效土层厚度较薄，影响耕地质量的障碍因素主要为土地瘠薄（图 7-12）。

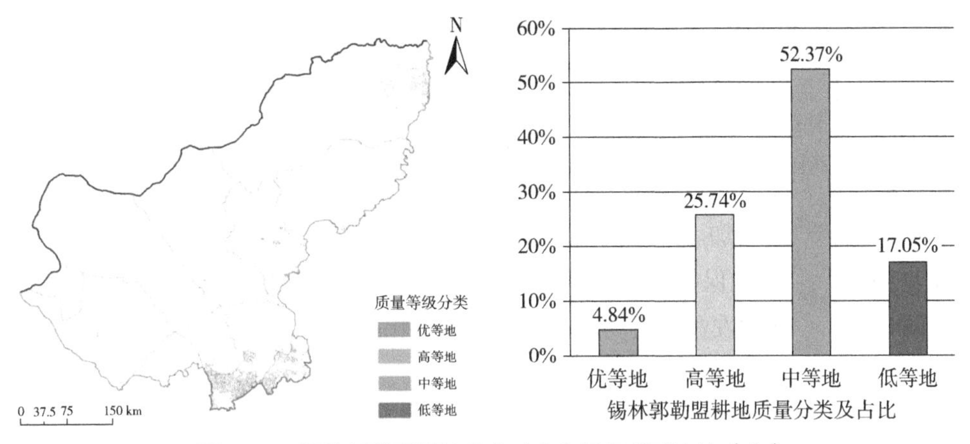

图 7-12 锡林郭勒盟耕地分布（左）及各类型占比（右）

（12）阿拉善盟

阿拉善盟耕地总面积为 96.07 万亩（不含争议区）。优等地面积为 4.10 万亩，占阿拉善盟耕地总面积的 4.26%；高等地面积为 16.95 万亩，占阿拉善盟耕地总面积的 17.64%，主要分布在额济纳旗；中等地面积为 59.39 万亩，占耕地总面积的 61.82%；耕地为低等地的比例为 16.27%，面积为 15.63 万亩，集中分布在阿拉善左旗南部。阿拉善盟耕地质量水平较低的主要障碍因素为土地瘠薄和沙化问题较为突出，阿拉善盟大部分耕地有效土层厚度较薄且土壤 pH 偏高，影响地区耕地的可持续发展（图 7-13）。

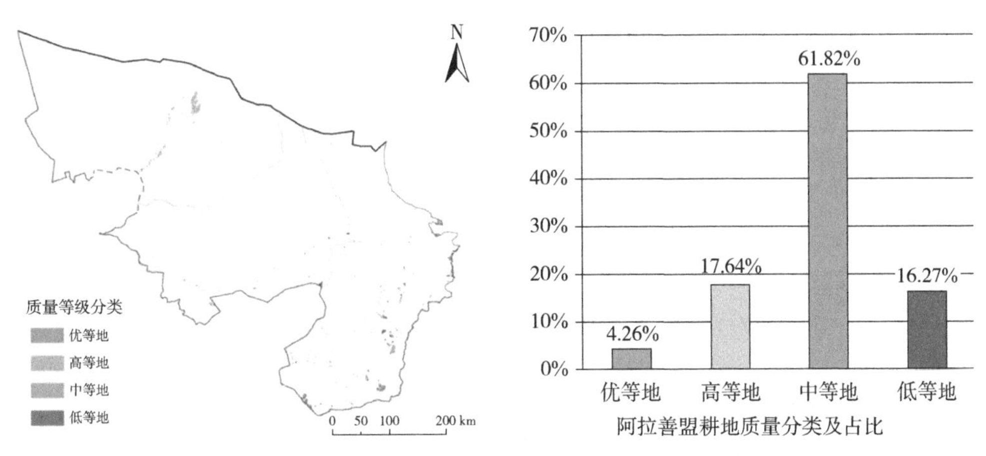

图 7-13 阿拉善盟耕地分布（左）及各类型占比（右）

7.1.2 农作物种植结构特征及区域差异

内蒙古作为全国粮食主产区之一，为我国的粮食安全保障做出了重要的贡献。自20世纪初大规模土地开垦以来，内蒙古农业开发利用强度持续上升，尤其位于东部区的东四盟（呼伦贝尔市）最为显著，突出表现为农作物播种面积扩大和农业生产资料投入大幅增加。经过近几十年的发展，内蒙古形成了具有自身地域特征的农作物种植结构，并保持着较高的粮食产出水平，为国家粮食安全做出了巨大贡献。同时，高强度的农业开发利用也成为土地退化的重要因素之一（图7-14）。

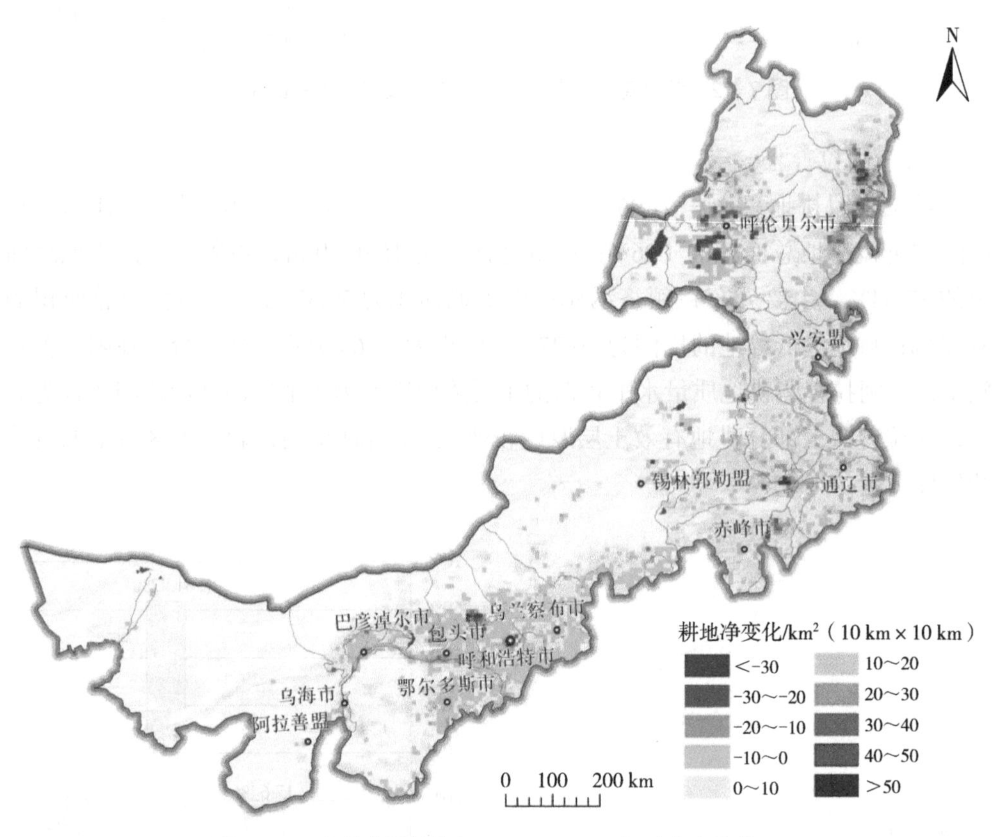

图7-14 内蒙古耕地资源1990—2020年时空变化格局

7.1.2.1 全区作物种植结构

基于“空天地一体化”监测体系监测内蒙古2015年和2020年农作物种植结果。遥感监测数据显示，内蒙古农作物总播种面积、粮食作物播种面积持续保持上升趋势，种植结构呈现明显的粮食主导特征。粮食作物中，尤以玉米、小麦、水稻和大豆为主。1990—2020年，玉米种植面积总体变化趋势与内蒙古农作物总播种面积、粮食作物播种面积上升趋势保持一致。截至2020年，玉米占粮食作物种植面积的55.96%，并持续呈上升态势（图7-15）。另外，大豆、稻谷、青饲料等作物种植面积持续增加，小麦、马铃薯等作物种植面积略呈降低趋势。随着内蒙古耕地面积的不断增加，农业生产规模和生产能力发生了巨大的变化，在高强度的灌溉条件保障下，农业生产规模和生产显著提高。其中，玉米播种面积增加了约70%，特别是西辽河平原（通辽市、赤峰市等）增加最为显著。与此同时，小麦及其他作物（谷物杂粮等）播种面积下降比例较大。但是，在气候暖干趋势背景下，其降水量不能满足全区主要作物正常生长的需水量，灌溉短缺量约600 mm。同时，种植结构对水资源利用率影响较大，北方种植结构单位面积实际需水量总体表现为水稻>玉米>薯类>小麦>大豆>其他作物，地下水灌溉区的高消耗区与小麦、玉米、马铃薯等作物的高产区吻合，表明高强度的粮食生产是地下水过度消耗的重要原因。研究表明，由于农业种植结构单一，玉米、大豆主要作物长期连作，导致土壤板结退化问题严重，水资源消耗及超采问题日益凸显，不利于耕地资源可持续利用（图7-16）。

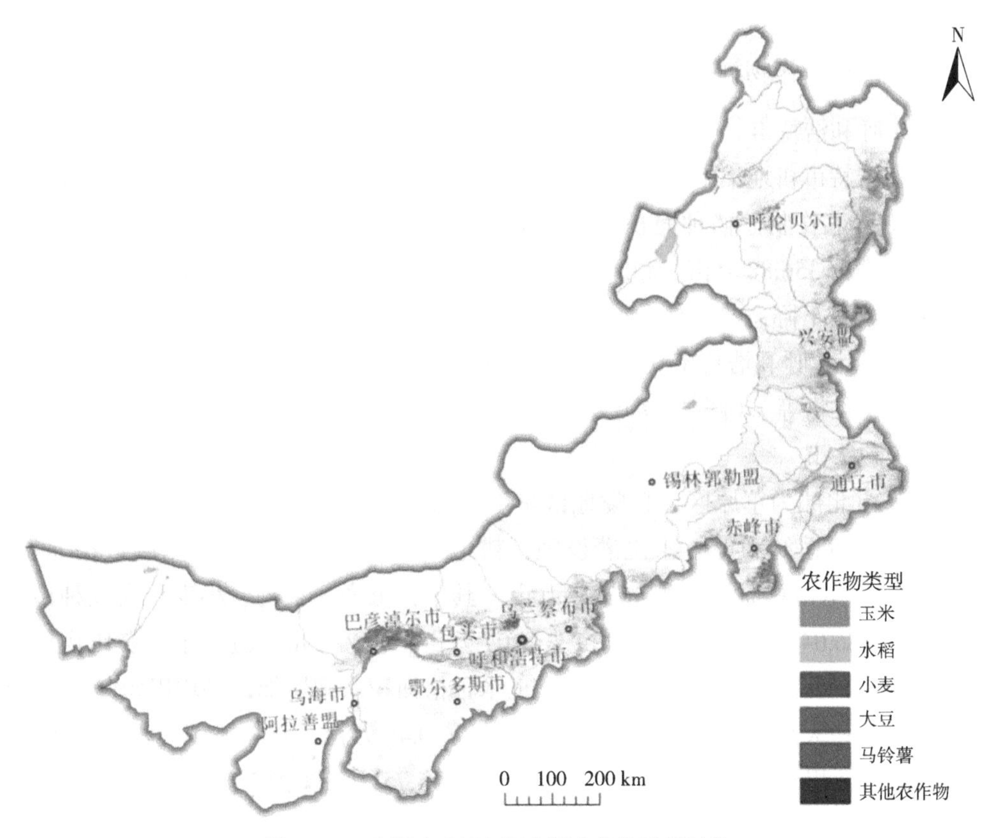

图7-15 内蒙古2020年主要农作物种植结构

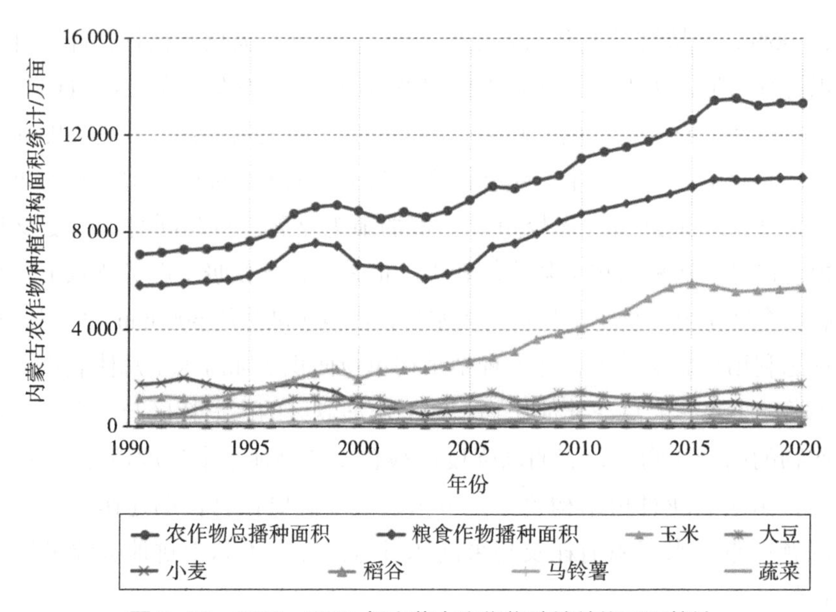

图 7-16　1990—2020 年内蒙古农作物种植结构面积统计

7.1.2.2　各盟市作物种植结构差异分析

（1）呼和浩特市

呼和浩特市耕地集中分布于土默川平原，耕地质量条件较好。遥感监测数据显示，2020 年农作物总播种面积为 630.90 万亩。其中，玉米、谷物、小麦、大豆种植面积分别为 356.88 万亩、432.41 万亩、17.01 万亩、12.94 万亩。近 5 年，农作物总播种面积呈下降态势，播种面积减少 85.50 万亩。玉米种植面积呈增加趋势，增加 94.08 万亩。呼和浩特市北部马铃薯种植面积减少趋势明显，种植结构调整为其他农作物（谷物等）（图 7-17）。

（2）包头市

包头市北部为草原区，丘陵地区旱地分布较广，南部平原区土质肥沃，有引黄（河）灌溉系统和地下水浇灌设施，耕地资源广泛分布。遥感监测数据显示，2020 年，农作物总播种面积 462.92 万亩。其中，玉米、谷物、小麦、大豆种植面积分别为 186.04 万亩、272.46 万亩、47.04 万亩、0.47 万亩。近 5 年，农作物播种面积略有减少，面积减少 15.87 万亩；玉米种植面积略微增加，平均以每年 1.63 万亩速率增加；大豆种植面积增加明显，增加了 0.45 万亩；谷物播种面积增加明显；马铃薯播种面积减少明显；小麦种植面积减少 15.75 万亩（图 7-18）。

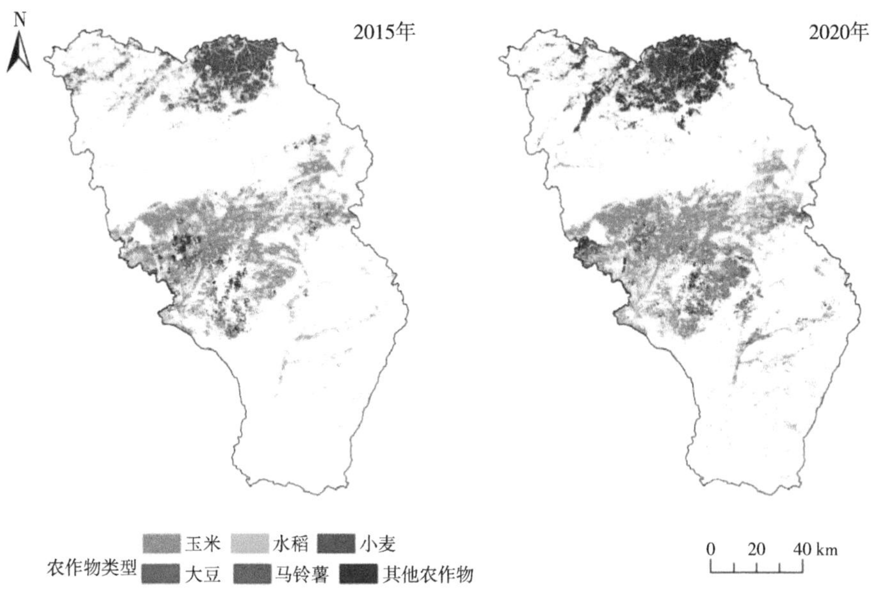

图 7-17 呼和浩特市 2015 年和 2020 年主要农作物种植结构

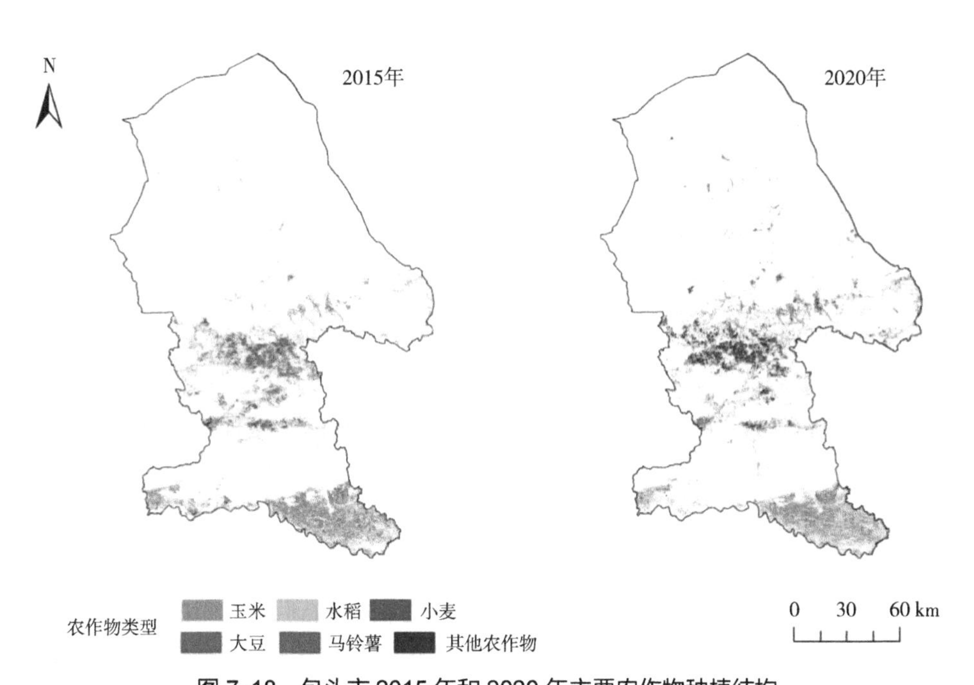

图 7-18 包头市 2015 年和 2020 年主要农作物种植结构

（3）乌海市

乌海市耕地资源分布相对较少，南北呈带状分布。遥感监测数据显示，2020 年农作物播种面积为 8.55 万亩。其中，玉米播种面积为 5.81 万亩；小麦播种面积为 0.36 万亩；其他农作物中谷物所占比重较大，种植面积为 6.50 万亩。近 5 年，农作物播种面积变化较小，粮食作物种植面积呈减少态势（图 7-19）。

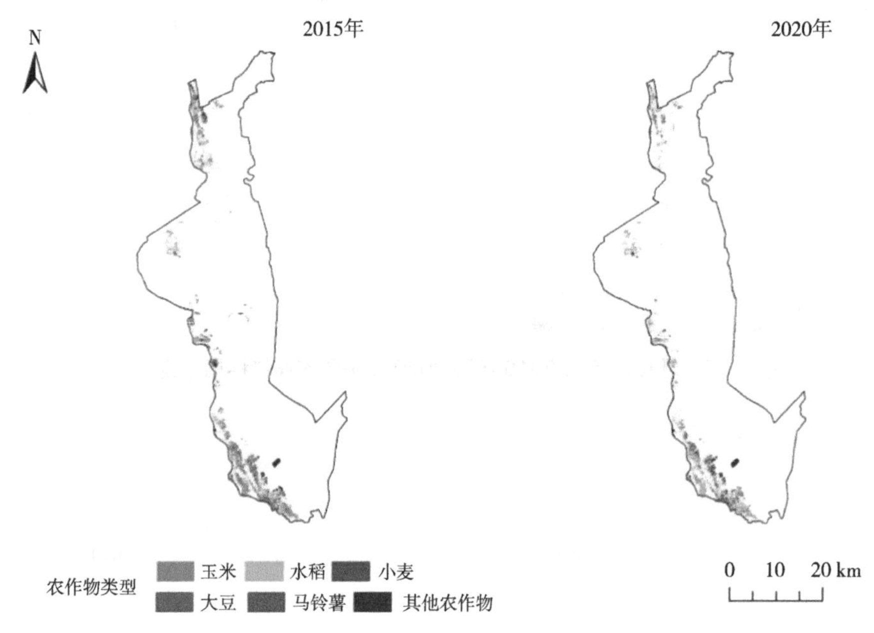

图 7-19　乌海市 2015 年和 2020 年主要农作物种植结构

（4）赤峰市

赤峰市作为内蒙古自治区的产粮大市，贡献巨大。遥感监测数据显示，2020 年，农作物总播种面积达 2 133.00 万亩。近 5 年，农作物播种面积持续增加，玉米、大豆种植面积增加态势明显，分别增加 44.72 万亩、13.48 万亩；小麦种植面积持续减少，从 2015 年的 64.30 万亩减少到 2020 年的 49.43 万亩；受种植结构调整、节水灌溉等因素，谷物种植面积不断增加，以每年 27.14 万亩的速率增加（图 7-20）。

（5）通辽市

通辽市位于世界黄金玉米带，种植结构以粮食作物为主。遥感监测数据显示，粮食种植面积呈增加趋势，从 2015 年的 1 829.25 万亩增加到 2020 年的 1 852.35 万亩。近 5 年，玉米种植面积略微降低，面积减少 54.46 万亩；大豆种植面积增加明显，面积增加 8.46 万亩；小麦种植面积减少 3.38 万亩，稻谷种植面积略微减少（1.16 万亩）；谷物种植面积增加明显（2015 年 1 368.00 万亩；2020 年 1 747.64 万亩），以每年 75.92 万亩的速率增加（图 7-21）。

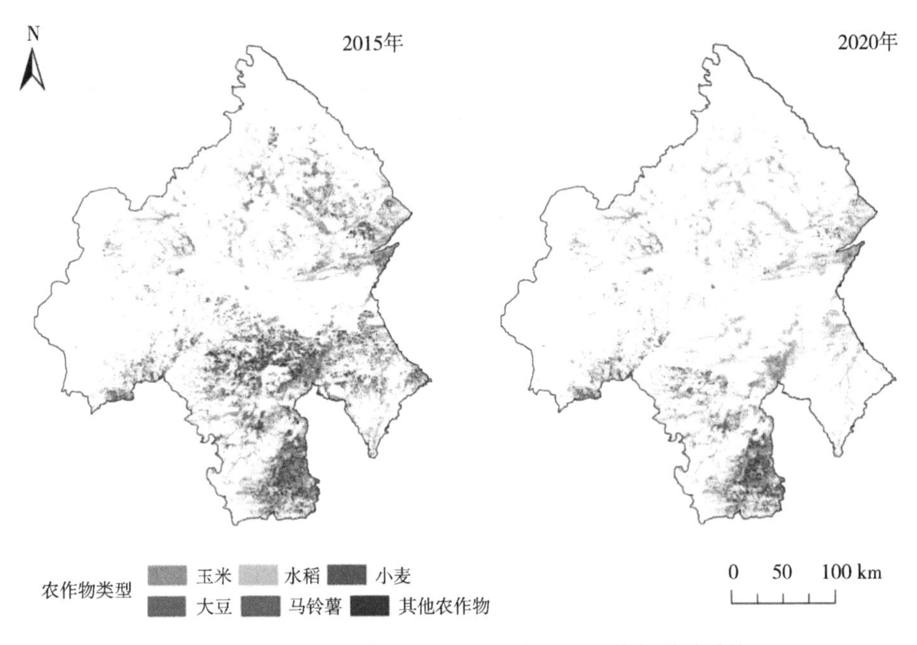

图 7-20 赤峰市 2015 年和 2020 年主要农作物种植结构

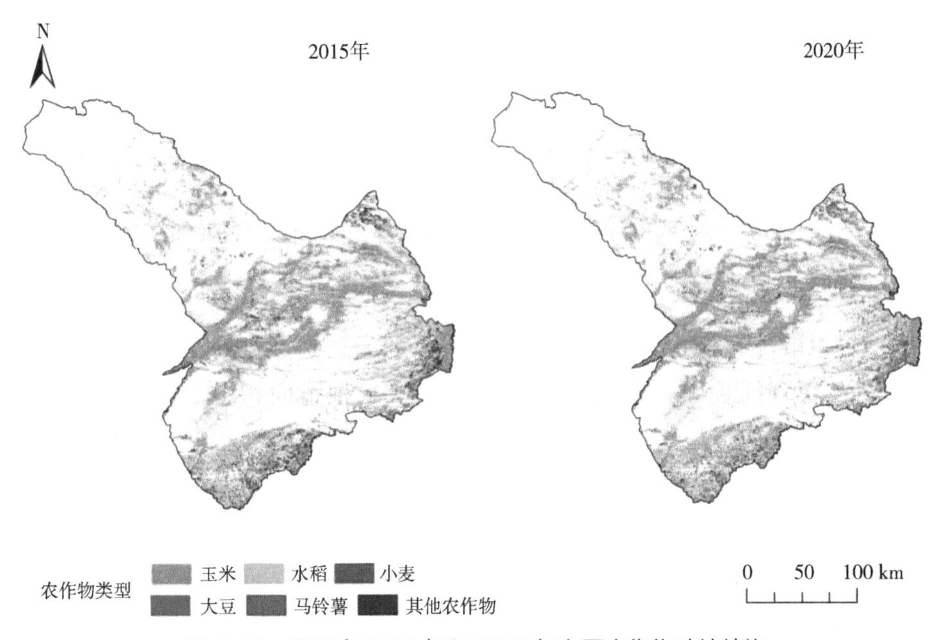

图 7-21 通辽市 2015 年和 2020 年主要农作物种植结构

（6）鄂尔多斯市

鄂尔多斯市位于黄河流域，耕地沿黄河广泛分布。遥感监测数据显示，2020 年，农作物总播种面积达 700.35 万亩。其中，玉米、大豆、小麦播种面积分别为 416.10 万亩、12.75 万亩、9.60 万亩。近 5 年，农作物播种总面积增加 27.60 万亩。其中，玉米、大豆、小麦种植面积分别增加 62.70 万亩、7.95 万亩、5.70 万亩。谷物种植面积略有增加，2020 年种植面积达 441.36 万亩。玉米广泛分布，谷物集中分布于北部，达拉特旗北部水稻种植面积增加明显（图 7-22）。

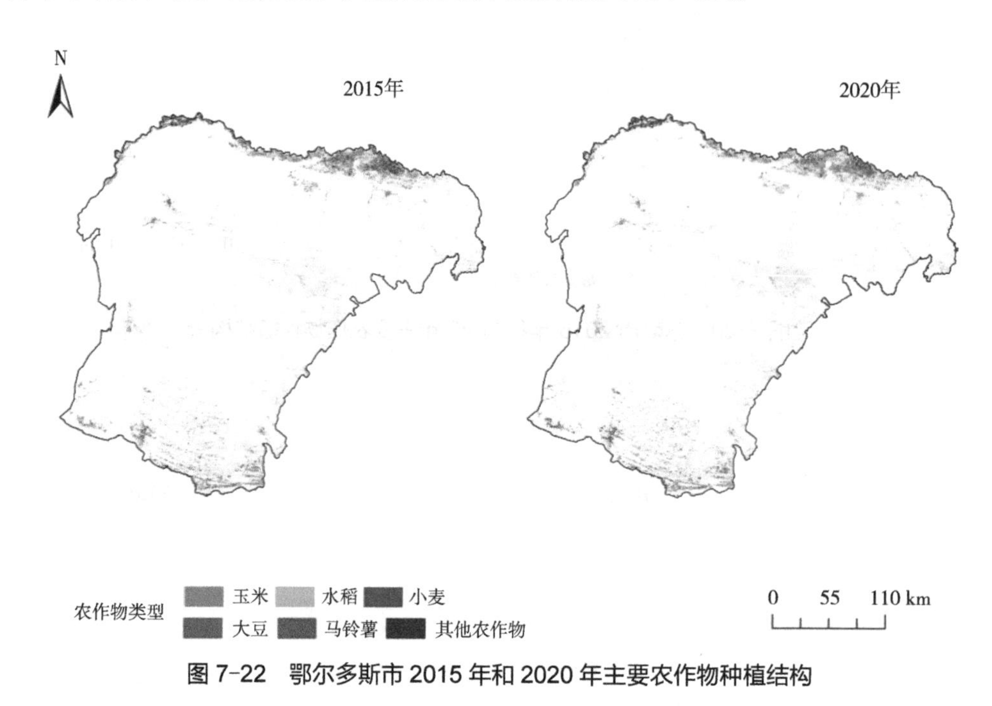

图 7-22　鄂尔多斯市 2015 年和 2020 年主要农作物种植结构

（7）呼伦贝尔市

呼伦贝尔市耕地主要集中分布于大兴安岭南北麓。遥感监测数据显示，2020 年，呼伦贝尔市粮食播种面积占 87.91%。其中，玉米种植面积 591.36 万亩，谷物种植面积 989.53 万亩，大豆种植面积 1 413.31 万亩，小麦种植面积 314.40 万亩。近 5 年，农作物总播种面积显著增加，从 2015 年的 2 635.11 万亩增加到 2020 年的 2 811.00 万亩。其中，大豆种植面积增加最为明显，增加了 690.16 万亩；谷物种植面积增加 716.14 万亩；玉米和小麦种植面积呈减少态势，面积分别减少 479.85 万亩和 56.15 万亩（图 7-23）。

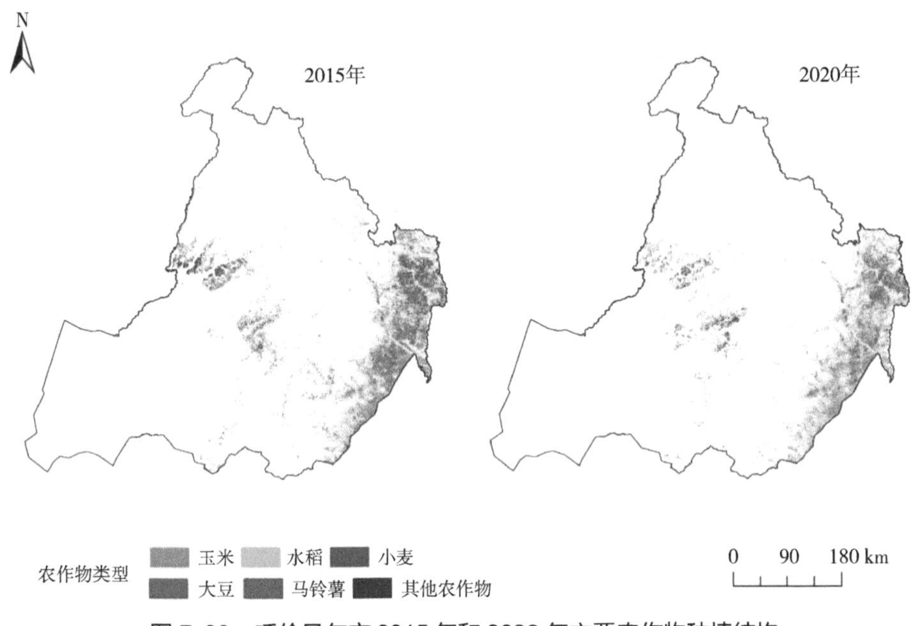

图 7-23　呼伦贝尔市 2015 年和 2020 年主要农作物种植结构

（8）巴彦淖尔市

巴彦淖尔市地处河套平原，耕地地力条件相对优越。遥感监测数据显示，2020 年，农作物种植面积为 1 140.60 万亩。其中，玉米、小麦、大豆、谷物种植面积分别为 455.79 万亩、74.23 万亩、0.81 万亩、537.91 万亩。近 5 年，农作物种植面积增加 105.70 万亩，其中玉米种植面积增加 35.09 万亩，小麦种植面积减少明显（41.27 万亩）（图 7-24）。

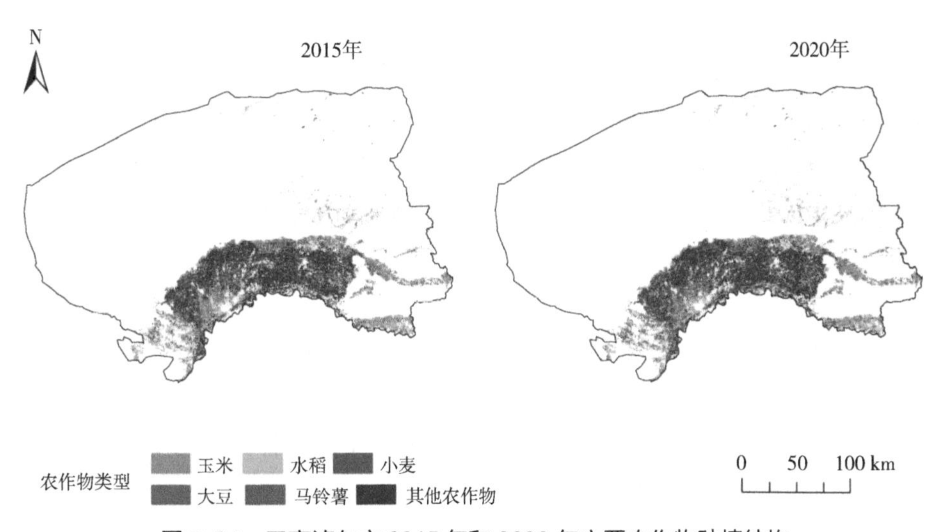

图 7-24　巴彦淖尔市 2015 年和 2020 年主要农作物种植结构

（9）乌兰察布市

乌兰察布市是我国最大的马铃薯产区，被誉为中国薯都。遥感监测数据显示，2020 年，农作物总播种面积为 994.50 万亩。其中，马铃薯、玉米、小麦、大豆种植面积分别为 181.50 万亩、160.32 万亩、140.22 万亩、42.81 万亩。近 5 年，马铃薯种植面积减少明显，同比下降 52.64%；玉米、小麦、大豆种植面积呈增加态势，分别增加 23.22 万亩、10.92 万亩、15.96 万亩（图 7-25）。

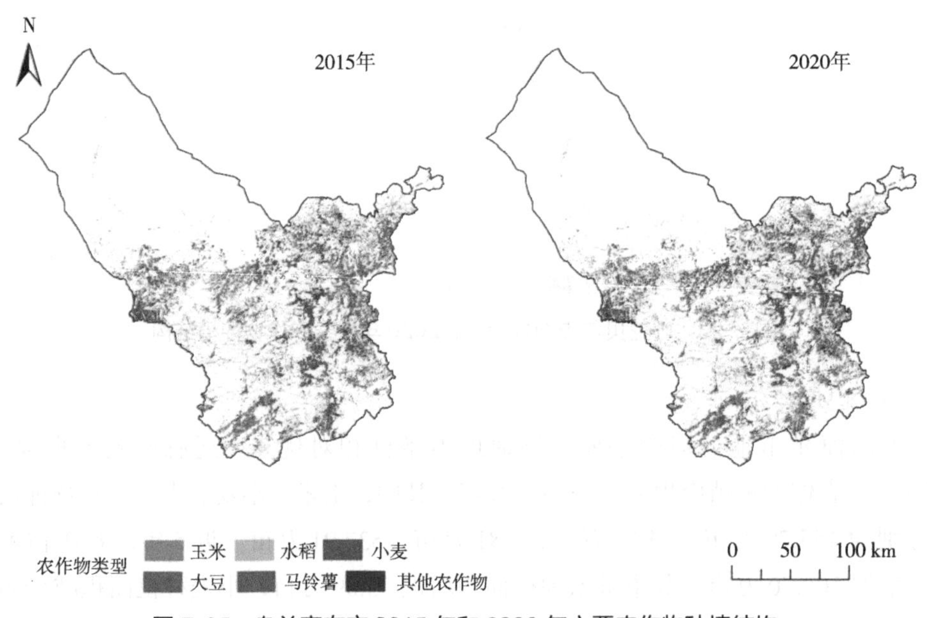

图 7-25　乌兰察布市 2015 年和 2020 年主要农作物种植结构

（10）兴安盟

遥感监测数据显示，2020 年，兴安盟农作物总播种面积为 1 759.73 万亩。其中，玉米、水稻、大豆、小麦播种面积分别为 1 035.62 万亩、140.00 万亩、187.75 万亩、20.01 万亩。近 5 年，农作物总播种面积呈增加趋势，增加 627.35 万亩；大豆、玉米、水稻种植面积均增加，尤其水稻种植面积增加趋势显著（40.00 万亩），小麦种植面积减少明显（图 7-26）。

（11）锡林郭勒盟

遥感监测数据显示，2020 年，锡林郭勒盟粮食播种面积为 216.15 万亩。其中，玉米、大豆、小麦播种面积分别为 36.54 万亩、1.71 万亩、37.62 万亩。近 5 年，粮食播种面积呈增加趋势，增加 30.60 万亩；玉米、小麦播种面积均呈减少态势，面积分别减少 38.16 万亩、15.58 万亩（图 7-27）。

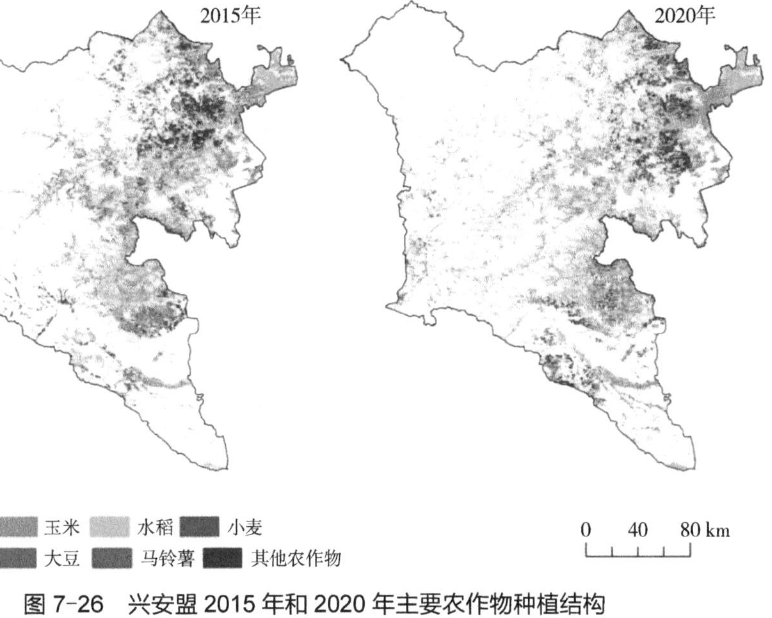

图 7-26 兴安盟 2015 年和 2020 年主要农作物种植结构

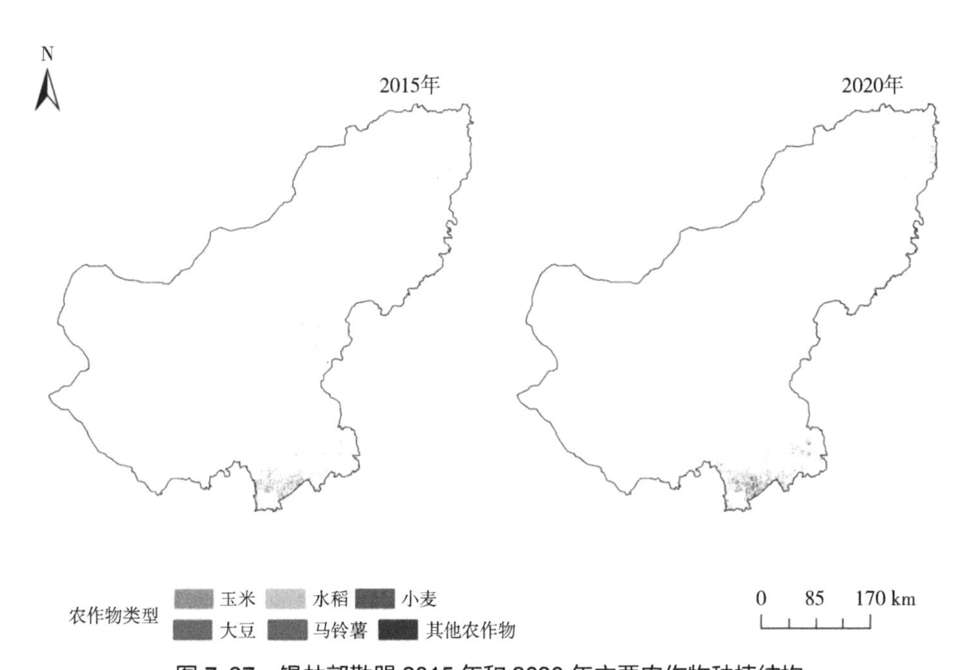

图 7-27 锡林郭勒盟 2015 年和 2020 年主要农作物种植结构

（12）阿拉善盟

遥感监测数据显示，2020 年，阿拉善盟农作物总播种面积为 123.00 万亩。其中，谷物、玉米、小麦播种面积分别为 24.54 万亩、23.25 万亩、0.96 万亩。近 5 年，农作物总播种面积呈增加态势（图 7-28）。

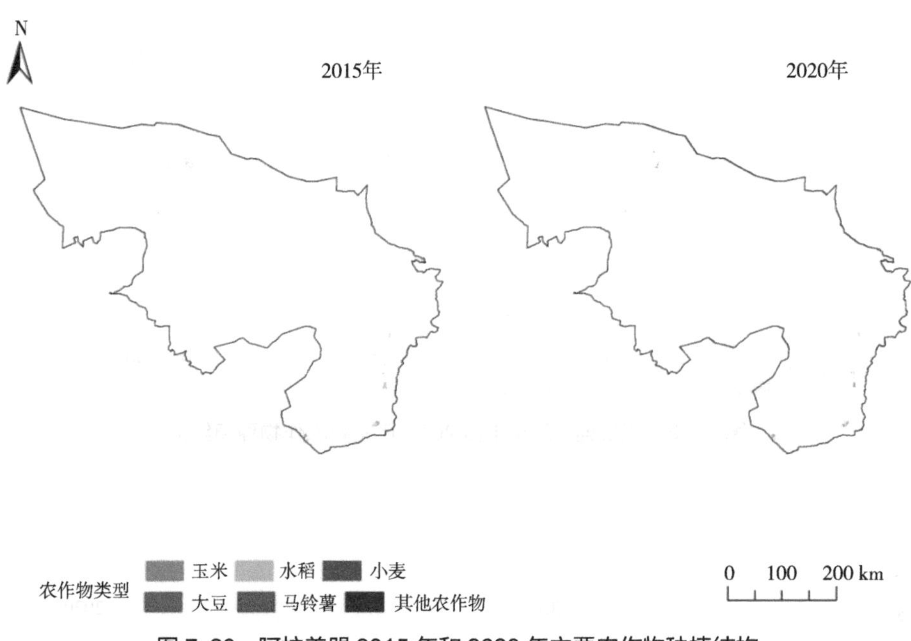

图 7-28 阿拉善盟 2015 年和 2020 年主要农作物种植结构

7.1.3 耕地资源可持续利用问题分析

内蒙古生态环境脆弱，土壤侵蚀、水资源问题、立地条件等引起的水土流失、水资源承载力、土地退化等胁迫因素制约耕地资源可持续发展，进一步影响国家粮食安全战略。内蒙古辖区地域辽阔，是中国北方重要生态屏障，是全国 13 个粮食主产省区之一，涉及干旱区、半干旱区，且东、中、西部地理环境差异显著，也是农牧交错带主要分布区，地理环境要素复杂。土壤侵蚀是粮食安全的一个主要威胁，农业活动加剧土壤侵蚀过程，尤其在中国北方表现最为明显，引发严重的土地沙漠化和土地退化问题。另外，水资源问题是约束农业可持续发展的重要因素，内蒙古大部分区域以地下水灌溉为主，随着农业用水量需求的不断增加，局部区域地下水资源处于超载状态，严重制约耕地资源可持续发展。

7.1.3.1 气候变化与水热条件

基于内蒙古 119 个旗县台站分析 1990—2020 年气候变化趋势。长时间序列的观测数据显示，1990 年以来气候变暖趋势明显，年降水量总体减少但时空不均衡性增强。同时，洪涝、干旱等自然灾害发生的频率和影响程度逐渐增加，对内蒙古耕地资源开发利用与农业生产带来显著影响（图 7-29）。

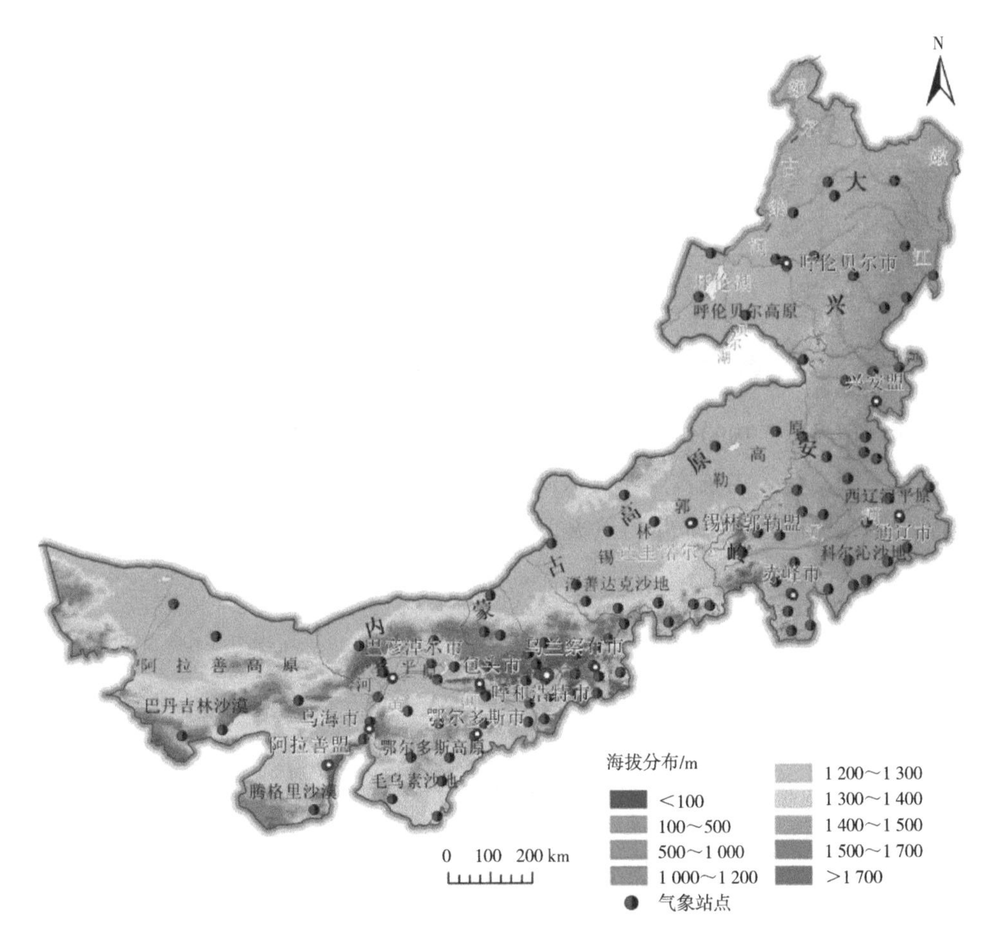

图 7-29 内蒙古数字高程与气象站点分布

气温观测资料显示，内蒙古整体气温持续上升，增暖趋势明显，2010—2020 年平均增温趋势更加明显（图 7-30）。

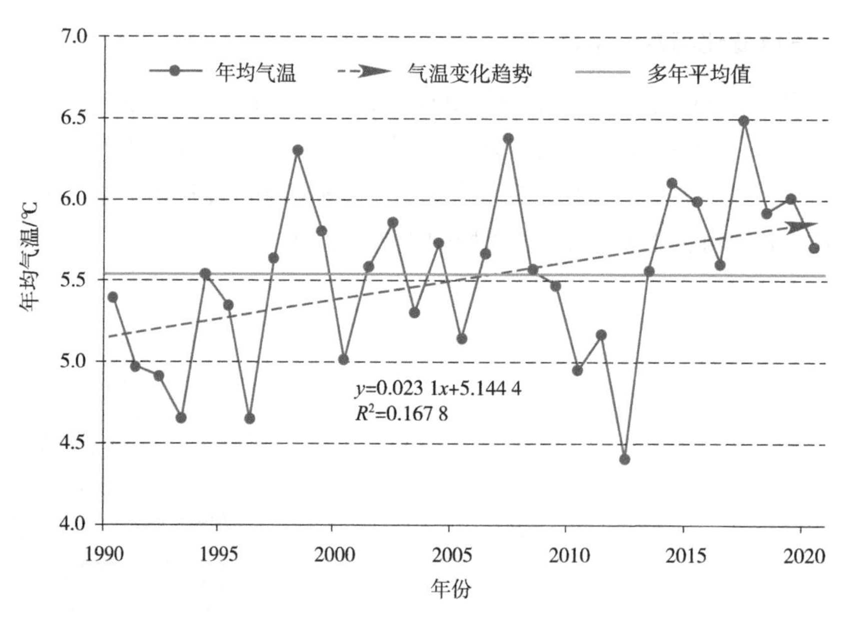

图 7-30　1990—2020 年内蒙古年均气温变化趋势

观测数据显示，1990—2020 年内蒙古多年平均降水量为 276 mm，变化幅度大，波动中呈下降态势。内蒙古降水日数减少，但降水强度有所增加。降水时间分配不均态势加剧，导致洪涝、干旱自然灾害和水土流失风险增强（图 7-31）。

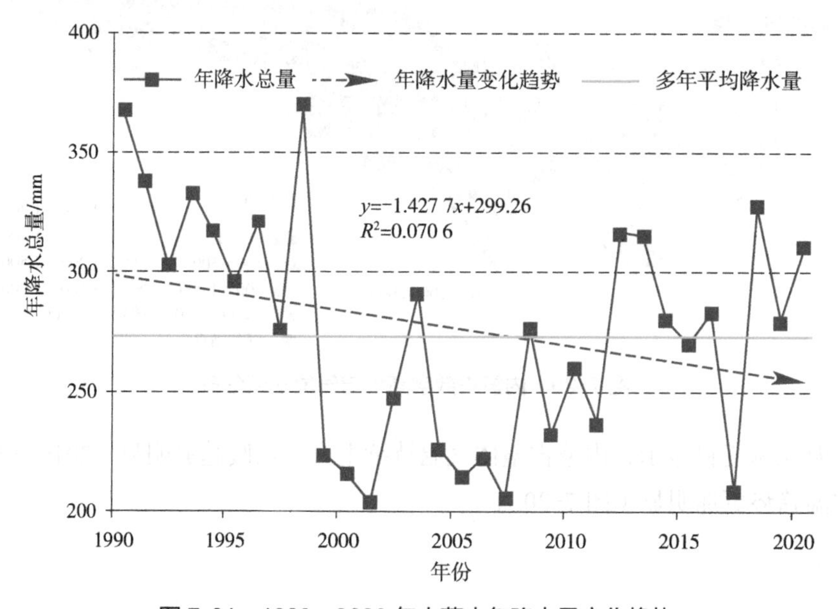

图 7-31　1990—2020 年内蒙古年降水量变化趋势

受全球气候变化影响，内蒙古极端天气气候事件的发生频率不断增加，干旱洪涝自然灾害风险增强。根据统计，2020 年内蒙古出现冷空气、沙尘、干旱、暴雨、高温、降雪等区域性天气过程。出现46站日极端低温事件、25站日极端降雪事件、12站日极端降雨事件。受暴雨洪涝、雪灾、低温冻害、干旱、龙卷风影响，各地遭受不同程度损失，其中夏季对流性天气较多，暴雨洪涝、冰雹灾害频发，部分地区夏季持续干旱，但整体干旱影响偏轻；冬春、秋冬季节转换期间出现雪灾，对设施农业和交通等造成影响。

随着内蒙古气候变暖，低温干旱、高温干旱等复合型极端天气事件和自然灾害风险增加，给内蒙古土地保护与粮食增产稳产带来严峻挑战。

7.1.3.2 农业水资源状况

已有研究表明，中国实现《2030年可持续发展议程》中与水有关的目标的能力受到日益严重的农业水资源短缺的威胁。由于北方灌溉农田的扩张，中国的稀缺灌溉用水在过去10年有所增加。这些结果显示迫切需要为充分考虑到水资源短缺的耕地征用－补偿平衡政策制定更明确的指导方针，以避免增加相关的可持续性挑战的规模。这些应与生态系统保护政策充分结合，通过纳入国土空间规划，以避免对周围自然生态系统的严重影响。

内蒙古水资源总量小幅增加。根据《内蒙古水资源公报》数据，近20年来该区域水资源总量、地表水资源量和地下水资源量年平均值分别为446.21亿m^3、315.02亿m^3和230.94亿m^3，水资源总量小幅增加。地表水资源量与水资源总量变化基本一致，地下水资源量稳定在230亿m^3左右。2000—2020年，内蒙古水资源总量年均增加6.48亿m^3（图7-32）。

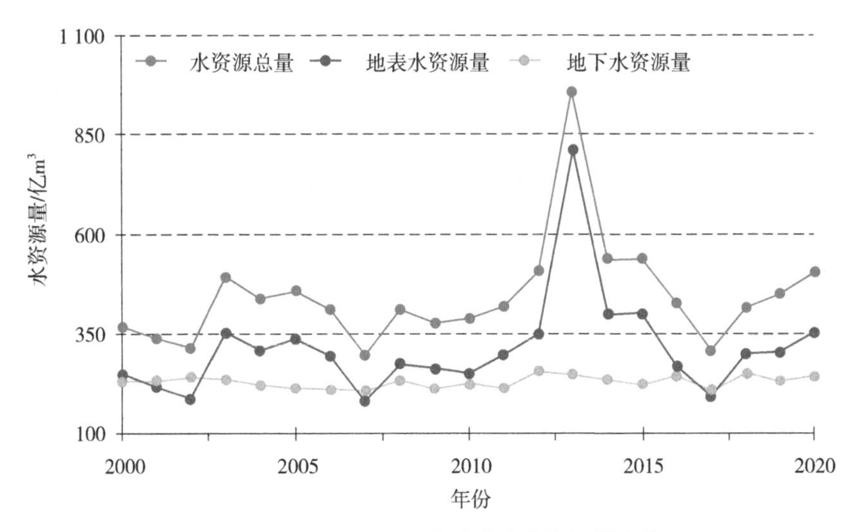

图7-32 2000—2020年内蒙古水资源量变化

内蒙古水资源量相对稀缺，农业水资源需求量大幅增长。有效灌溉面积逐年增加，从1990年的1 877.29万亩增加到2020年的4 798.68万亩。2000—2020年，内蒙古用水总量为194.41亿m^3，其中，农田灌溉用水量124.29亿m^3，占总用水量的63.90%。按照行政分区统计，巴彦淖尔市用水量最大，为52.89亿m^3，其次为通辽市（21.30亿m^3）、赤峰市（15.02亿m^3）、兴安盟（10.85亿m^3），乌海市用水量最小，为2.69亿m^3（图7-33）。

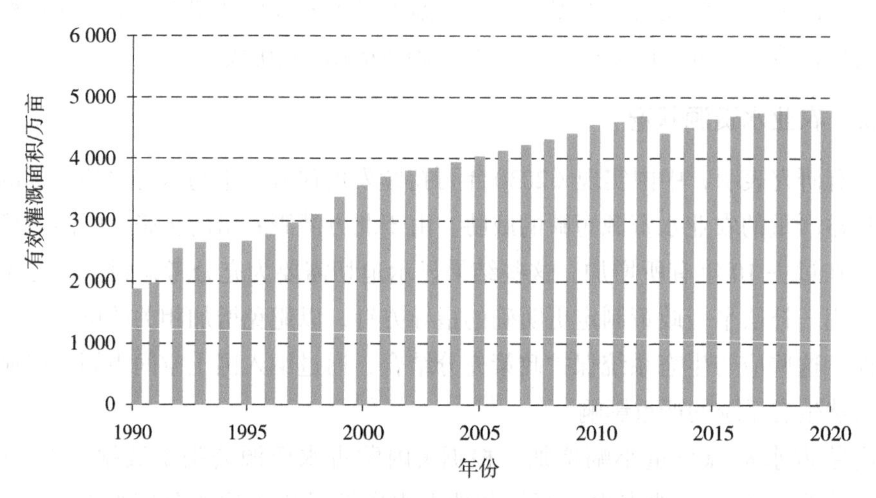

图7-33　1990—2020年内蒙古有效灌溉面积变化

随着耕地垦殖面积扩大和灌溉用水的增加，部分地区出现了地下水位下降问题。从区域上看，东部区（Ⅰ区）农田耗水量最大，其中，位于东部西辽河平原的通辽，是中国北方重点农业生产基地，耕地面积的新增扩大了农业耗水总量。通辽市用水量主要是以地下水为主，占区域用水总量的97.63%，区域地下水水位也由过去的40～50 m降至100 m以下，形成了较大范围的地下水开采“大漏斗”现象。赤峰市和兴安盟耕地面积所占比重较大，农业耗水量分别为2.28亿m^3、10.32亿m^3，区域地下水超载现象较突出。中西部区域（Ⅱ、Ⅲ区）耕地分布多集中于阴山北麓，农业发展的喷灌圈是重要的水资源利用形式，种植结构以青储玉米、马铃薯等高耗水作物为主，区域地下水位由开采之初的40～50 m降到约100 m，严重区域达200 m，区域地下水资源超采严重。耕地资源的开发导致区域水土不匹配的现象加剧，加之脆弱的生态环境可能导致耕地质量降低，影响农业可持续发展及粮食安全（图7-34）。

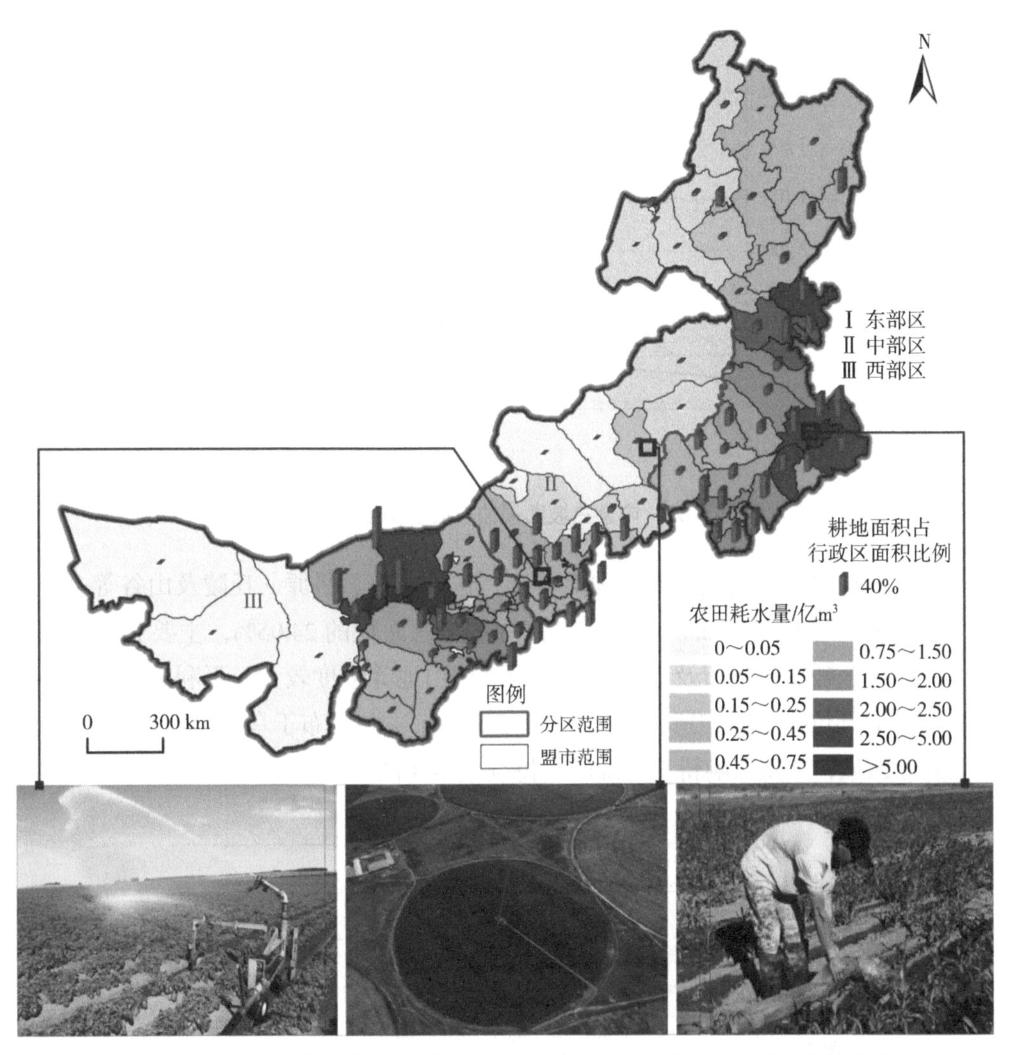

图 7-34　2020 年内蒙古耕地面积占旗（县、市、区）面积比例及农田耗水量状况

7.1.3.3　地形地貌对耕地资源的影响

内蒙古自治区坡度较大耕地面积占比为 52.62%，影响区内耕地的可持续发展。坡耕地一般是指坡度大于 6° 的耕地，这类耕地通常是地面平整度差、跑水跑肥跑土突出、作物产量相对低的旱地。基于耕地与坡度数据叠加分析，位于 2° 以下坡度（含 2°）的耕地为 10 878.80 万亩，占全区耕地的 63.05%；位于 2°～6° 坡度（含 6°）的耕地为 4 877.63 万亩，占 28.27%；位于 6°～15° 坡度（含 15°）的耕地 1 451.89 万亩，占 8.41%；位于 15°～25° 坡度（含 25°）的耕地为 41.54 万亩，占 0.24%；位于 25° 以上坡度的耕地为 5.57 万亩，占 0.03%。根据测算，在相同降雨强度条件下，25° 坡耕地侵蚀量是 2°～5° 坡耕地侵蚀量的十几倍甚至几十倍（图 7-35）。

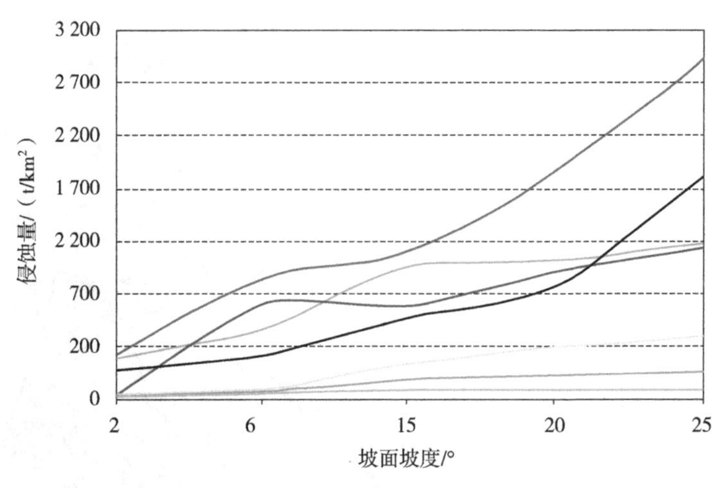

图 7-35　内蒙古坡面侵蚀与坡度关系阈值曲线

内蒙古耕地所处的地形部位种类多样，包含盆地、平原、丘陵及山谷等多个地形。平原低阶地形耕地面积占比最大，占耕地总面积的 24.05%，主要分布在兴安盟、通辽市、呼伦贝尔市及赤峰市；而丘陵、山地等坡度较大，不利于耕地可持续发展的地形部位耕地面积所占比例达到 52.62%，主要分布于乌兰察布市、赤峰市、兴安盟等区域，严重影响耕地资源的可持续发展（图 7-36）。

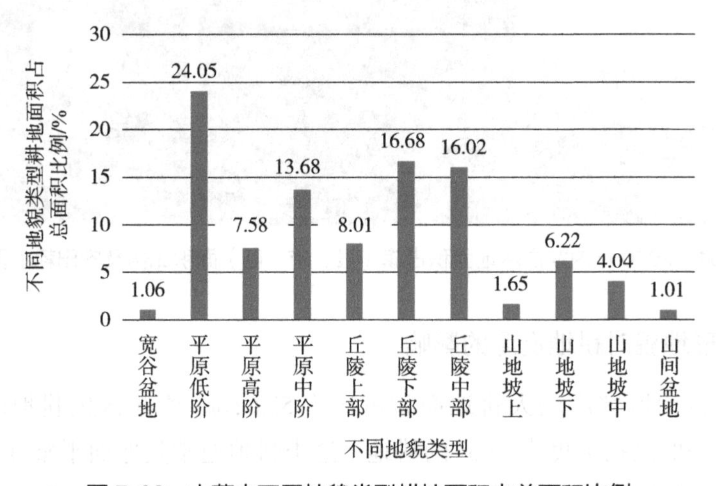

图 7-36　内蒙古不同地貌类型耕地面积占总面积比例

7.1.3.4　耕地立地条件状况

内蒙古耕地质地构型分为薄层型、海绵型、夹层型、紧实型、上紧下松型、上松下紧型、松散型 7 种。海绵型和上松下紧型质地占内蒙古耕地总面积的 54.69%，主要分布在内蒙古东部地区，这部分耕地蓄水保墒能力突出，是适合耕地发展的理想质地；质地为紧实型和夹层型的耕地占内蒙古耕地总面积的6.97%，这部分耕地虽有局限性，但基本上可以满足农作物需求，巴彦淖尔市、呼伦贝尔市、兴安盟、通辽市是紧实型质地耕地的主要分布区域。但对于耕地可持续发展存在威胁的质地构型（松散型、上紧下松型、薄层型）占内蒙古耕地总面积的38.33%。其中，质地为松散型的耕地占内蒙古耕地总面积的24.59%，这部分耕地多为砂土，有机质含量低，而通辽市、赤峰市和兴安盟3个盟市占比达到67.06%；质地为上紧下松型的耕地占内蒙古耕地总面积的7.39%，这部分耕地通透性弱，易漏水漏肥，耕性不良，土壤肥力差，主要分布在通辽市、乌兰察布市和兴安盟；薄层型耕地占内蒙古耕地总面积的6.35%，这部分耕地土壤养分有效性降低，主要分布在乌兰察布市、兴安盟、赤峰市和呼和浩特市（图7-37）。

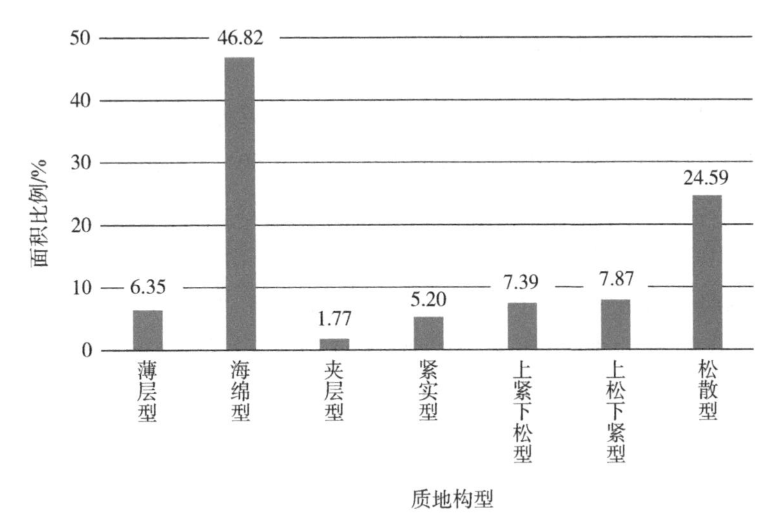

图7-37　内蒙古各质地构型耕地面积占内蒙古耕地总面积比例

内蒙古占比53.94%的耕地没有明显的障碍因素，但由于土壤类型复杂、分布广泛，影响耕地的障碍因素较多，主要可以分为3种类型。一是土壤瘠薄，这部分耕地越来越板结，土壤本身的肥力越来越瘦弱，土壤瘠薄的土地占内蒙古耕地总面积的12.91%，主要分布在赤峰市、通辽市和鄂尔多斯市。二是盐碱化，盐碱化会使土壤的理化性质变差，影响农作物生长发育，内蒙古出现盐碱化问题的耕地占内蒙古耕地总面积的6.36%，广泛分布在巴彦淖尔市和鄂尔多斯市。三是盐渍化，盐渍化会导致作物脱水，影响作物呼吸作用，降低作物免疫力，进而影响农作物的产量和质量，盐渍化耕地占内蒙古耕地总面积的3.62%，主要分布在通辽市、乌兰察布市和赤峰市（图7-38）。

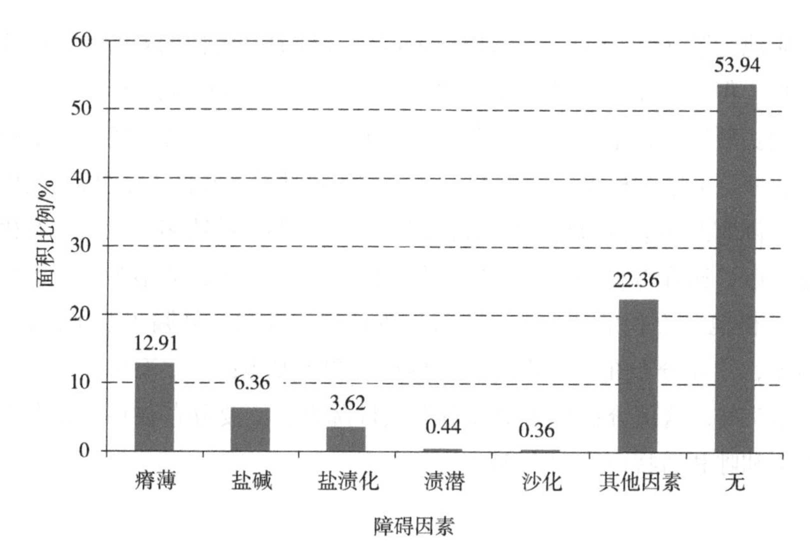

图 7-38　内蒙古受各障碍因素影响的耕地面积占内蒙古耕地总面积比例

有效土层厚度是指耕地的土壤层与松散母质层的厚度，有效土层的厚度往往与耕地质量存在着正相关关系。内蒙古有效土层厚度为 50～100 cm 的耕地面积占耕地总面积比例最大，占比为 42.75%，其中呼伦贝尔市、通辽市和兴安盟分别占有效土层厚度为 50～100 cm 的耕地面积的 27.24%、20.65% 和 17.21%；有效土层厚度大于 100 cm 的耕地面积占耕地总面积的 29.62%，其中赤峰市和巴彦淖尔市分别占有效土层厚度大于 100 cm 的耕地面积的 31.39% 和 25.40%。了解区内耕地的有效土层厚度，对于因地制宜实现耕地可持续具有重要意义（图 7-39）。

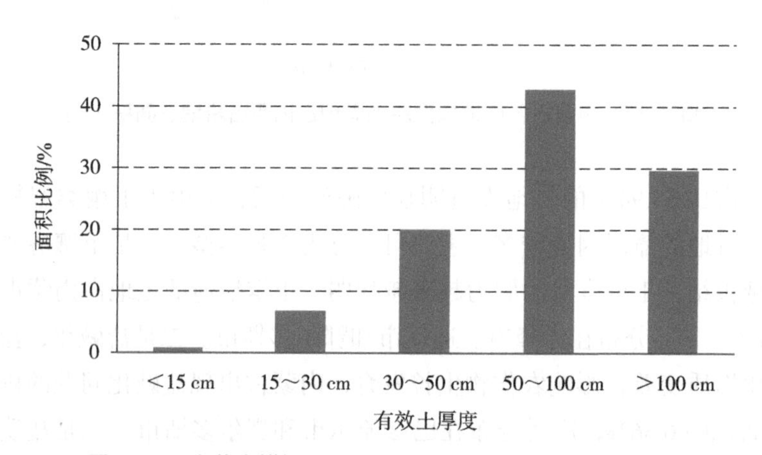

图 7-39　内蒙古耕地不同有效土层厚度占耕地总面积比例

7.1.3.5　土壤侵蚀状况及影响

内蒙古土壤侵蚀的发生除自然因素影响外，另一个重要原因就是人类对自然资源不合理的开发与利用。内蒙古土壤侵蚀具有两大特点，一是分布面积广；基于“空天地一体化”遥感监测成果，全区轻度以上的土壤侵蚀面积约 80 万 km^2，占全域土地总面积的 68.00%。二是强度大，全区极强度以上的土壤风蚀和土壤水蚀的面积分别是 9.98 万 km^2 和 0.34 万 km^2，全区以土壤风蚀为主，东部区复合侵蚀问题较为突出（图 7-40）。

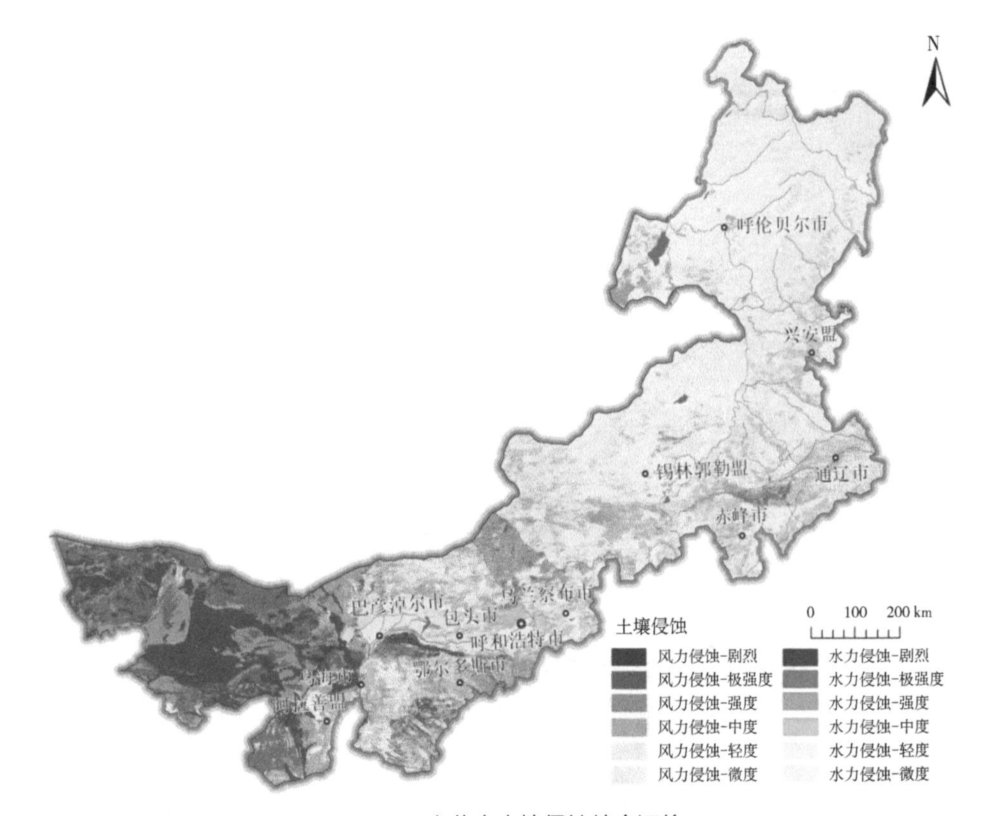

图 7-40　内蒙古土壤侵蚀综合评价

通过对 1990 年和 2020 年耕地资源变化图和土壤风蚀模数变化图的叠加，可统计分析耕地与其他土地利用类型之间的转化对土壤风蚀的影响。结果表明，耕地类型的转换分别造成了风蚀量增加 530.41 万 t 和减少 257.18 万 t。影响土壤风蚀量增加与减少主要在耕地与林地（灌丛）、草地、未利用地之间转换。其中：土地开垦（林地、草地转耕地）、荒漠化（耕地转沙地、裸土等）、湿地萎缩（水域转耕地）等转换类型增加了土壤风蚀，尤其土地开垦占其增加总量的 94.44%；而生态退耕（耕地转林地、草地）、沙漠绿洲建设（裸土地转耕地、沙地转耕地）、城镇建设（耕地转建设用地）等转换方式累计减缓土壤风蚀强度。值得注意的是，不同区域耕地类型转换对土壤风蚀的影响差异较大。Ⅰ区（东部区）耕地类型转换使土壤风蚀量增加 420.94 万 t 和减少 161.28 万 t，分别占全区风蚀量增加和减少的 79.36% 和

62.71%，土壤风蚀净增加 259.66 万 t。Ⅱ（中部区）、Ⅲ（西部区）土壤风蚀强度较Ⅰ（东部区）大，在退耕还林（草）等生态保护工程的用地政策导向下，林地（灌丛）、草地面积得到了一定程度的恢复，土壤风蚀量增加态势得到有效减缓，分别增加 78.40 万 t 和 31.08 万 t，土壤风蚀增加量远低于东部区（Ⅰ）。尤其在气候暖干趋势背景下，局部区域耕地沙化问题突出，造成土壤流失 11.56 万 t（图 7-41）。

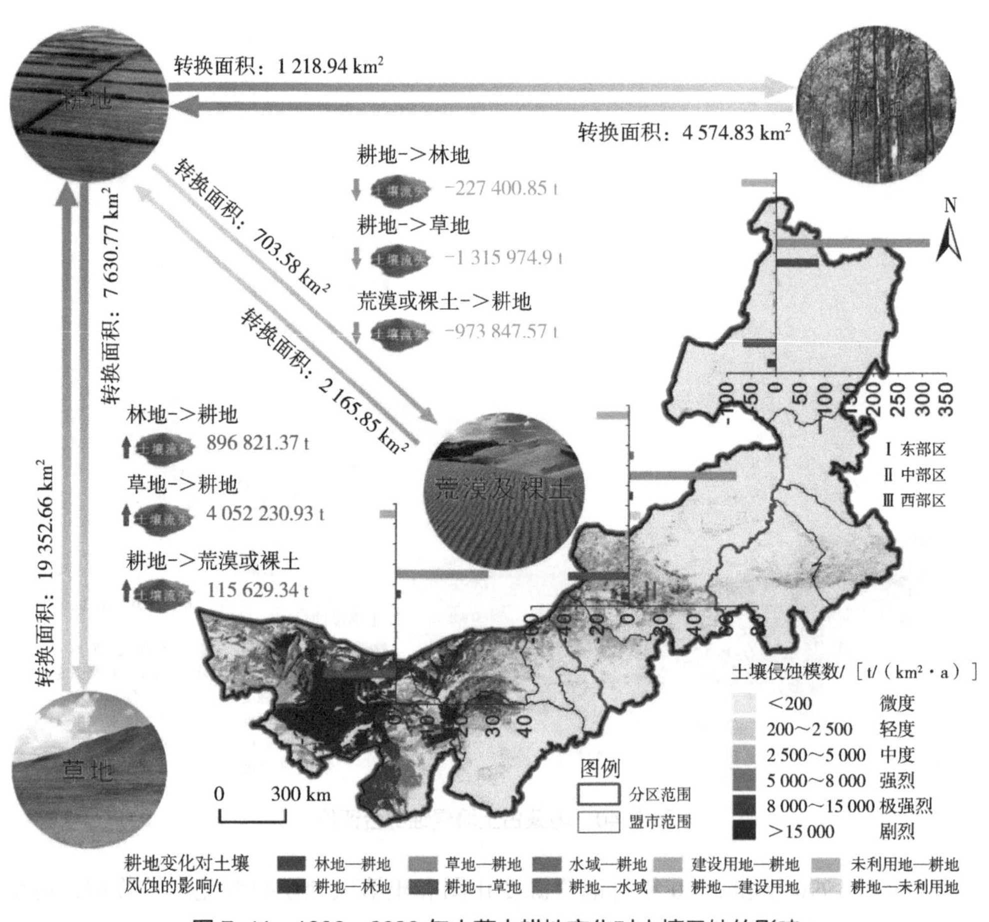

图 7-41　1990—2020 年内蒙古耕地变化对土壤风蚀的影响

国家实施退耕还林工程生态项目，以期减缓风蚀等水土流失的不利影响并实现可持续发展目标。遥感监测数据显示，2000—2020 年，退耕还林还草面积达 3 122.36 km²，风蚀量以 8.54 万 t/a 的速度下降。耕地类型转换造成土壤风蚀量降低的 61.31% 是退耕还林还草工程贡献。这些结果表明，生态工程导致的耕地类型变化过程对生态环境保护具有重要的积极作用。

7.1.3.6 耕地盐碱化状况特征及影响

土壤盐碱化是当前全球性的生态环境问题之一，也是中国干旱、半干旱区域所面临的主要生态问题。土壤盐碱化既涉及资源问题和生态环境问题，又与农业可持续发展息息相关，与人类活动密切关联，制约着土地的可持续利用与生态环境的稳定。中国西北干旱和半干旱区盐碱化土地分布广、面积大，尤其在黄河流域更为严重，土壤盐碱化呈不断扩展态势，形势极为严峻。盐碱化耕地问题严重影响着当地粮食增产、农牧民增收及现代农业和畜牧业的发展。防治次生盐碱化、改造和治理中低产田已成为当今土地利用的重点。基于"空天地一体化"监测手段，实现对黄河流域内蒙古段重点区域土壤盐碱化快速监测，从而获取盐碱化土地的性质、空间分布与盐碱化程度等方面的信息，掌握盐碱化的时空变异特征。本书以鄂尔多斯市为典型区域开展盐碱化耕地监测与可持续发展研究。

依据已有标准规范及相关文件，充分考虑鄂尔多斯市自然禀赋状况、农作物出苗率、地表盐碱化特征、全盐量等指标进行盐碱化耕地监测与评价，分级标准如表 7-2 所示。

表 7-2 鄂尔多斯市盐碱化耕地分类标准

盐碱化程度	分类说明
非盐碱地	作物没有因盐渍化引起的缺苗断垄现象，表层土壤含盐量<0.2%（易溶盐以苏打为主）或<0.2%（易溶盐以氯化物为主）或<0.3%（易溶盐以硫酸盐为主）
轻度盐碱地	由盐渍化造成的作物缺苗 2～3 成，表层土壤含盐量 0.2%～0.4%（易溶盐以苏打为主）或 0.2%～0.4%（易溶盐以氯化物为主）或 0.3%～0.5%（易溶盐以硫酸盐为主）
中度盐碱地	由盐渍化造成的作物缺苗 3～5 成，表层土壤含盐量 0.4%～0.6%（易溶盐以苏打为主）或 0.4%～0.6%（易溶盐以氯化物为主）或 0.5%～0.7%（易溶盐以硫酸盐为主）
重度盐碱地	由盐渍化造成的作物缺苗≥5 成，表层土壤含盐量≥0.6%（易溶盐以苏打为主）或≥0.6%（易溶盐以氯化物为主）或≥0.7%（易溶盐以硫酸盐为主）
极度盐碱地	由盐渍化造成的作物缺苗≥8 成，表层土壤含盐量≥1%（易溶盐以苏打为主）或≥1%（易溶盐以氯化物为主）或≥1%（易溶盐以硫酸盐为主）

2020 年，鄂尔多斯市盐碱化耕地面积为 194.75 万亩，占全市耕地总面积的 21.55%。其中，轻度盐碱地所占比重最大，占耕地总面积的 12.15%；其次为中度盐碱地，极度盐碱地所占的比例最小，占耕地总面积的 0.57%（图 7-42 和图 7-43）。

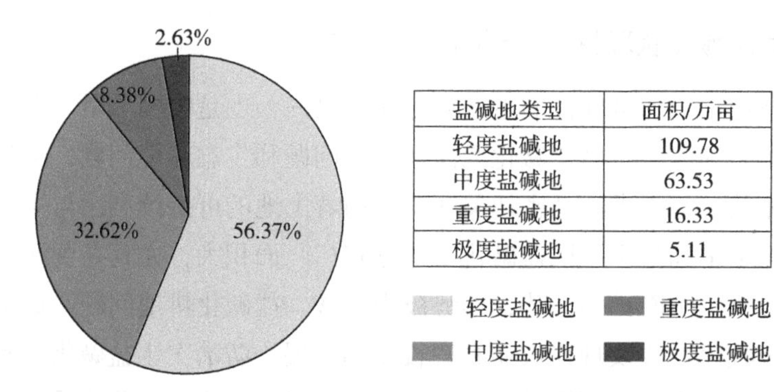

盐碱地类型	面积/万亩
轻度盐碱地	109.78
中度盐碱地	63.53
重度盐碱地	16.33
极度盐碱地	5.11

图 7-42　鄂尔多斯市盐碱化耕地统计

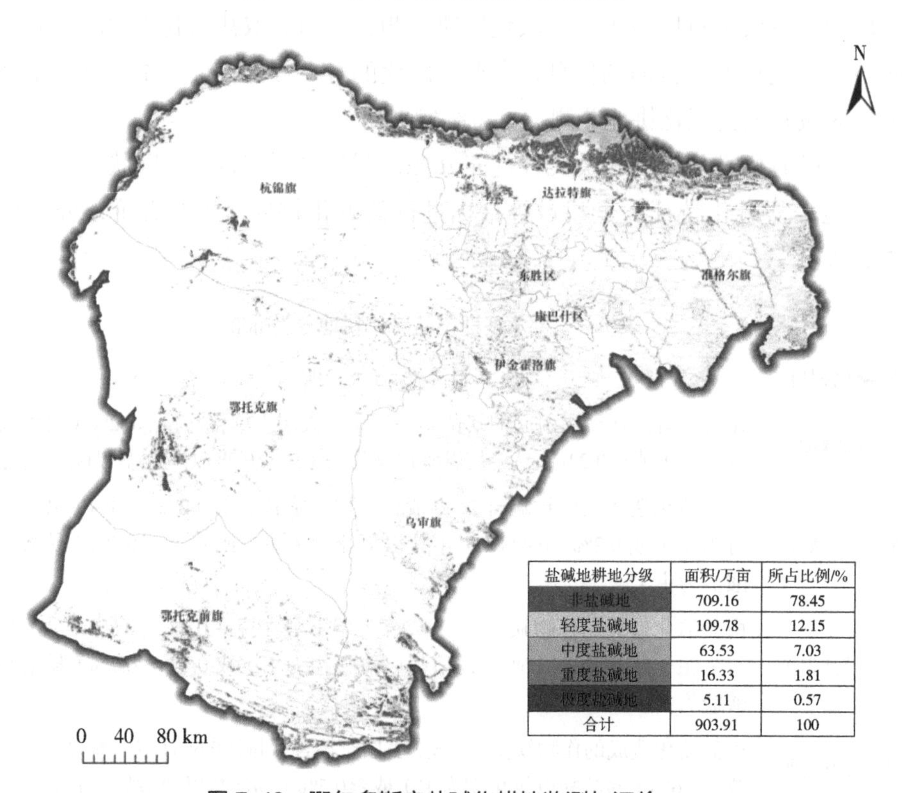

盐碱地耕地分级	面积/万亩	所占比例/%
非盐碱地	709.16	78.45
轻度盐碱地	109.78	12.15
中度盐碱地	63.53	7.03
重度盐碱地	16.33	1.81
极度盐碱地	5.11	0.57
合计	903.91	100

图 7-43　鄂尔多斯市盐碱化耕地监测与评价

遥感监测数据显示，全市盐碱化耕地面积中达拉特旗所占的比重最大，占盐碱耕地总面积的 44.09%；其次为杭锦旗，面积为 76.13 万亩；准格尔旗和乌审旗分别占全市盐碱化耕地总面积的 5.59% 和 5.38%。轻度盐碱总面积为 170.66 万亩，占盐碱地总面积的 87.63%，其中达拉特旗所占的比重最大，面积为 78.45 万亩；其次为杭锦旗，占轻度盐碱化耕地总面积的 36.29%。中度盐碱化耕地面积为 17.96 万亩，杭锦旗、达拉特旗所占的比重最大，分别占中度盐碱化耕地总面积的 57.15%、31.15%。重度盐碱化耕地、极度盐碱化耕地所占比重较小（图 7-44 和图 7-45）。

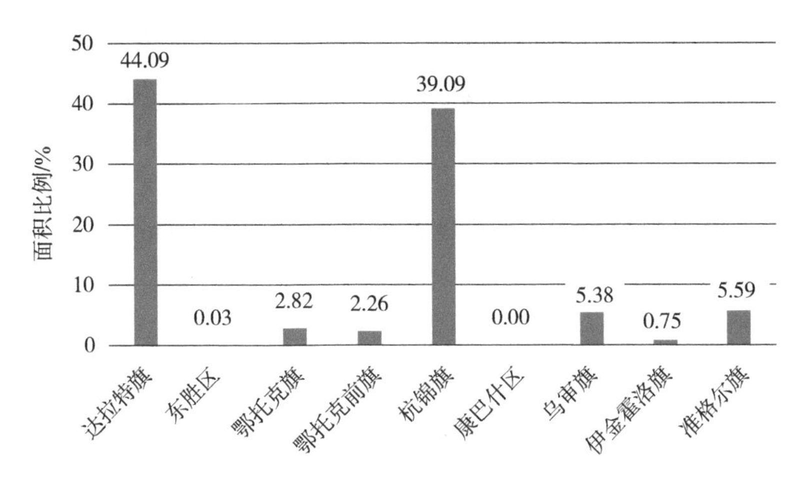

图 7-44　鄂尔多斯市各旗（县、市、区）盐碱耕地面积占全市盐碱化耕地面积比例

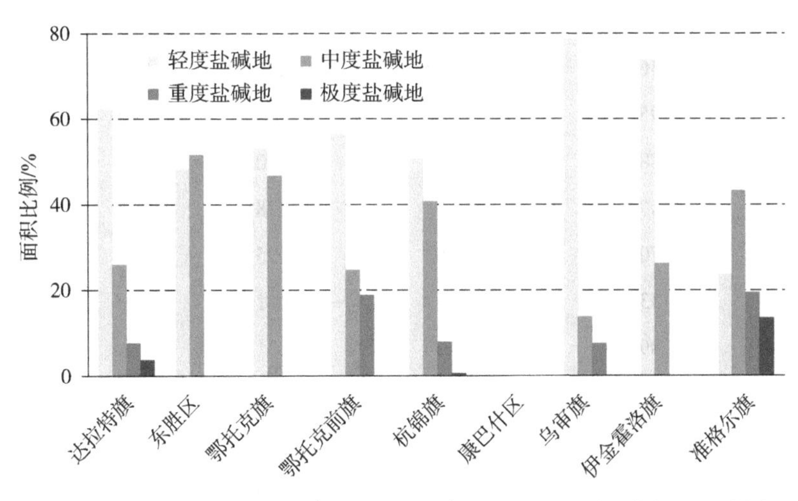

图 7-45　鄂尔多斯市各旗（县、市、区）不同等级盐碱化耕地面积比例

7.2　城镇资源利用状况

7.2.1　城市结构空间特征分析

为了精准客观刻画内蒙古城市地表状况，开展 12 个盟市城市内部结构空间特征分析，本书中城市土地即城市地域空间，指特征地域达到一定非农人口规模，已开发建设的建筑物及相应的基础设施集中连片区以及邻近与中心城区有密切联系的建成用地。本书中城市土地指归一化人居地密度指数获取的不透水面比例高于 35% 的集中连片且和中心成区密切联系的建成用地。城市土地覆盖指城市地域空间内的

城市不透水面、绿地空间、水域和其他各覆盖类型组成的综合体。城市不透水面指地表不能直接渗透到土壤中的人工地表覆盖，包括建筑物、硬化道路、广场、硬化公共服务设施等类型。城市不透水面的增长是城市热岛和城市内涝灾害的重要影响因素。

2020 年，内蒙古 12 个盟市城市建成区面积为 1 215.24 km^2，其中，城市不透水、绿地、水域面积分别为 811.08 km^2、320.47 km^2、19.47 km^2，分别占内蒙古城市土地面积的 66.74%、26.37% 和 1.60%（表 7-3）。

表 7-3　内蒙古 12 个盟市城市建成区土地覆盖结构面积统计

盟市名称	城市建成区面积 / km^2	城市不透水面 / km^2	绿地 / km^2	水域 / km^2	其他用地 / km^2
呼和浩特市	241.11	172.23	48.41	4.39	16.08
包头市	278.08	193.74	70.03	4.67	9.65
乌海市	46.71	28.15	15.23	0.93	2.40
赤峰市	95.12	71.96	16.84	1.10	5.22
通辽市	88.83	58.08	26.00	0.55	4.20
鄂尔多斯市	87.83	55.25	28.28	1.90	2.41
呼伦贝尔市	70.44	42.90	21.95	1.24	4.35
巴彦淖尔市	53.95	39.80	10.61	0.66	2.87
乌兰察布市	89.15	49.54	31.21	1.82	6.59
兴安盟	49.80	35.06	10.57	0.24	3.93
锡林郭勒盟	70.05	42.06	23.15	1.54	3.29
阿拉善盟	44.17	22.32	18.18	0.43	3.24
合计	1 215.24	811.08	320.47	19.47	64.22

从空间上看，赤峰市、巴彦淖尔市、呼和浩特市城市不透水面占各自城市土地面积比例最大，分别占城市土地面积的 75.65%、73.78% 和 71.43%；其次为兴安盟，占城市土地面积的 70.40%；乌兰察布市、阿拉善盟城市不透水面占各自城市土地面积比例最小，分别占城市土地面积的 55.57%、50.52%。城市绿地面积占城市土地面积比例阿拉善盟最大，占 41.16%；其次为乌兰察布市（35.00%）；锡林郭勒盟、乌海市、鄂尔多斯市、呼伦贝尔市城市绿地比例均超过 30%；巴彦淖尔市和赤峰市城市绿地比例最低，分别占 19.68% 和 17.71%。水域占各自城市土地面积比例锡林郭勒盟、鄂尔多斯市、乌兰察布市均超过 2%；阿拉善盟、通辽市、兴安盟未超过 1%（图 7-46 和图 7-47）。

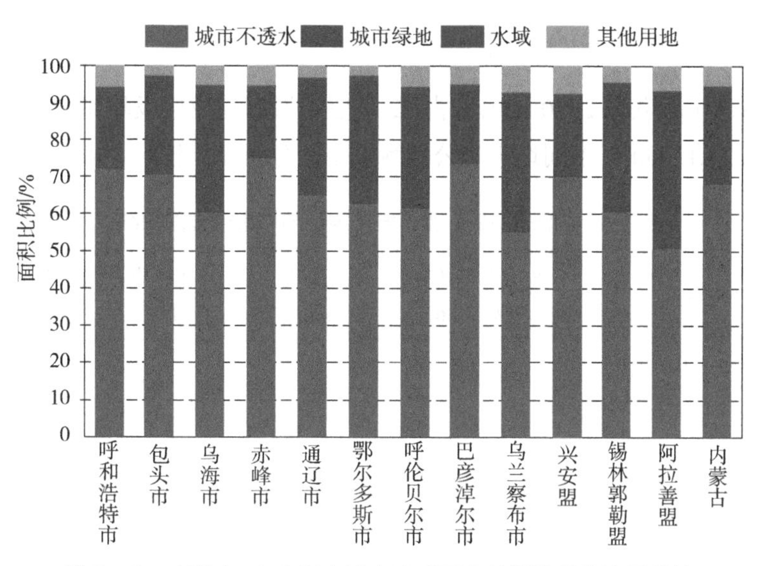

图 7-46　内蒙古 12 个盟市城市建成区土地覆盖结构比例统计

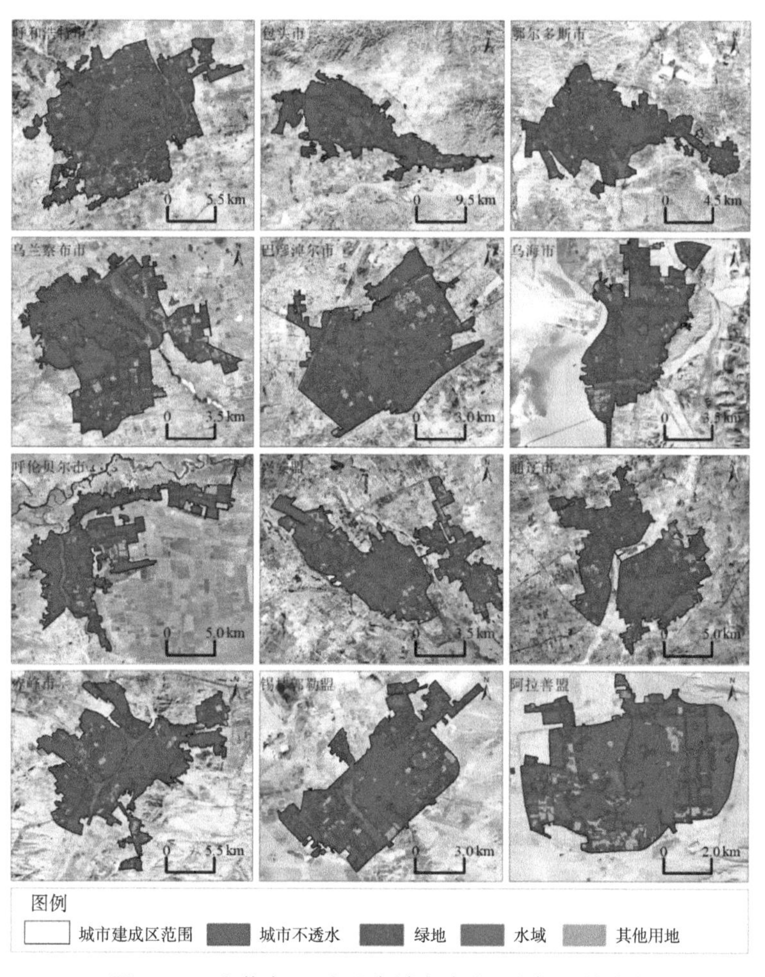

图 7-47　内蒙古 12 个盟市城市建成区土地覆盖结构

7.2.2 城市公园特征及区域差异

基于遥感手段获取 2020 年内蒙古 12 个盟市城市建成区及城市公园信息，城市公园面积为 74.13 km^2，不同地级市公园绿地空间分布差异较大（表 7-4）。

表 7-4 内蒙古 12 个盟市城市绿地与城市公园面积统计

地级市名称	城市面积（建成区）/km^2	城市绿地 / km^2	城市公园 / km^2	城市绿地面积占城市面积比例 /%
呼和浩特市（赛罕区、回民区、新城区、玉泉区）	241.11	48.41	13.99	20.08
包头市（东河区、青山区、昆都仑区、九原区）	278.08	70.03	20.00	25.18
鄂尔多斯市（东胜区）	46.71	15.23	6.56	32.20
乌兰察布市（集宁区）	95.12	16.84	14.05	35.01
巴彦淖尔市（临河区）	88.83	26.00	1.24	19.67
乌海市（海勃湾区）	87.83	28.28	4.38	32.61
呼伦贝尔市（海拉尔区）	70.44	21.95	1.85	31.16
兴安盟（乌兰浩特市）	53.95	10.61	0.50	21.22
通辽市（科尔沁区）	89.15	31.21	3.76	29.27
赤峰市（松山区、红山区）	49.80	10.57	0.98	17.70
锡林郭勒盟（锡林浩特市）	70.05	23.15	2.57	33.05
阿拉善盟（阿拉善左旗）	44.17	18.18	3.25	41.16
合计	1 215.24	320.47	73.13	26.37

遥感监测数据显示，包头市城市公园面积最大（20.00 km^2），其次为乌兰察布市（14.05 km^2）和呼和浩特市（13.99 km^2），兴安盟城市公园面积最小（0.50 km^2）。从结构上看，阿拉善盟城市绿地占城市面积比例（41.16%）最大，其次为乌兰察布市（35.01%）；另外呼和浩特市、包头市、鄂尔多斯市、乌海市、呼伦贝尔市、兴安盟、通辽市、锡林郭勒盟城市绿地占城市面积比例均在 20% 以上；巴彦淖尔市（19.67%）与赤峰市（17.70%）相对较低。呼包鄂城市群公园绿地空间整体分布均匀，其余盟市多分布于城市周边区域（图 7-48）。

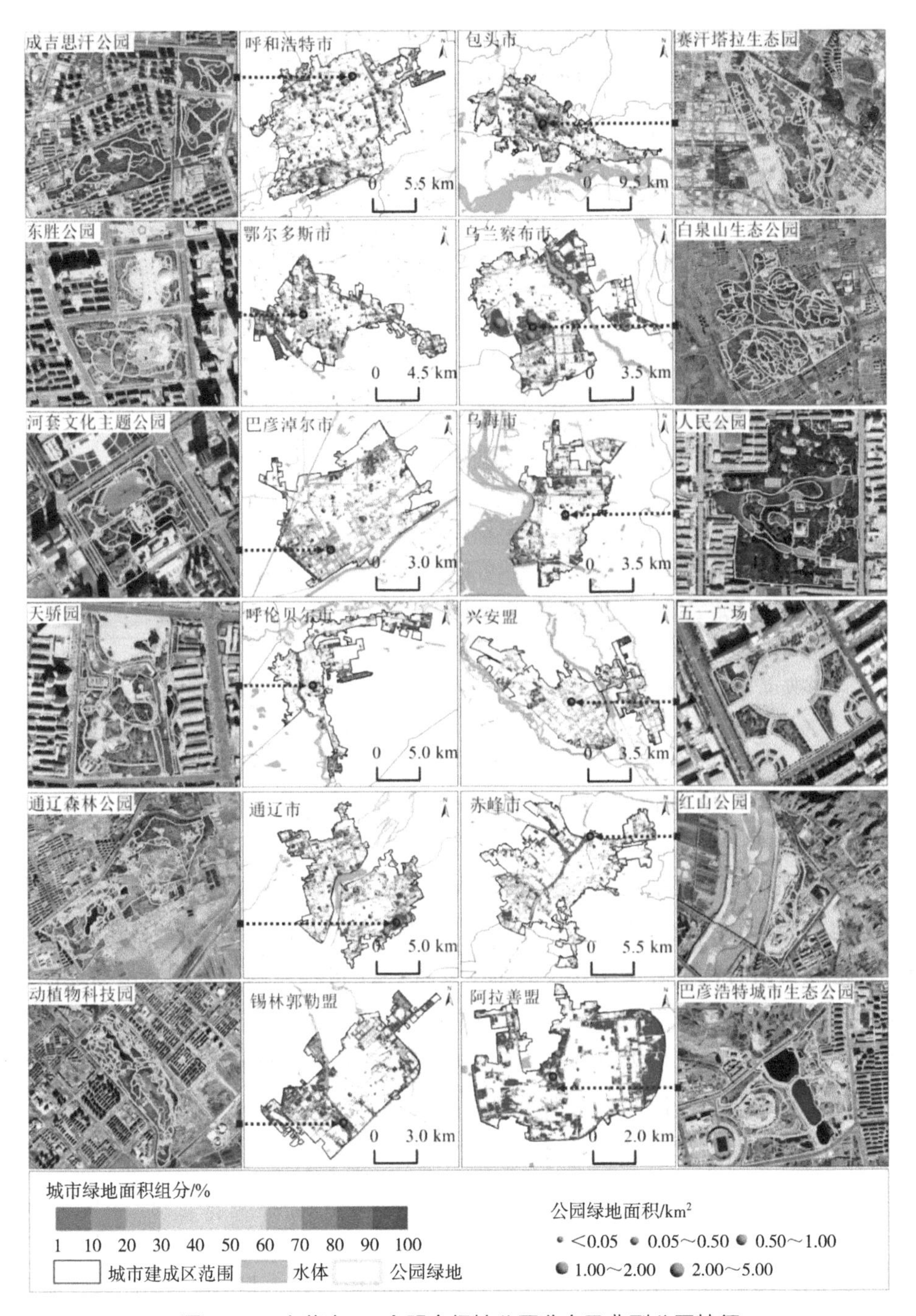

图 7-48 内蒙古 12 个盟市绿地公园分布及典型公园特征

“美丽中国”建设城市之美更加强调人居整洁，城市公园绿地 500 m 服务半径覆盖率（%）是重要的考核和评估指标。结果显示，内蒙古 12 个盟市公园绿地 500 m 服务半径平均覆盖率为 46.14%，鄂尔多斯市（81.93%）最高，阿拉善盟

（71.11%）次之，呼和浩特市、乌兰察布市、乌海市均在 50% 以上。监测数据显示，内蒙古 12 个盟市城市公园绿地规模差异较大，显示其面积为 100 m^2～4 km^2。具体分布情况：公园面积小于 0.05 km^2 的占 2.26%，0.05～0.5 km^2 的占 35.22%，0.5～1 km^2 的占 7.44%，1～2 km^2 的占 4.42%，大于 2 km^2 的占 12.27%（图 7-49）。

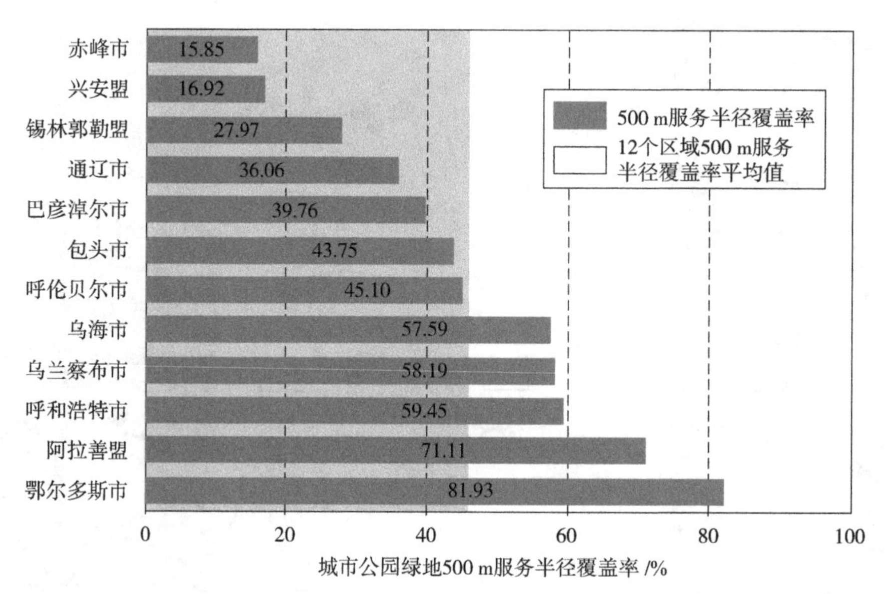

图 7-49　内蒙古 12 个盟市城市公园绿地 500 m 服务半径覆盖率

随着城镇化的快速推进，人类对城市绿地的需求越来越大，尤其是对公园等开放式绿地的数量和质量要求不断提升。人均绿地面积作为衡量区域人居环境的重要指标，是践行新时代生态文明建设的基本要求。21 世纪以来，人均城市绿地面积不断提升，但受社会经济发展水平、人口数量等因素影响存在显著的地区差异。内蒙古人均公共绿地面积区域差异显著，阿拉善盟最高（154.02 m^2/ 人），呼和浩特市最低。另外，人均公园绿地面积是衡量单个城市公园拥有度的重要指标。2016 年，中国人均公园绿地面积为 13.50 m^2/ 人，各大城市人均公园绿地面积普遍偏低。乌兰察布市、阿拉善盟、鄂尔多斯市、锡林郭勒盟及乌海市人均公园绿地在 13.50 m^2/ 人以上，兴安盟人均公园绿地面积最低（1.94 m^2/ 人），均远低于联合国提出的 60 m^2/ 人的最佳人居环境标准。据测算，到 2035 年中国城镇常住人口将达 10 亿人，城镇生态需求和压力将不断加大。“美丽中国”建设要求人居环境的提升，尤其是位于中国北方的内蒙古，城市生态建设较东南沿海城市滞后，较难满足民众对良好生态环境的需求。内蒙古城市迫切需要继续增加生态绿地建设力度，提升城市公园等绿地的数量和质量（图 7-50）。

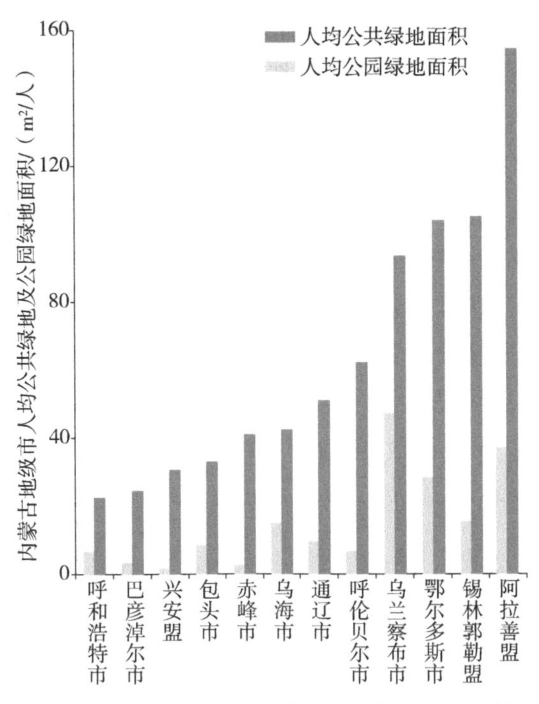

图 7-50　内蒙古 12 个盟市人均公共绿地及公园绿地面积

7.2.3　宜居城市可持续发展问题分析

干旱区城市化过程中，城市生态对人为干扰变得更为脆弱，包括城市大气污染、热岛效应、城市内涝等现象。

7.2.3.1　城市 $PM_{2.5}$ 质量演变特征

随着我国经济的发展和城市化的逐渐深入，第二产业一直在我国经济的支柱型产业中占据主导地位，尤其以能源经济为主的内蒙古更为突出。尽管工业产业的快速发展提高了人民的生活质量，但也带来了一些问题。由于缺乏到位的环境监管体系以及环境保护的意识，工厂废气废料的随意排放，矿物质的大量燃烧以及私家车的使用量大幅增加等，使得空气质量成为经济发展的牺牲品。2008 年和 2013 年两次强雾霾天气的出现，使人们逐渐意识到了大气环境保护的重要性。$PM_{2.5}$ 是指大气中粒径小于或等于 2.5 μm 的颗粒物。我国环境空气 $PM_{2.5}$ 年平均浓度标准值为 35 μg/m³。$PM_{2.5}$ 作为雾霾形成的主要因素，不仅影响着大气能见度，由于其粒径小，还会通过人体呼吸进而进入体内无法分解及排出。这些微粒含有大量的重金属等有害成分，会对人体健康产生严重的后果。因此，如何降低空气中细颗粒物的浓度是非常关键的。植被作为缓解空气污染及城市绿化中最重要的一环，在削减颗粒物浓度这一问题上有着重要的研究价值。

为了探究内蒙古盟市 $PM_{2.5}$ 演变规律，选择呼和浩特市（新城区、回民区、玉泉区、赛罕区）、包头市（东河区、昆都仑区、青山区、石拐区、九原区）、乌海市（海勃湾区、海南区、乌达区）、赤峰市（红山区、元宝山区、松山区）、通辽市（科尔沁区）、鄂尔多斯市（东胜市、康巴什区）、呼伦贝尔市（海拉尔区、扎赉诺尔区）、巴彦淖尔市（临河区）、乌兰察布市（集宁区）、兴安盟（乌兰浩特市）、锡林郭勒盟（锡林浩特市）、阿拉善盟（阿拉善左旗）12 个盟市，明晰城市宜居生态环境影响因素，为提升宜居城市绿色发展模式提供重要支撑。

监测数据显示，连续分析 2000—2020 年内蒙古 12 个盟市 $PM_{2.5}$ 浓度变化数据发现，$PM_{2.5}$ 浓度年平均值呈现逐年下降态势，2016 年以来，内蒙古盟市 $PM_{2.5}$ 浓度年平均值均处于 35 μg/m³ 以下，大气污染治理与生态环境状况明显改善（图 7-51）。

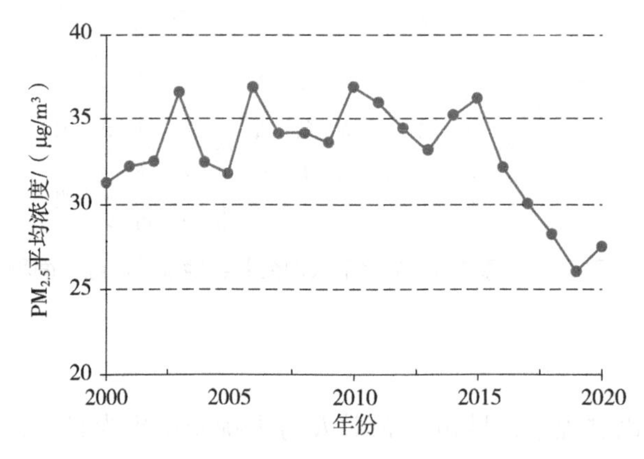

图 7-51　2000—2020 年内蒙古盟市 $PM_{2.5}$ 平均浓度统计

呼和浩特市（新城区、回民区、玉泉区、赛罕区）$PM_{2.5}$ 浓度年平均值变化趋势呈下降态势，大气环境改善明显：2018 年与 2019 年 $PM_{2.5}$ 浓度年平均值小于 35 μg/m³，2020 年略微超过临界值；呼和浩特市主城区玉泉区、回民区 $PM_{2.5}$ 浓度高于新城区、赛罕区。包头市（东河区、昆都仑区、青山区、石拐区、九原区）属于工业型城市，$PM_{2.5}$ 浓度显著高于诸多盟市水平；2000—2020 年，$PM_{2.5}$ 浓度 42.58 μg/m³，2018 年和 2019 年平均值小于 35 μg/m³；包头市 $PM_{2.5}$ 浓度总体呈下降趋势。乌海市（海勃湾区、海南区、乌达区）2000—2020 年 $PM_{2.5}$ 浓度下降趋势明显，2018 年以来 $PM_{2.5}$ 浓度均处于 35 μg/m³ 以下。赤峰市（红山区、元宝山区、松山区）2000—2017 年 $PM_{2.5}$ 浓度在 35 μg/m³ 值左右波动变化，2018 年以来大气环境明显好转（小于 35 μg/m³）。通辽市（科尔沁区）2000—2020 年 $PM_{2.5}$ 浓度变化趋势与赤峰市较一致，2017 年以来均小于 35 μg/m³。鄂尔多斯市（东胜市、康巴什区）2000—2020 年 $PM_{2.5}$ 浓度均处于 35 μg/m³ 以下，总体变化呈平稳下降趋势。呼伦贝尔市（海拉尔区、扎赉诺尔区）$PM_{2.5}$ 浓度一直处于达标水平，大气质量状况较好。巴彦淖尔市（临河区）2000—2020 年 $PM_{2.5}$ 浓度总体呈下降态势，2010 年 $PM_{2.5}$ 浓度最高（49.91 μg/m³），2017 年以来，$PM_{2.5}$ 浓度均处于空气质量达标水平。乌兰察布市（集宁区）2000—2020 年以来 $PM_{2.5}$ 浓度均处于达标水平，$PM_{2.5}$ 浓度变化总体呈下降趋势。兴安盟（乌兰浩特市）2000—2020 年 $PM_{2.5}$ 浓度波动变化，总体空气质量较好。锡林郭勒盟（锡林浩特市）$PM_{2.5}$ 浓度一直呈较低态势。阿拉善盟（阿拉善左旗）2000—2020 年 $PM_{2.5}$ 浓度总体呈下降趋势，2019 年和 2020 年 $PM_{2.5}$ 浓度处于 35 μg/m³ 以下（图 7-52）。

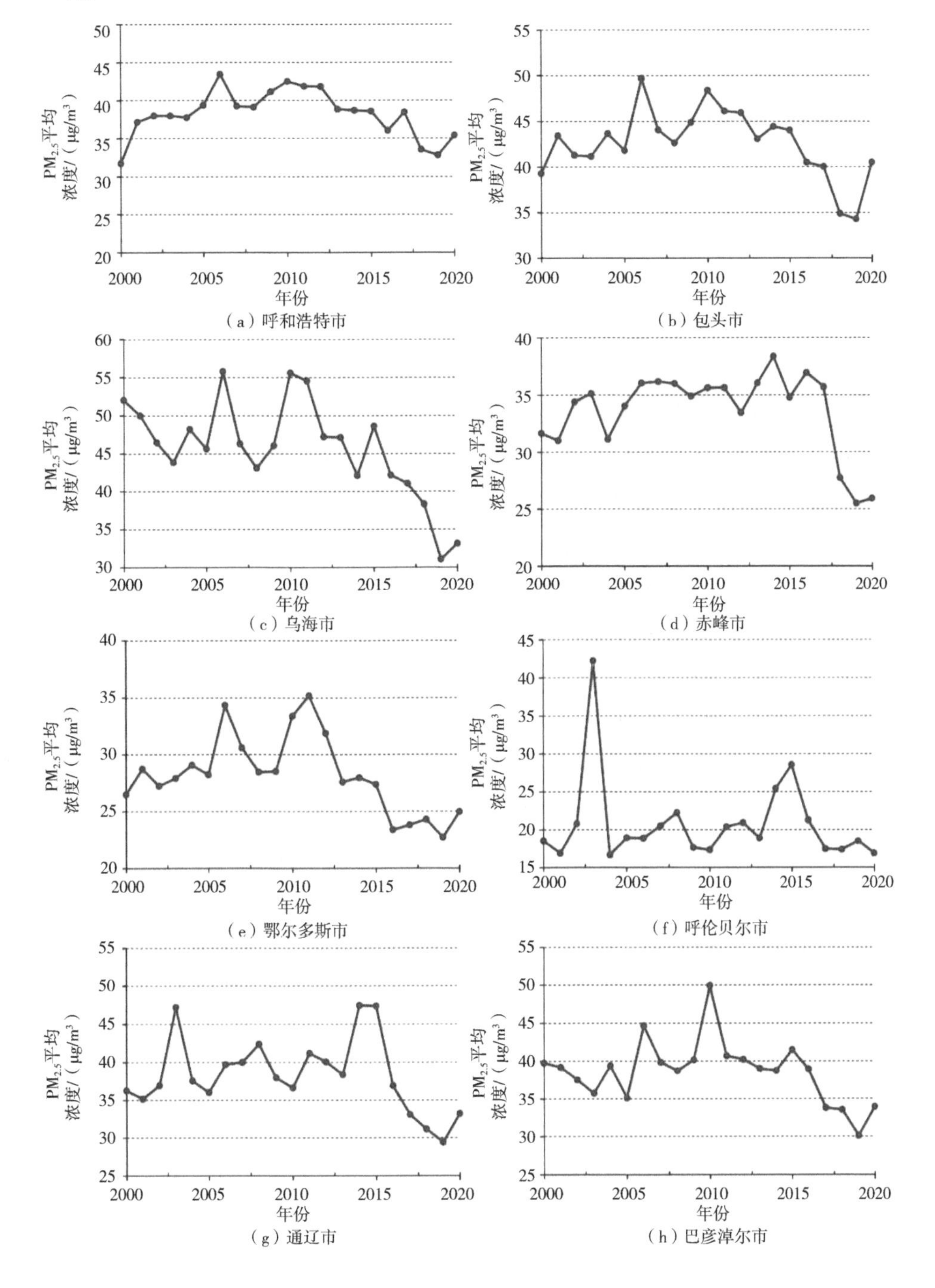

（a）呼和浩特市　（b）包头市

（c）乌海市　（d）赤峰市

（e）鄂尔多斯市　（f）呼伦贝尔市

（g）通辽市　（h）巴彦淖尔市

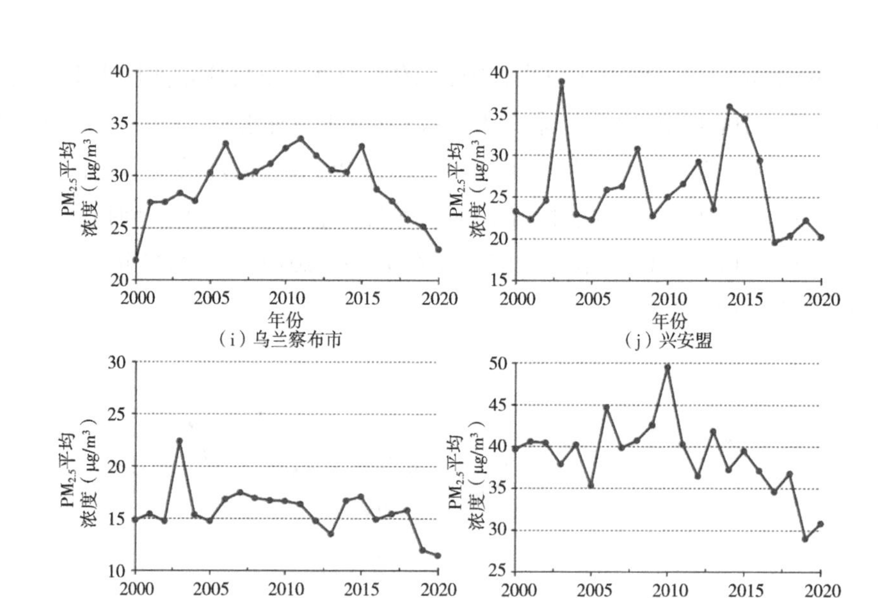

图 7-52　2000—2020 年内蒙古 12 个盟市 $PM_{2.5}$ 平均浓度统计

7.2.3.2　城市热岛特征及区域差异

城市化进程加剧了城市不透水比例的增加，进而造成城市热岛问题加剧。基于内蒙古 12 个盟市土地覆盖结构变化数据统计，内蒙古城市土地覆盖结构总体变化较快，2010 年以来变化最为剧烈，城市不透水面扩张尤为明显，城市植被呈现不同程度增加态势。2000—2015 年，城市扩张 278.93 km^2；相比较而言，2010—2015 年城市面积扩张比例为前两个时间段的 1.61 倍与 1.91 倍。从城市个体看，城市不透水面及植被面积比例变化趋势一致，但变化幅度存在较大差异。2020 年，赤峰市不透水面所占城市用地比例最高（80.89%），其次为兴安盟（73.37%），鄂尔多斯市不透水面面积比例最低（63.40%）；阿拉善盟不透水比例在研究期内变化幅度最大，从 2000 年的 89.21% 降低到 2020 年的 73.37%，城市植被面积不断增加；呼和浩特市和包头市研究期内城市不透水面比例均在 75% 以上，城市植被 2010—2020 年增加明显。巴彦淖尔市与呼伦贝尔市城市土地覆盖结构变化规律较一致，城市不透水面比例从 2000 年的 80% 以上降低到 2020 年的 74% 左右。城市水体变化均不明显（图 7-53）。

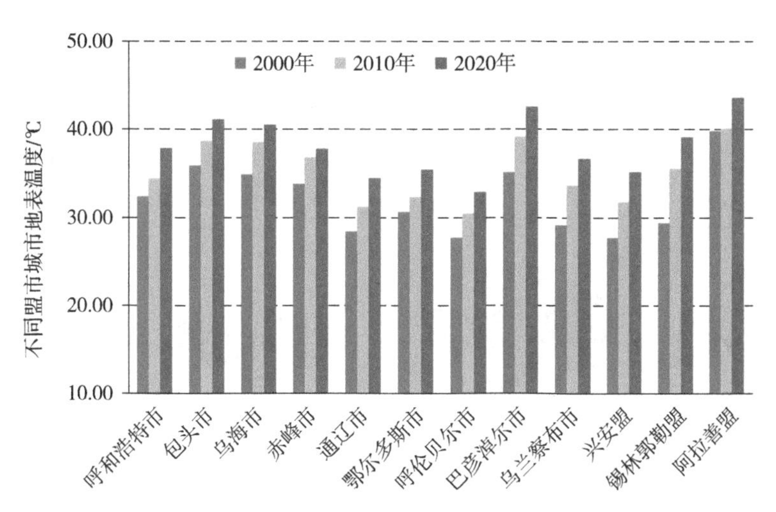

图 7-53 内蒙古 12 个盟市 2000 年、2010 年、2020 年城市地表温度统计

本书基于单窗算法反演内蒙古 12 个地级市 2000—2020 年 8 月地表温度，进而分析城市结构变化对城市热岛的影响。从总体上看，内蒙古 12 个盟市地表温度呈增加态势，温度升高 6.18℃（2000 年 32.05℃，2020 年 38.23℃）。从区域上看，阿拉善盟（阿拉善左旗）地表温度最高，达 43.56℃；其次为巴彦淖尔市（临河区），地表温度为 42.46℃；温度最低的为呼伦贝尔市，地表温度为 32.84℃。2000—2020 年，锡林郭勒盟（锡林浩特市）增加温度最高，以 0.46℃/a 速率增加；其次为乌兰察布市（集宁区），地表温度增加 7.51℃（图 7-54）。

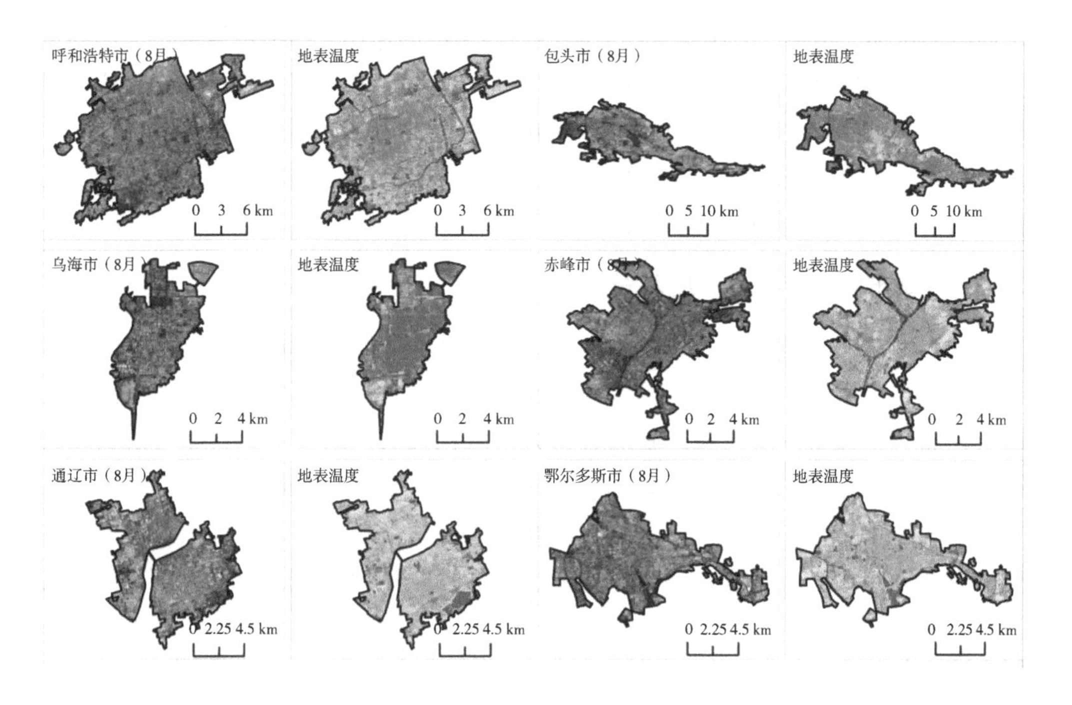

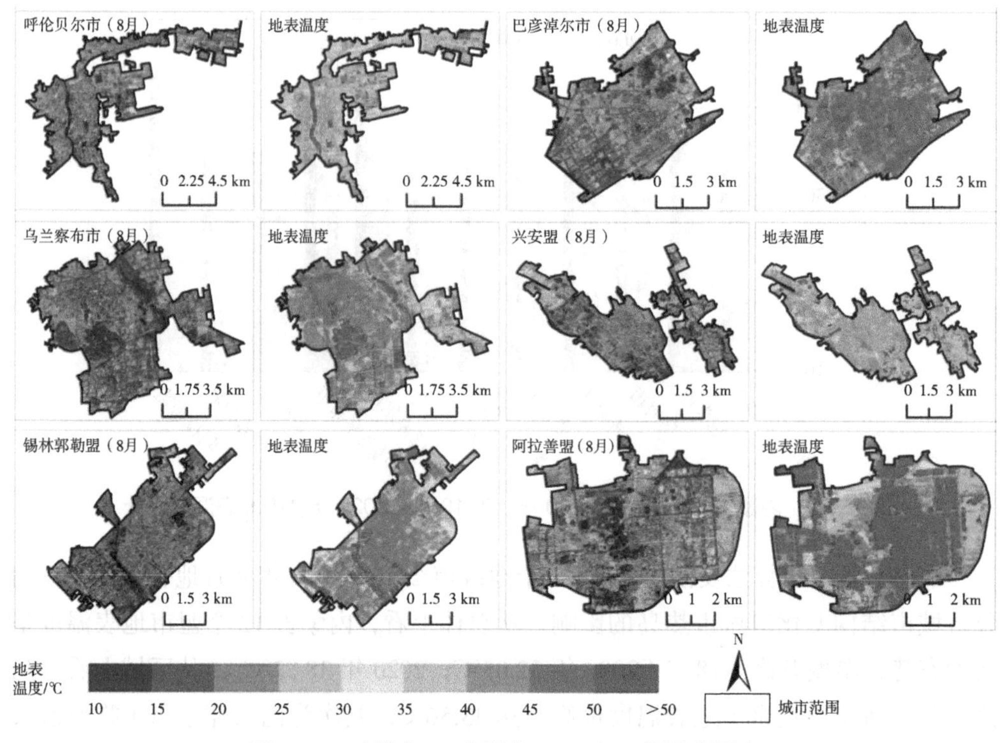

图 7-54 内蒙古 12 个盟市 2020 年 8 月地表温度

城市热岛效应是一种城市地表温度明显高于城郊的现象。城市绿地通过植被的光合作用、蒸腾作用来降低地表温度，是缓解城市热岛效应的有效途径之一。公园周边的水体、植被、高层建筑物有降低地表温度的作用。绿地植被的生命活动主要是蒸腾作用释放出大量水汽，在此过程中带走热量。相对于周围小环境来说，绿地就像是一个冷源，冷源的温度场产生的相对低温空气流向周边非绿地空间梯度渗透，其致冷作用导致周边温度下降。通过分析显示，城市公园地表温度显著低于其他区域，可以有效缓解城市热岛效应。

7.2.3.3 城市内涝特征及区域差异

近年来，中国史无先例的城市化和工业化进程，引起了城市建设用地面积扩张，尤其是不透水面面积比例的快速增长，导致暴雨产流量增加，雨水汇流速度加快，加大了城市内涝风险，制约宜居城市绿色发展。同时，受全球气候变暖的影响，近年来，城市暴雨洪灾发生的频率和雨洪灾害影响程度呈显著的上升趋势，导致国内城市严重内涝事件的发生，对城市人民生命财产造成重大损失。内蒙古 12 个地级市不透水面比例（73.60%）相对较高，影响雨水渗透格局，城市内涝问题频发。基于文献、官方网站等收集内蒙古 12 个地级市城市内涝数据，结果显示不同区域均发生城市内涝现象，尤其 2015—2020 年尤为突出（表 7-5 和图 7-55）。

表 7-5　内蒙古 12 个盟市城市内涝统计

盟市名称	发生时间	最大降水量 /mm	内涝发生次数 / 次
呼和浩特市	2010—2019 年	43.50～153.20	13
包头市	2015—2019 年	83.00～228.90	10
乌海市	2006—2022 年	61.80～100.00	10
赤峰市	2016—2019 年	101.10～214.40	16
通辽市	2012—2021 年	85.00～249.50	17
鄂尔多斯市	2012—2022 年	83.00～248.40	11
呼伦贝尔市	2015—2021 年	83.50～200.00	9
巴彦淖尔市	2012—2022 年	61.30～164.30	12
乌兰察布市	2010—2021 年	59.50～106.50	15
兴安盟	2007—2020 年	62.00～177.00	12
锡林郭勒盟	2004—2021 年	55.80～203.00	14
阿拉善盟	2008—2021 年	63.80～72.50	14

注：资料来源于各地气象局。

图 7-55　内蒙古典型区城市内涝景观

7.3 生态资源利用状况

7.3.1 生态用地功能状况分析

生态系统是维持人类社会可持续发展的功能单元，生态系统服务是人类直接或间接从生态系统结构、过程和功能中获取维持生存所需的物质产品等各种效益，它的变化与人类福祉密切相关。生态系统服务具有多重价值的特点，使之成为生态资产的重要组成部分。本部分基于2010—2020年10年间内蒙古的土壤风蚀、水土流失、碳固定及水源涵养等数据，揭示影响内蒙古生态服务功能的变化情况，主要结论如下。

7.3.1.1 土壤风蚀

基于RWEQ模型获取内蒙古2000—2020年土壤风蚀模数及土壤风蚀空间变化分布图。统计结果显示，近20年，内蒙古土壤风蚀量空间分布特征基本不变，但风蚀量总体呈下降趋势，风蚀模数从1990年的50.12 t/（km^2·a）下降到2020年的29.31 t/（km^2·a）。统计显示，近20年，内蒙古土壤风蚀强度总体呈下降趋势（表7-6、图7-56和图7-57）。

表7-6 土壤风蚀模数变化统计

年份	风蚀模数 / [t/（km^2·a）]	年份	风蚀模数 / [t/（km^2·a）]
2000	5 012.00	2011	2 474.00
2001	5 331.00	2012	2 881.00
2002	4 236.00	2013	2 643.00
2003	3 151.00	2014	2 734.00
2004	3 338.00	2015	2 571.00
2005	2 568.00	2016	2 807.00
2006	2 593.00	2017	2 667.00
2007	2 744.00	2018	3 232.00
2008	2 559.00	2019	3 019.00
2009	3 008.00	2020	2 993.00
2010	3 811.00		

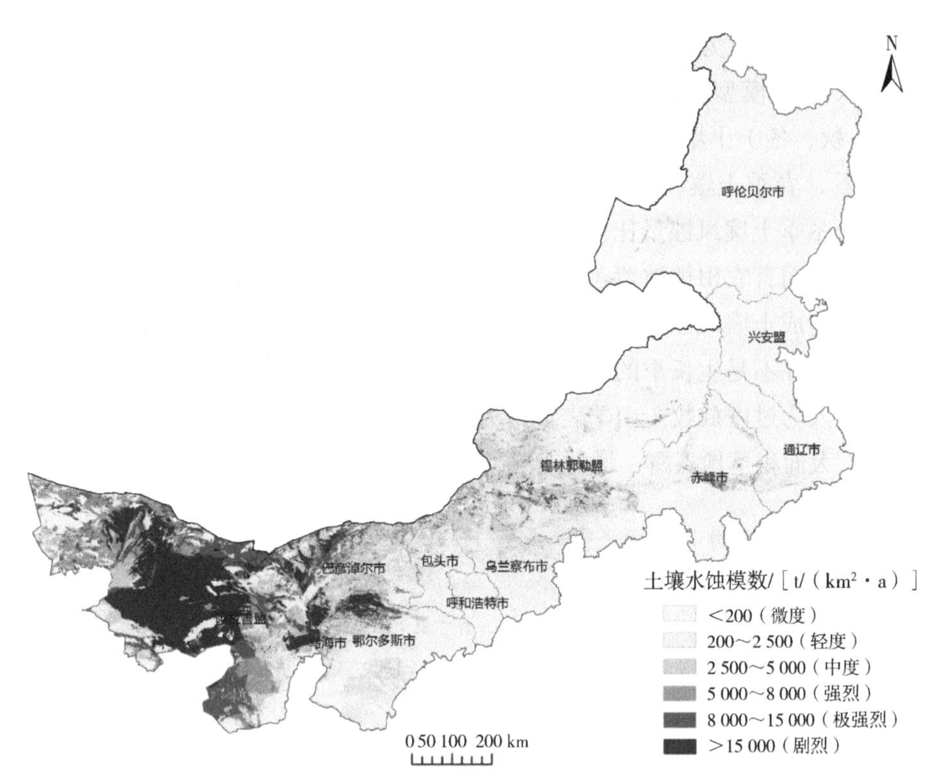

图 7-56　2020 年内蒙古土壤风蚀强度空间分布

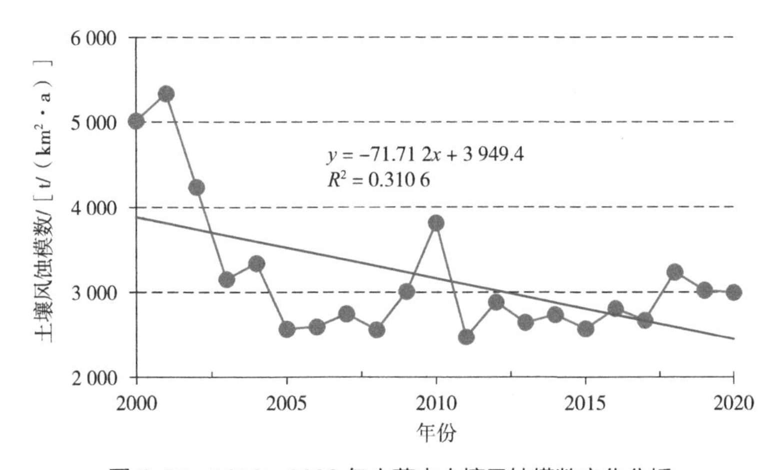

图 7-57　2000—2020 年内蒙古土壤风蚀模数变化分析

了解不同季节土壤风蚀变化以及揭示不同季节土壤风蚀差异对深刻理解土壤风蚀对内蒙古生态环境的影响具有重要意义；同时，对制定农田耕作形式与牧草维护形式有重要的指导作用。按照常规的季节分法，将每年分为四个季节：春季（3 月、4 月、5 月）、夏季（6 月、7 月、8 月）、秋季（9 月、10 月、11 月）、冬季（12 月、

1月、2月），以季节为研究背景揭示土壤风蚀时空变化格局。

基于RWEQ模型获取的土壤风蚀结果，共得到了2000—2020年20年分季节（春、夏、秋、冬）土壤风蚀结果。从多年平均的内蒙古春、夏、秋、冬土壤风蚀量统计上看，春季土壤风蚀量最大，冬季次之，夏季土壤风蚀量最小，春季、夏季、秋季、冬季土壤风蚀量比例为5.42：1：1.36：3.00。内蒙古春季、冬季植被覆盖率低，相对而言农田植被覆盖受季节影响最大，春季、冬季农田基本表现为裸土特性，极易造成土壤风蚀，耕地的残茬与耕种（翻耕）形式对减缓土壤风蚀尤为重要；草地覆盖在不是生长季的春季、冬季作用极为重要，内蒙古以草地生态系统类型为主，在人为过度放牧（山羊表现最为突出）的干扰下会致使春季、冬季的植被覆盖下降，大面积草地裸露，增加土壤风蚀（图7-58）。

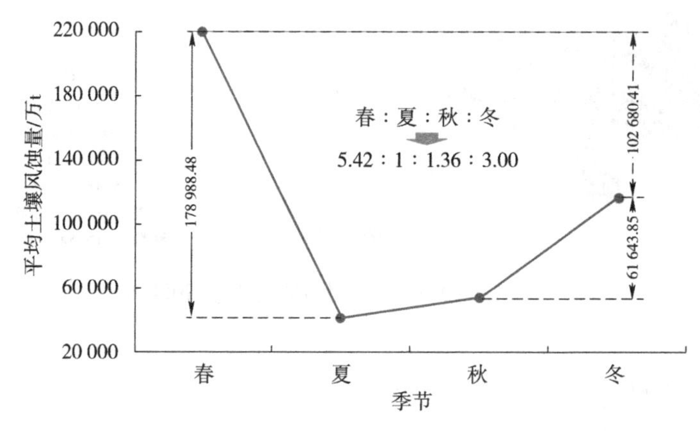

图7-58　2000—2020年内蒙古春、夏、秋、冬土壤风蚀多年平均值统计

基于"最小二乘法"求算2000—2020年土壤风蚀年变化率，内蒙古土壤风蚀变化状况呈现西部增加、中部减少明显、东部变化较小的空间分布规律。内蒙古西部以荒漠生态系统为主，植被覆盖状况较差，该区域分布的植被类型主要是荒漠与荒漠化草原；中部河套平原与库布齐沙漠区域土壤风蚀减少明显，人类干预恢复生态作用（农田生态系统与生态工程）明显；同时，受降水、土壤、地形、资源开发等综合因素的影响，中部局地区域土壤风蚀呈增加趋势，资源开发造成生态破坏仍较突出；东部区以森林生态系统为主，一些地区属于典型草原向草甸草原过渡，植被长势良好，东部区域土壤风蚀不明显。内蒙古自2000年"退耕还林还草"政策实施以来，土壤风蚀空间格局变化明显，内蒙古西部区土壤风蚀总体呈减缓趋势，局部区域土壤风蚀量降低幅度较大（图7-59）。

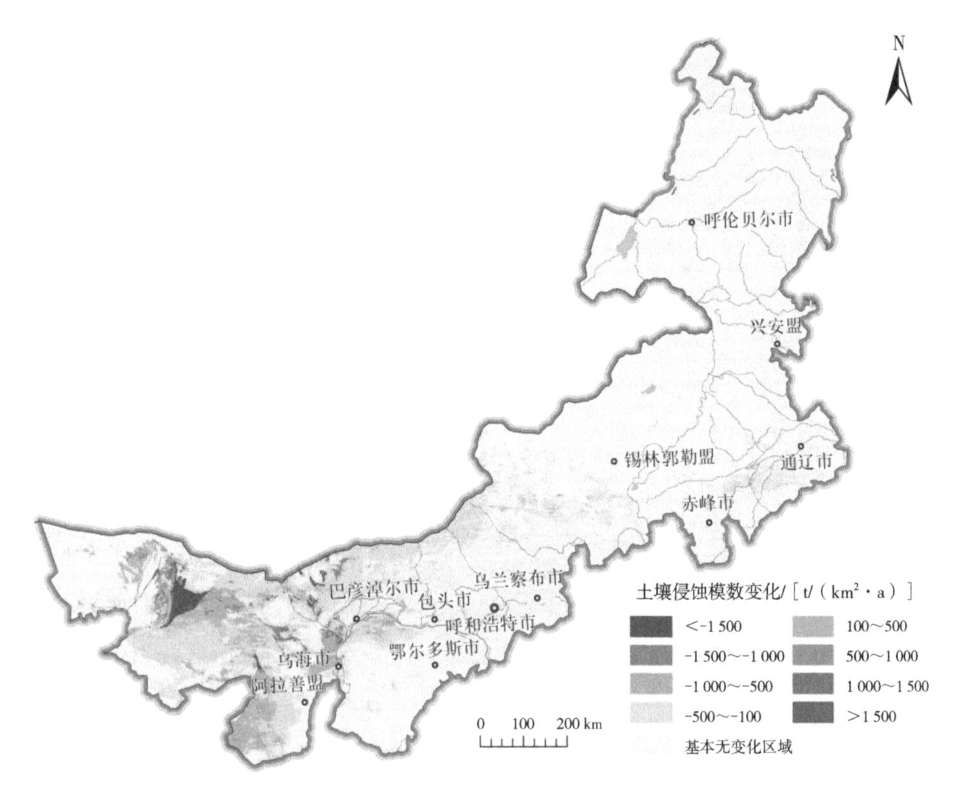

图 7-59　2000—2020 年内蒙古土壤风蚀模数空间变化（斜率）分析

7.3.1.2　土壤水蚀

水土资源是人类赖以生存和发展的基础条件和前提，是经济社会可持续发展的基础性资源。水土流失直接关系生态安全，严重的水土流失是生态恶化的集中反映。内蒙古自治区地处我国北部边疆，位于黄河、辽河、嫩江、海河四大水系的中上游或源头，是我国北方重要生态安全屏障，也是全国水土流失最严重的省区之一。据第一次全国水利普查公告，内蒙古自治区水土流失面积为 62.90 万 km^2，位居全国第二。严重的水土流失导致区域内水土资源破坏、生态环境恶化、自然灾害加剧，同时危及生态安全、防洪安全、饮水安全和粮食安全。

采用 RUSLE（Revised Universal Soil Loss Equation）模型对内蒙古自治区水力侵蚀量进行估算。监测结果显示，2020 年，全区水力侵蚀面积为 81 719.46 km^2。其中，乌海市水力侵蚀强度最大（718.25 t/km^2），其次为呼和浩特市（621.87 t/km^2），呼伦贝尔市水力侵蚀强度最低（24.78 t/km^2）（图 7-60 和图 7-61）。

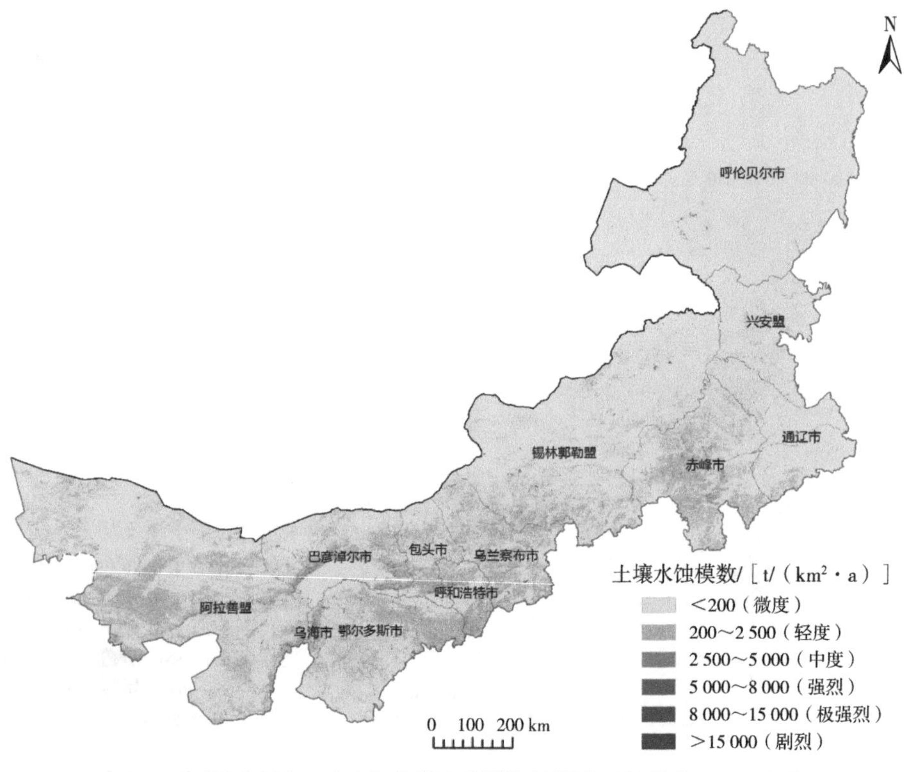

图 7-60　2020 年内蒙古土壤水蚀强度空间分布

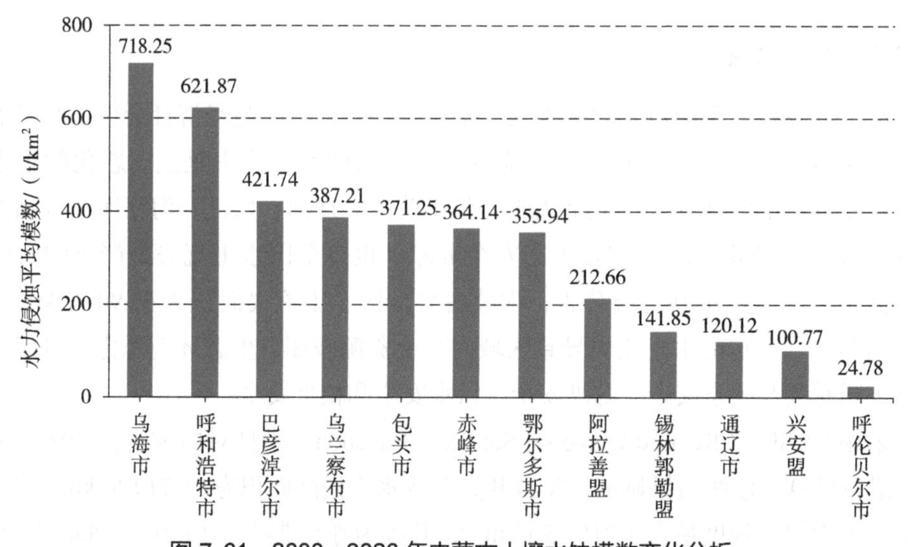

图 7-61　2000—2020 年内蒙古土壤水蚀模数变化分析

监测结果显示，2000—2020 年，全区水力侵蚀强度总体呈波动下降趋势，生态环境状况持续向好。水力侵蚀模数从 2000 年的 175.71 t/km^2 下降到 2020 年的 137.78 t/km^2。其中，2010 年（187.56 t/km^2）、2015 年（151.95 t/km^2）出现峰值（图 7-62）。

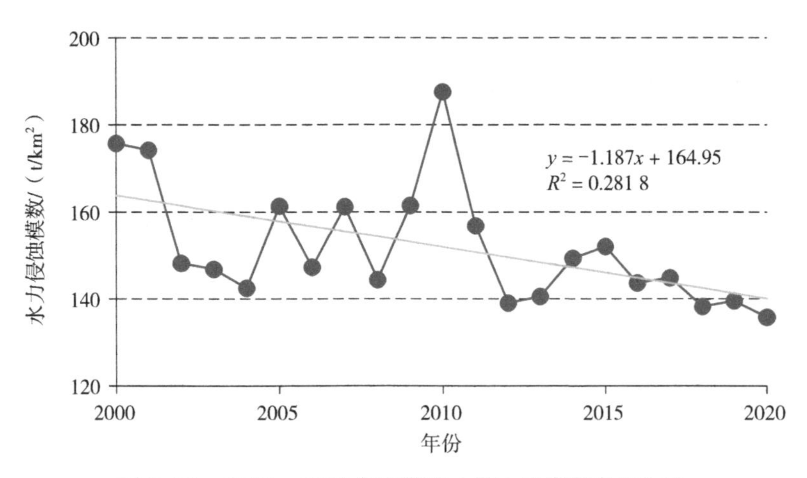

图 7-62　2000—2020 年内蒙古土壤水蚀模数变化分析

空间上看，赤峰市西南部、乌兰察布南部、呼和浩特市、包头市南部、鄂尔多斯市东北部、阿拉善盟中部区域水力侵蚀强度下降明显。通辽市北部、赤峰市北部、锡林郭勒盟西南部、乌兰察布市东部、鄂尔多斯市西部、乌海市、巴彦淖尔市中南部、阿拉善盟东部局部区域水力侵蚀呈加剧态势（图 7-63）。

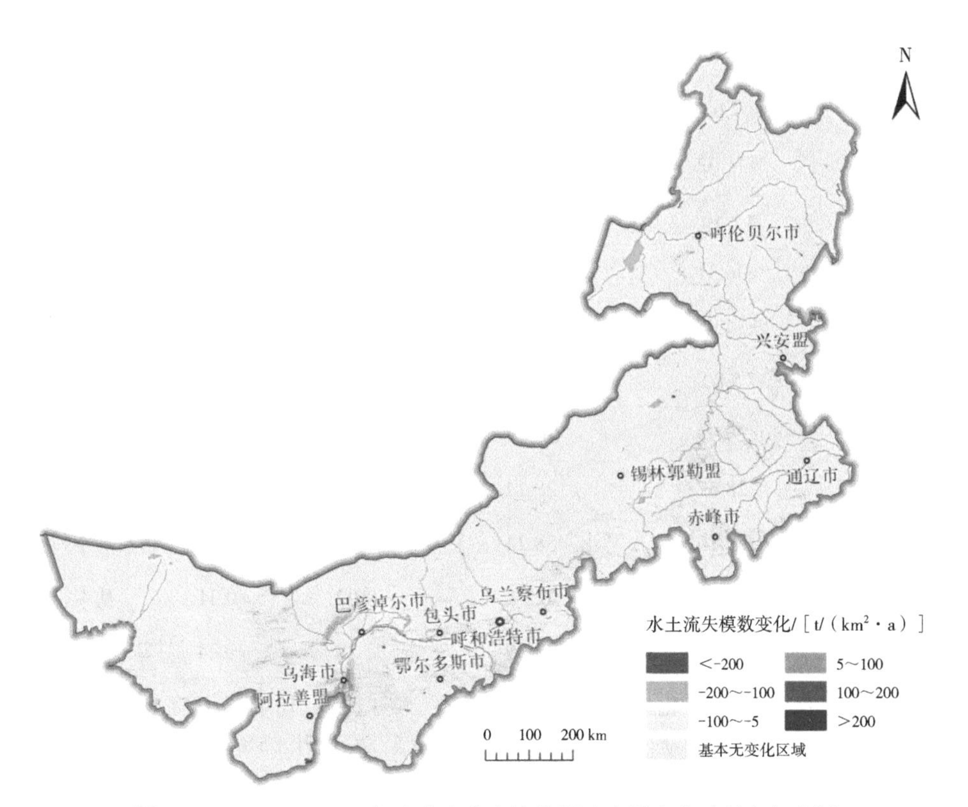

图 7-63　2000—2020 年内蒙古水土流失强度空间变化（斜率）分析

随着全区水土保持监督管理及综合治理力度的提升，2011—2015 年，内蒙古年平均水土流失总量为 258.94 亿 t，阿拉善盟年平均水土流失总量最大，达到 59.16 亿 t，其次为赤峰市及鄂尔多斯市，分别为 36.31 亿 t、34.96 亿 t。乌海市年平均水土流失总量最小，为 1.36 亿 t，其次为呼伦贝尔市，2011—2015 年年平均总流失量为 5.80 亿 t。2016—2020 年，内蒙古年平均水土流失总量为 248.67 亿 t，相比 2011—2015 年，减少 10.27 亿 t，减少比例为 3.97%。鄂尔多斯市 2016—2020 年相对于 2011—2015 年水土流失变化量最大，2016—2020 年年平均总水土流失量为 32.06 亿 t，相比 2011—2015 年减少 2.90 亿 t。呼和浩特市后 5 年相对于前五年水土流失变化率最大，减少比例达到 13.82%。2016—2020 年相比于 2011—2015 年，内蒙古水土流失总量基本呈下降趋势，各盟市水土流失总量基本呈下降及基本持衡趋势（表 7-7）。

表 7-7　内蒙古及 12 盟市年均水土流失总量统计表　　单位：亿 t

盟市名称	2011—2015 年年平均总流失量	2016—2020 年年平均总流失量	变化量	变化率 /%	变化程度*
内蒙古	258.94	248.67	-10.27	-3.97	基本持衡
呼和浩特市	12.84	11.07	-1.77	-13.82	较明显下降
通辽市	7.63	7.30	-0.34	-4.41	基本持衡
包头市	11.42	10.86	-0.57	-4.95	基本持衡
乌海市	1.36	1.25	-0.11	-8.00	轻微下降
赤峰市	36.31	34.48	-1.83	-5.05	轻微下降
鄂尔多斯市	34.96	32.06	-2.90	-8.30	轻微下降
呼伦贝尔市	5.80	5.86	0.06	1.02	基本持衡
锡林郭勒盟	29.99	30.43	0.44	1.47	基本持衡
巴彦淖尔市	28.67	28.14	-0.54	-1.87	基本持衡
阿拉善盟	59.16	58.24	-0.92	-1.55	基本持衡
兴安盟	6.61	6.59	-0.02	-0.31	基本持衡
乌兰察布市	24.67	22.39	-2.28	-9.24	轻微下降

注：*变化程度依据变化率划分为明显下降（≤-15%）、较明显下降（-15%～-10%）、轻微下降（-10%～-5%）、基本持衡（-5%～5%）、轻微上升（5%～10%）、较明显上升（10%～15%）、明显上升（＞15%）。

7.3.1.3 碳固定

碳固定指的是以捕获碳并安全封存的方式来取代直接向大气中排放 CO_2 的过程。陆地生态系统的碳固定服务功能，不仅有助于保持和提升土壤功能，同时可有效应对气候变化。内蒙古碳储量从东北部向西南部呈逐渐降低的趋势。其中，内蒙古东部地区碳储量最高，表明其相应的服务功能最强，如呼伦贝尔市、兴安盟、通辽市及赤峰市等地区；而内蒙古中部地区地貌权重次之，表明其相应的服务功能处于中等水平，如锡林郭勒盟、乌兰察布市、包头市及鄂尔多斯市等地区；而内蒙古西部地区则碳储量最低，如阿拉善盟及巴彦淖尔市等地区。总体而言，其碳储量主要与植被类型一致，内蒙古从东北部向西南部依次分布为森林区、草甸草原区、典型草原区、荒漠草原区及荒漠区；故内蒙古碳储量整体呈从东北部向西南部逐渐递减的趋势。然而，由于研究区地理地貌特征的空间异质性，其碳储量在局部等较小尺度上呈现出斑块化特征。以呼伦贝尔市为例，其中部及东部地区碳储量较高，而西部地区较低；此外，以锡林郭勒盟、赤峰市及通辽市等内蒙古中部地区为例，与呼伦贝尔市呈现出相似的碳储量分布，其中部地区碳储量较高，而西部和东部地区相对较低。而对于阿拉善盟，则主要表现出整体碳储量均较低的结果，仅有东南部等少数地区表现出相对较高的碳储量。监测数据显示，2020 年，内蒙古单位面积平均年固碳量为 171.79 gC/（m^2·a），碳固定总量为 199.81 PgC。内蒙古土地利用 / 覆盖结构东西差异较大，各盟市碳固定能力也表现出明显的异质性。呼伦贝尔市单位面积平均年碳固定最高，达 389.89 gC/（m^2·a）；阿拉善盟最低，为 1.16 gC/（m^2·a），仅为呼伦贝尔市固碳总量的 0.3%。乌海市、阿拉善盟占内蒙古总固碳量均不足 1%（图 7-64 和图 7-65）。

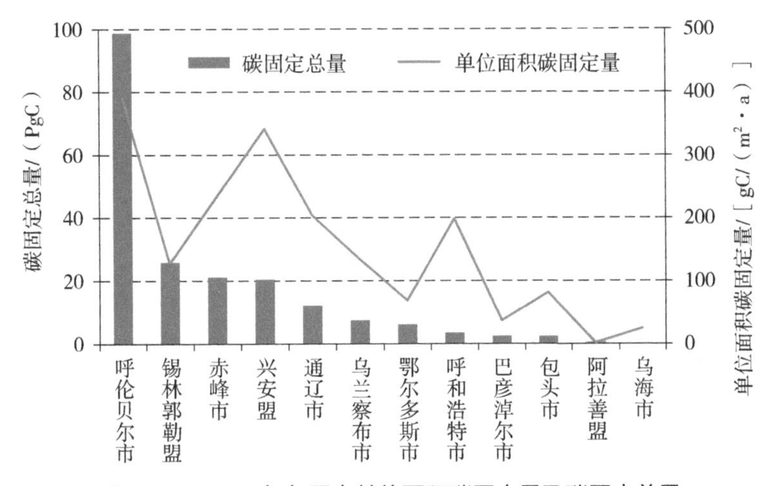

图 7-64　2020 年各盟市单位面积碳固定量及碳固定总量

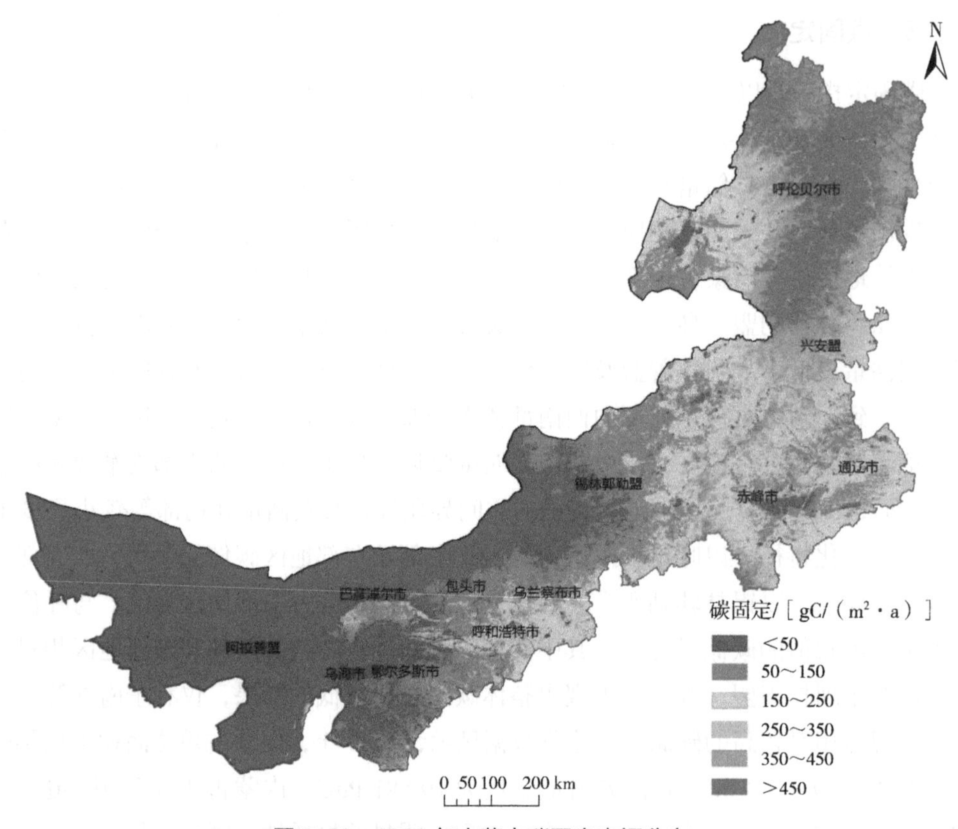

图 7-65 2020 年内蒙古碳固定空间分布

根据监测数据，2000—2020 年，内蒙古碳固定总体呈波动上升趋势，从 2000 年的 110.93 gC/m² 增加到 2020 年的 171.78 gC/m²。其中，2005 年（149.05 gC/m²）、2014 年（174.63 gC/m²）、2018 年（185.94 gC/m²）达到峰值（图 7-66）。

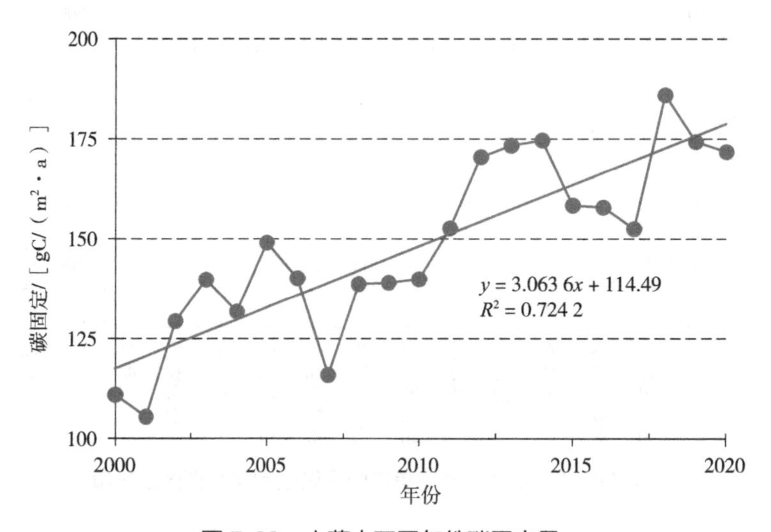

图 7-66 内蒙古不同年份碳固定量

空间上看，位于东北部的兴安盟和呼伦贝尔市碳固定增加明显，分别增加 8.03 gC/（m^2·a）、7.74 gC/（m^2·a）；其次，赤峰市、通辽市、呼和浩特市分别增加 5.47 gC/（m^2·a）、5.42 gC/（m^2·a）、5.36 gC/（m^2·a）；乌兰察布市［3.22 gC/（m^2·a）］、锡林郭勒盟［2.75 gC/（m^2·a）］、鄂尔多斯市［2.06 gC/（m^2·a）］碳固定增加明显；包头市、巴彦淖尔市、乌海市、阿拉善盟碳固定分别增加 1.75 gC/（m^2·a）、0.77 gC/（m^2·a）、0.38 gC/（m^2·a）、0.02 gC/（m^2·a）。

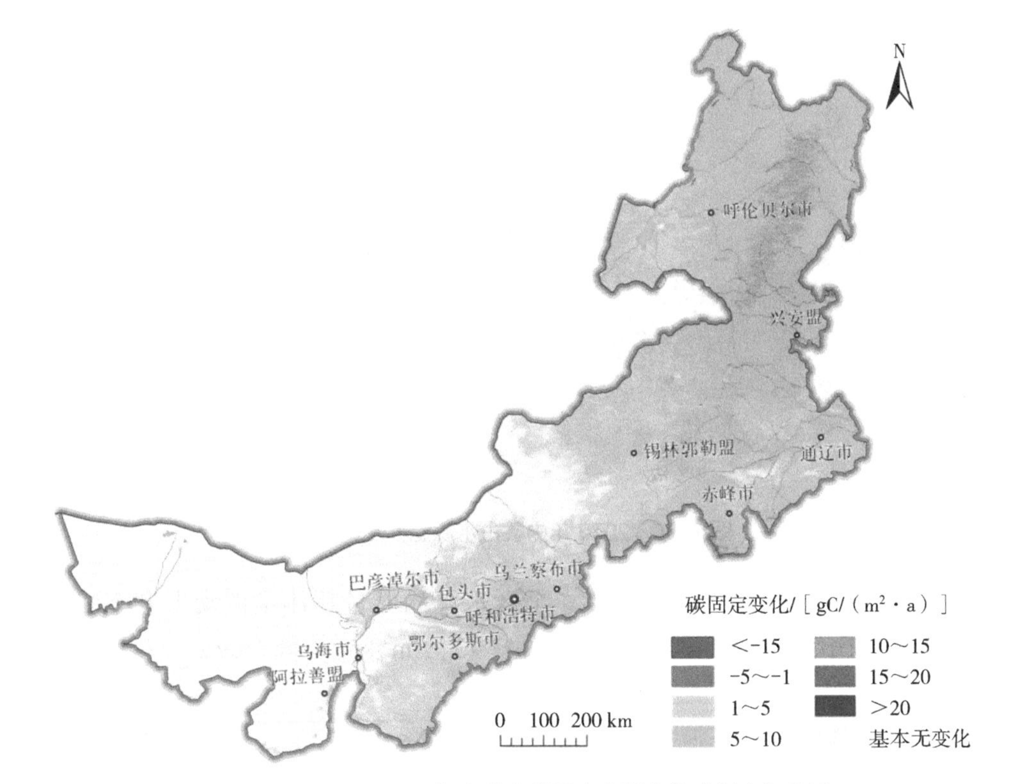

图 7-67　2000—2020 年内蒙古碳固定空间变化（斜率）分析

7.3.1.4　水源涵养

陆地生态系统涵养水源服务功能实质上是体现在生态系统的水文效应机理上，它是植被层、枯枝落叶层和土壤层对降雨进行再分配的复杂过程，主要功能表现在增加可利用水资源、减少土壤侵蚀、调节径流、净化水质等方面。

监测结果显示，2020 年，全区水源涵养量为 197.87 亿 m^3，其中，呼伦贝尔市水源涵养量最高（120.10 亿 m^3），占全区的 60.70%；其次为赤峰市和兴安盟，水源涵养量分别为 17.40 亿 m^3、16.41 亿 m^3；乌海市水源涵养量最低，为 0.34 亿 m^3（图 7-68）。

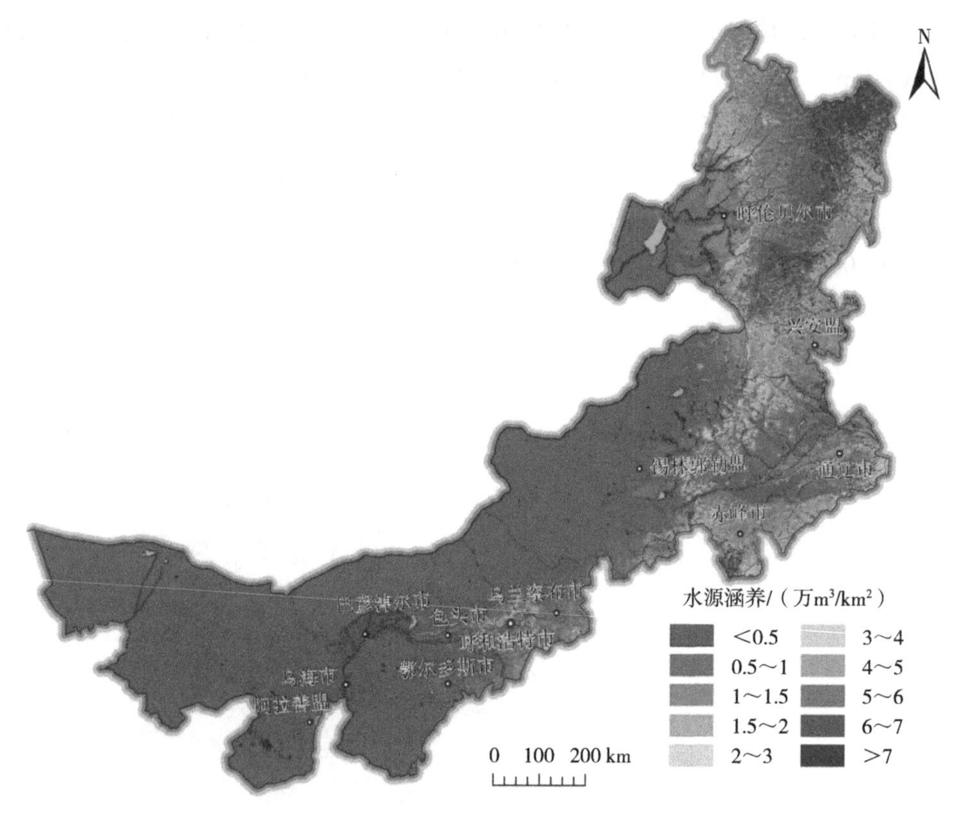

图 7-68 2020 年内蒙古水源涵养空间分布

根据监测数据，2000—2020 年，全区水源涵养量总体呈波动上升态势。从 2000 年的 1.53 万 m^3/km^2 增加到 2020 年的 1.73 万 m^3/km^2（图 7-69）。

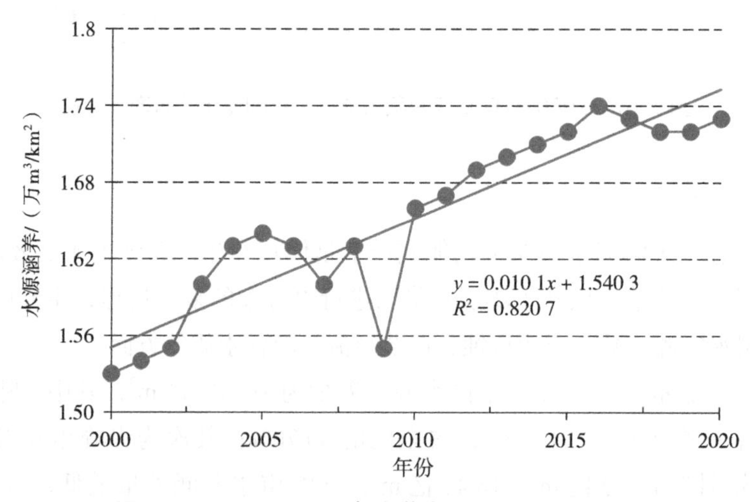

图 7-69 2000—2020 年内蒙古水源涵养变化统计

空间上看，呼伦贝尔市水源涵养量增加显著，增加量为 4 712.70 万 m³/a；其次为赤峰市、兴安盟、通辽市，水源涵养量分别增加 2 271.03 万 m³/a、1 686.17 万 m³/a、1 544.53 万 m³/a；阿拉善盟、巴彦淖尔市水源涵养量空间上减少明显，分别减少 172.61 万 m³/a、195.19 万 m³/a（图 7-70）。

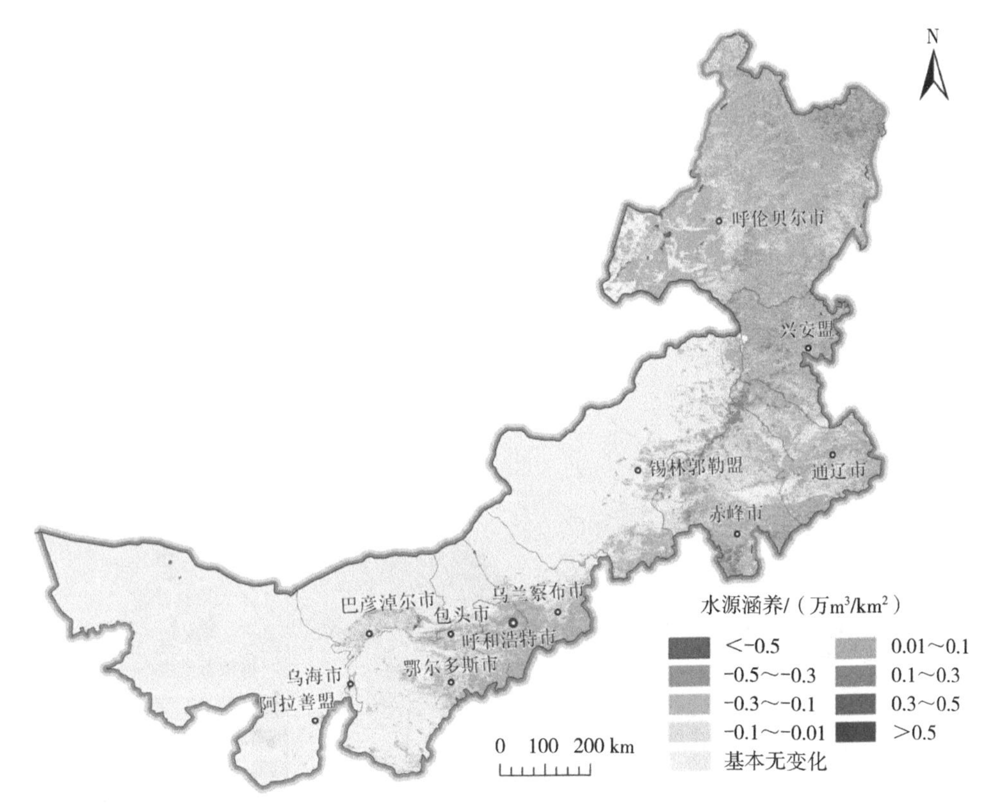

图 7-70　2000—2020 年内蒙古水源涵养空间变化（斜率）

7.3.2　生态用地健康状况分析

7.3.2.1　植被覆盖度现状

植被覆盖度（Fractional Vegetation Cover，FVC）是描述生态系统和反映地表植被分布特征的重要参数，作为区域生态环境改变的重要指标，归一化植被指数与植被覆盖度存在很高的正相关性。本书采用像元二分模型计算植被覆盖度，将植被覆盖度划分为 5 个级别，分别为低覆盖度（FVC≤10）、较低覆盖度（10<FVC≤30）、中等覆盖度（30<FVC≤50）、较高覆盖度（50<FVC≤70）、高覆盖度（FVC>70）。

内蒙古植被覆盖度具有显著的空间异质性，呈西南低、东北高的分布特征。从整体上看，内蒙古植被覆盖度差异较大，其中，高覆盖度区域面积最大，占内蒙古土地总面积的31.38%，主要分布在内蒙古东北部；低覆盖度、较低覆盖度比例为32.66%，主要分布在西南部；中等覆盖度、较高覆盖度分别占16.79%、19.17%（图7-71）。

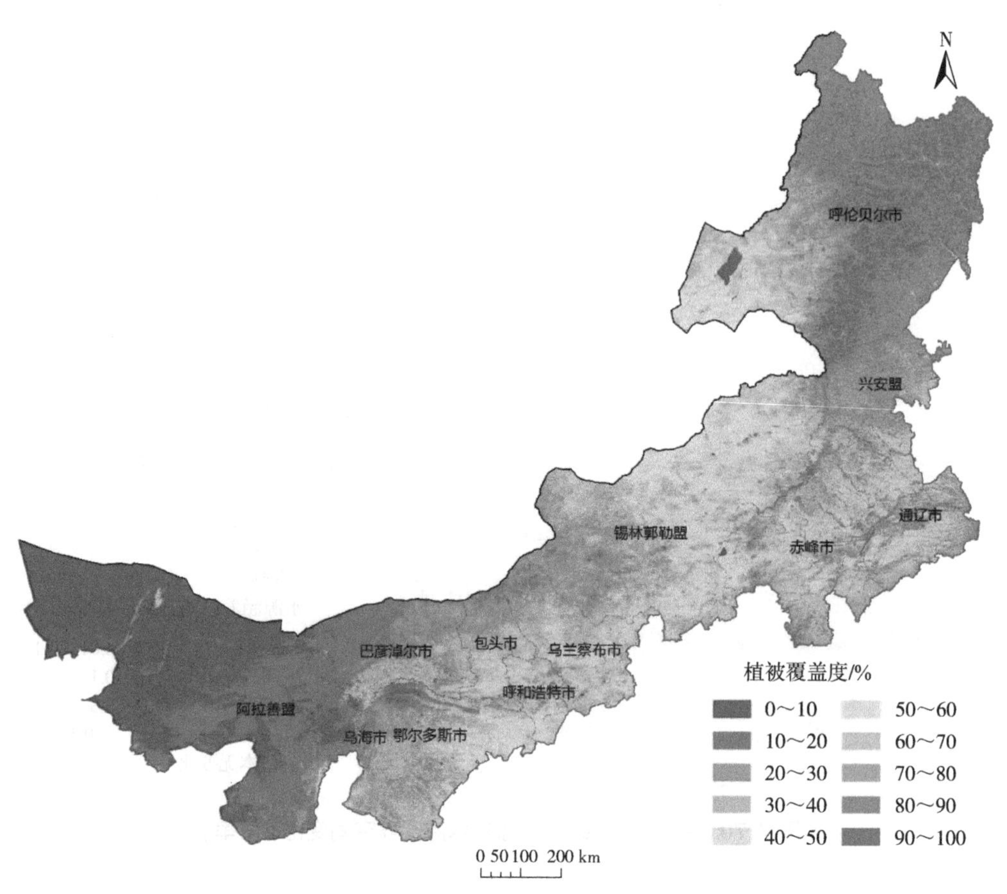

图7-71　2020年内蒙古植被覆盖度空间分布

（1）呼和浩特市

遥感监测显示，2020年呼和浩特市植被覆盖度达62.03%，空间异质性总体表现出北部低、中南部高的格局。呼和浩特市较高覆盖度占比最高，占土地总面积的49.08%；其次为高覆盖度，占29.84%；低覆盖度、较低覆盖度、中等覆盖度分别占0.06%、0.80%、19.50%（图7-72）。

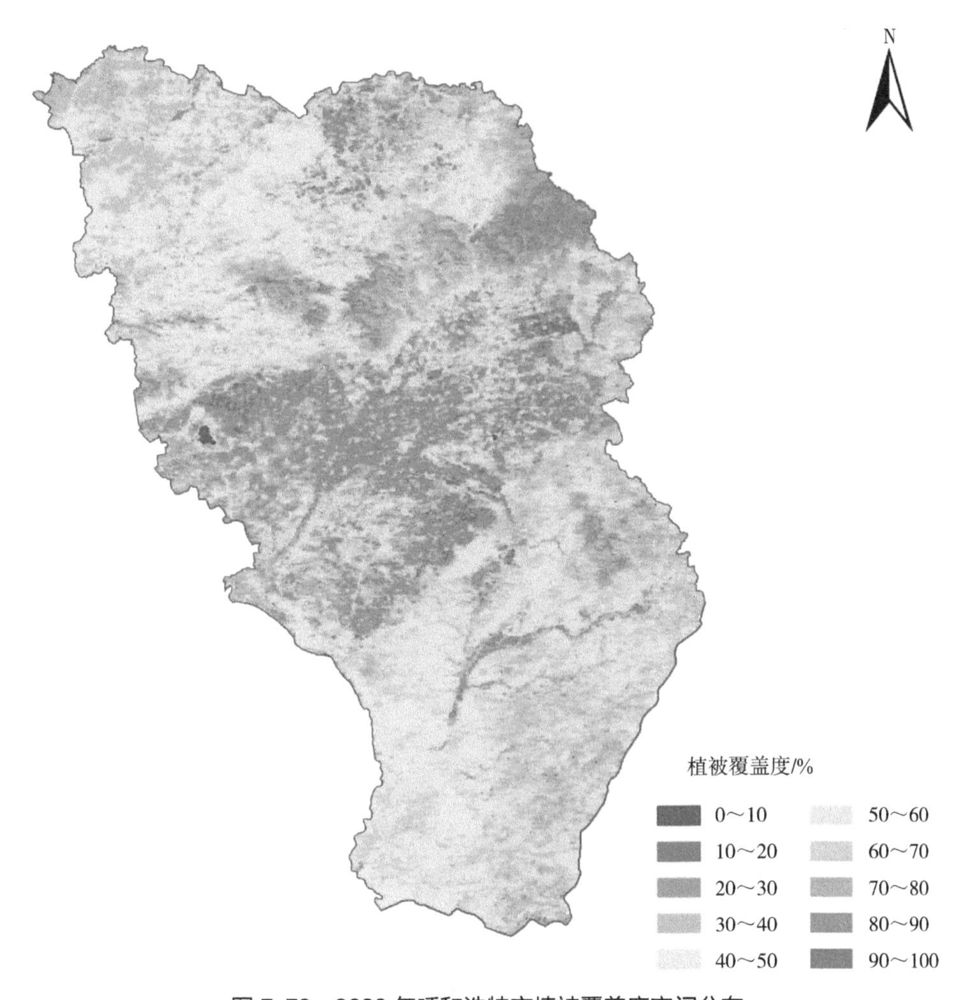

图 7-72　2020 年呼和浩特市植被覆盖度空间分布

（2）包头市

遥感监测显示，2020 年包头市植被覆盖度达 39.49%，空间上总体表现出北低南高的格局。包头市中等覆盖度所占比例最高，占土地总面积的 45.52%；其次为较低覆盖度，占 32.69%；较高覆盖度主要分布在南部，占 14.79%；高覆盖度、低覆盖度分别占 6.83%、0.17%（图 7-73）。

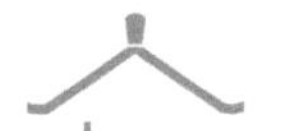

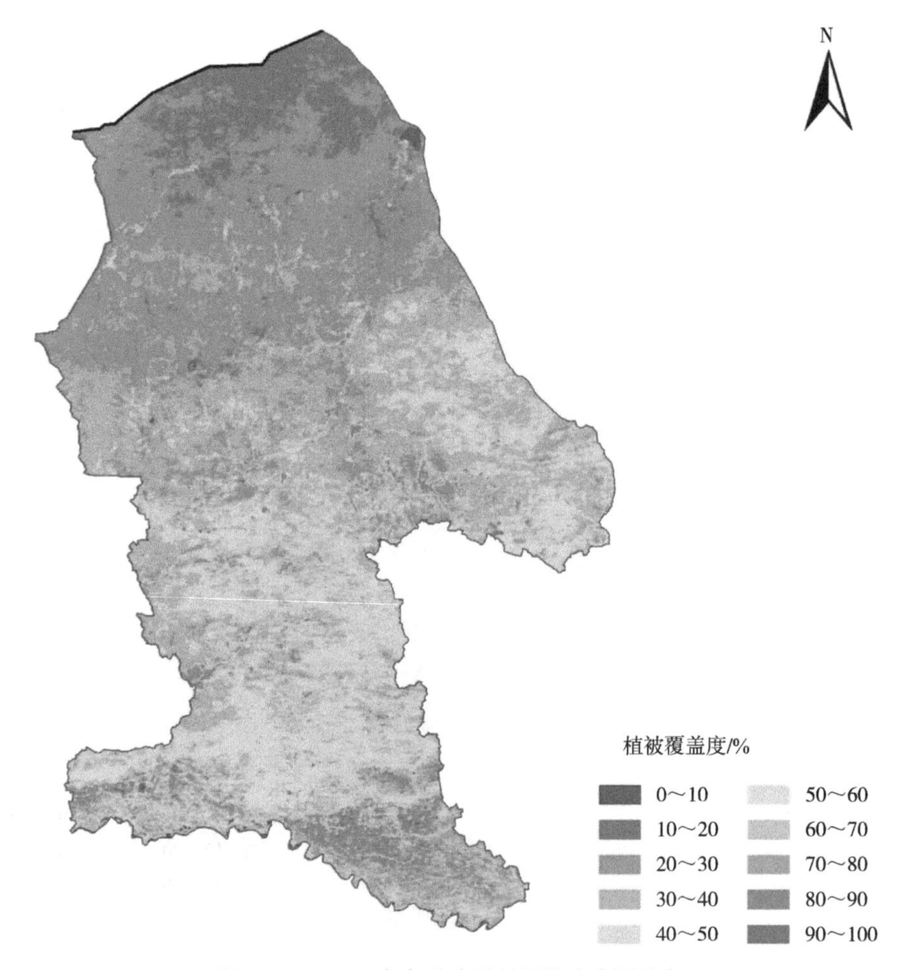

图 7-73　2020 年包头市植被覆盖度空间分布

（3）乌海市

遥感监测显示，2020 年乌海市植被覆盖度达 27.25%，空间上以低覆盖度为主。乌海市较低覆盖度比例最大，占土地总面积的 72.40%；其次为中等覆盖度，占 16.99%；较高覆盖度、低覆盖度、高覆盖度所占比重分别为 7.04%、2.04%、1.53%（图 7-74）。

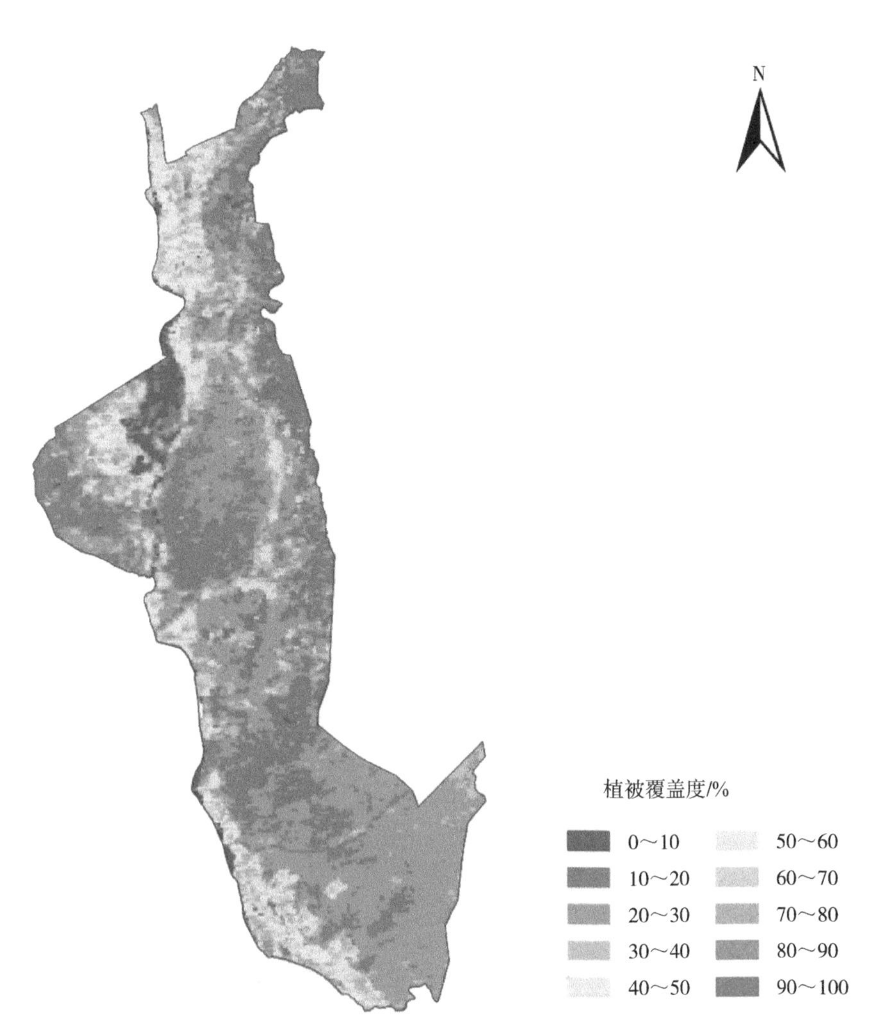

图 7-74　2020 年乌海市植被覆盖度空间分布

（4）赤峰市

遥感监测显示，2020 年赤峰市植被覆盖度达 65.58%，空间上以高覆盖度为主，科尔沁沙地区域植被覆盖度较低。赤峰市高覆盖度、较高覆盖度合计占 84.49%；中等覆盖度占 12.84%；较低覆盖度、低覆盖度分别占 2.43%、0.24%（图 7-75）。

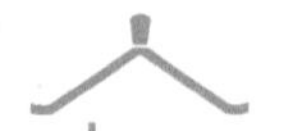

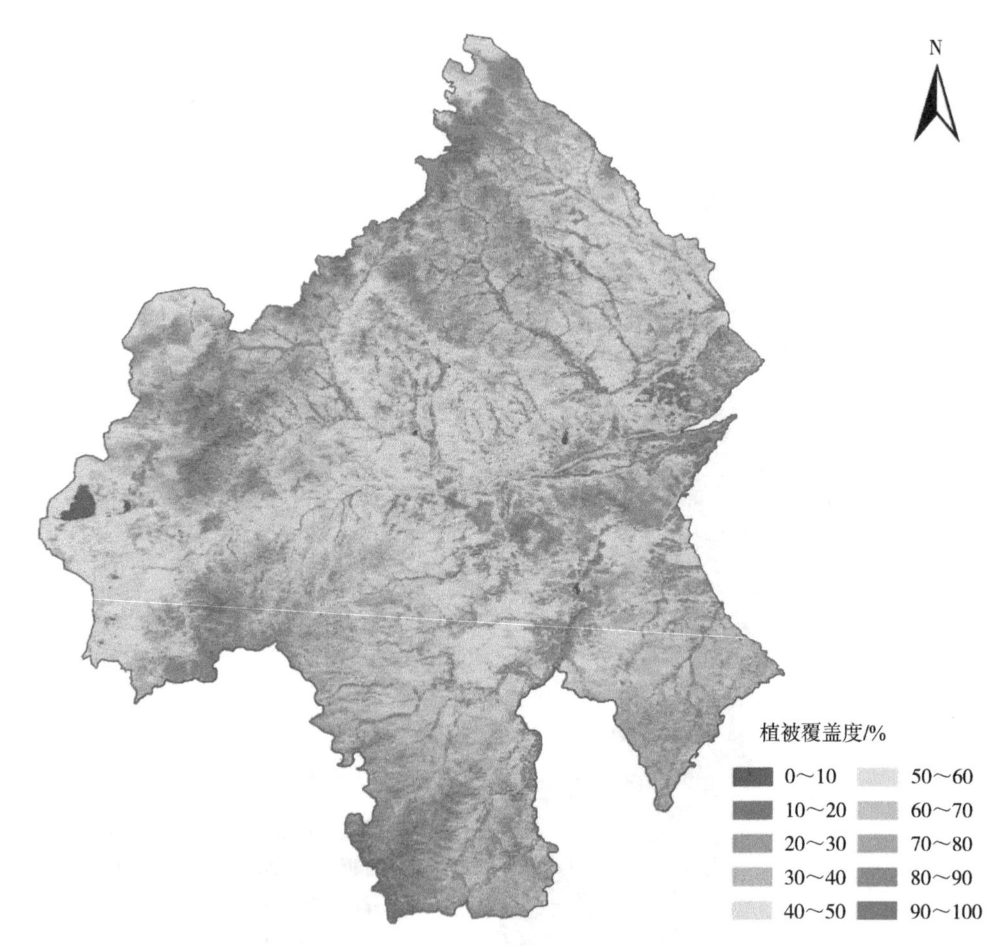

图 7-75　2020 年赤峰市植被覆盖度空间分布

（5）通辽市

遥感监测显示，2020 年通辽市植被覆盖度达 68.70%，空间上北部山地草原区、农业分布区植被覆盖度较高，科尔沁沙地区域植被覆盖度较低。通辽市高覆盖度所占比例最高，占土地总面积的 52.28%；其次为较高覆盖度区域占 35.03%；中等覆盖度占 11.46%；较低覆盖度、低覆盖度所占比重分别为 1.20%、0.02%（图 7-76）。

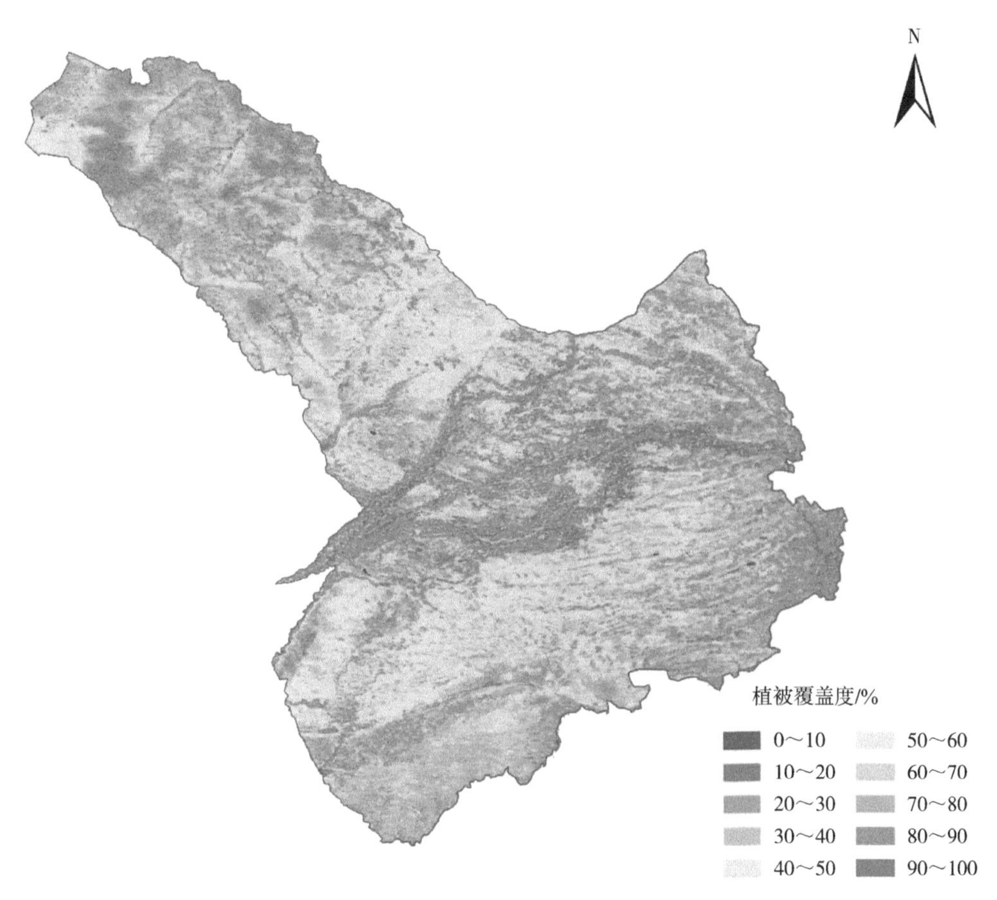

图 7-76　2020 年通辽市植被覆盖度空间分布

（6）鄂尔多斯市

遥感监测显示，2020 年鄂尔多斯市植被覆盖度为 37.52%，空间上黄河北岸较高，库布齐沙漠区域最低。鄂尔多斯市中等覆盖度区域所占比例最高，占土地总面积的 44.32%；其次为较低覆盖度区域，占 33.75%；较高覆盖度占 17.12%；高覆盖度、低覆盖度区域分别占 3.68%、1.13%（图 7-77）。

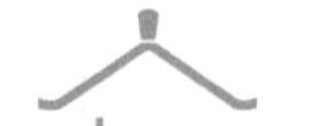

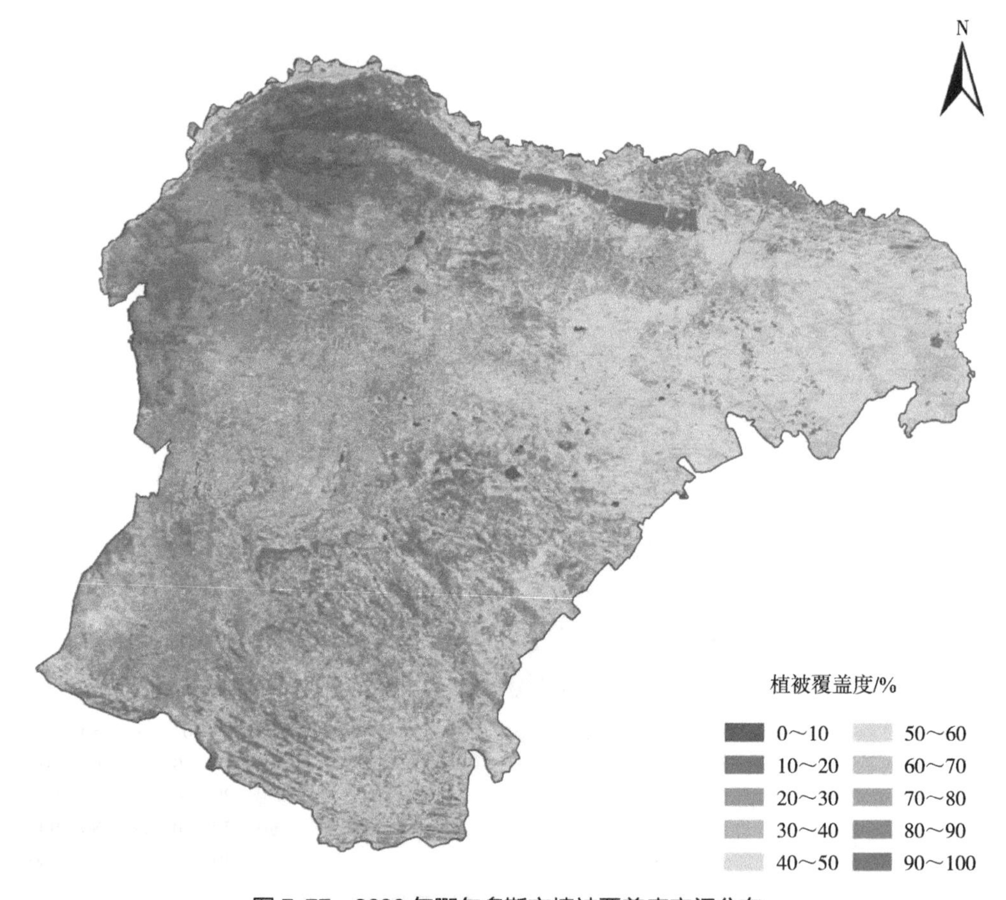

图 7-77　2020 年鄂尔多斯市植被覆盖度空间分布

（7）呼伦贝尔市

遥感监测显示，2020 年呼伦贝尔市植被覆盖度为 79.79%，空间上西部区较其他区域低。呼伦贝尔市高覆盖度区域所占比例最高，占土地总面积的 80.36%；其次是较高覆盖度，为 14.73%；中等覆盖度、低覆盖度、较低覆盖度所占比重分别为 3.88%、0.79%、0.25%（图 7-78）。

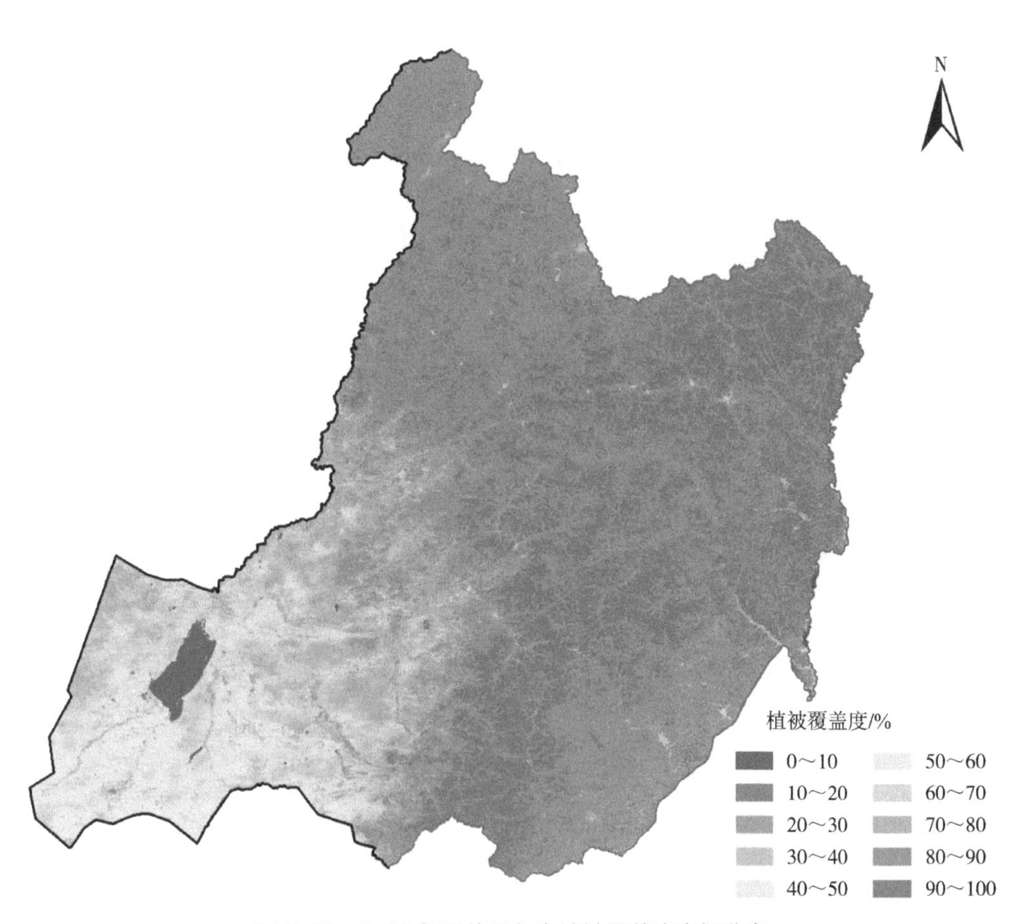

图 7-78　2020 年呼伦贝尔市植被覆盖度空间分布

（8）巴彦淖尔市

遥感监测显示，2020 年巴彦淖尔市植被覆盖度为 30.12%，空间上位于南部的河套平原较北部区域高。巴彦淖尔市以较低覆盖度区域为主，占土地总面积的 67.47%；高覆盖度、中等覆盖度所占比重分别为 11.00%、11.84%；较高覆盖度、低覆盖度区域分别占 7.58%、2.10%（图 7-79）。

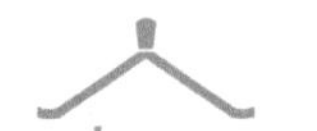

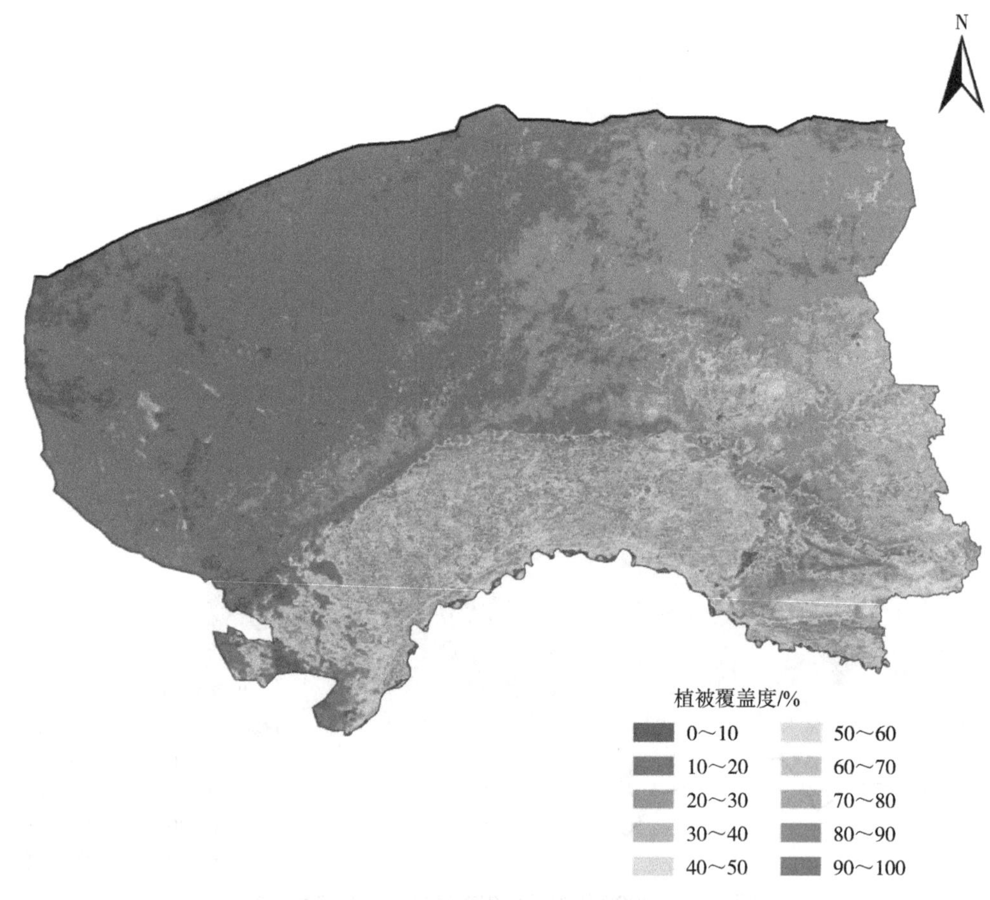

图 7-79　2020 年巴彦淖尔市植被覆盖度空间分布

（9）乌兰察布市

遥感监测显示，2020 年乌兰察布市植被覆盖度为 47.78%，空间上南部区域较北部区域高。乌兰察布市较高覆盖度、中等覆盖度较高，分别占土地总面积的 31.50%、35.05%；较低覆盖度所占比重为 19.66%；高覆盖度、低覆盖度分别占 13.69%、0.10%（图 7-80）。

图 7-80　2020 年乌兰察布市植被覆盖度空间分布

（10）兴安盟

遥感监测显示，2020 年兴安盟植被覆盖度为 78.67%，空间上南部部分区域较低。兴安盟以高覆盖度为主，占土地总面积的 82.88%；其次为较高覆盖度，占 14.71%；中等覆盖度、较低覆盖度、低覆盖度分别占 2.04%、0.25%、0.13%（图 7-81）。

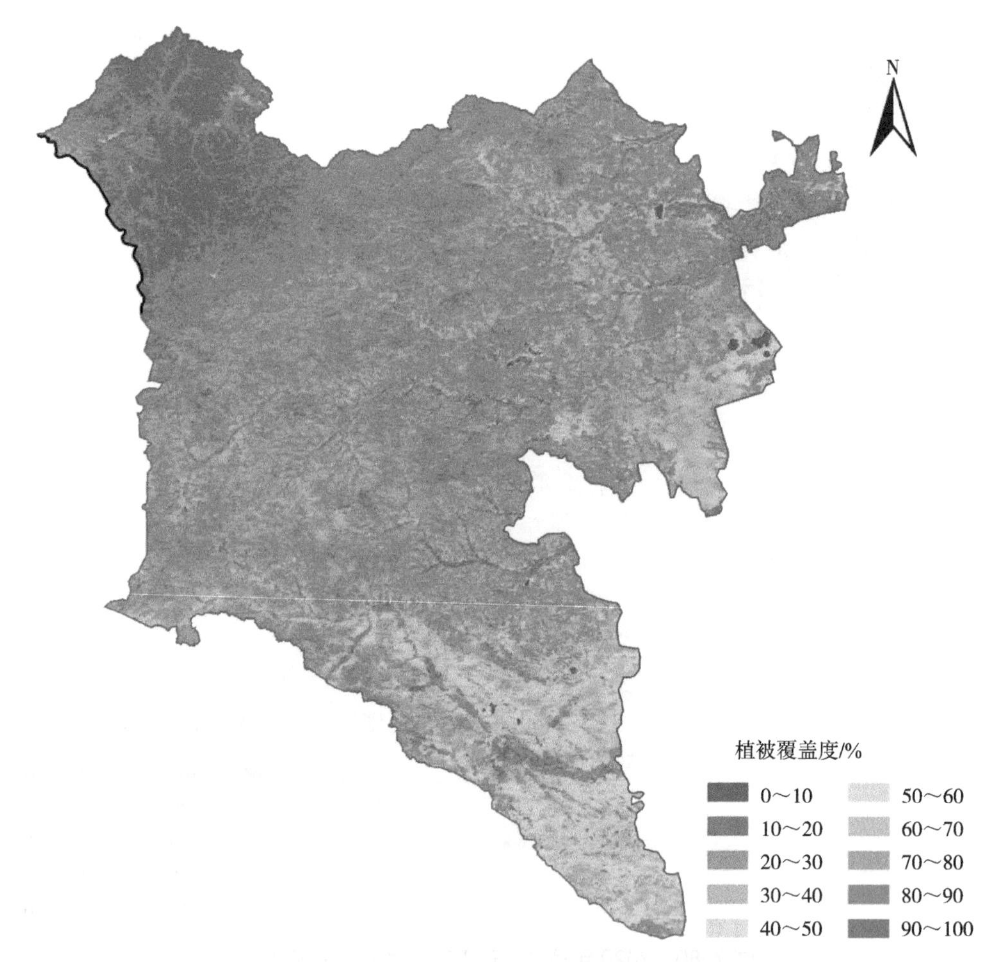

图 7-81　2020 年兴安盟植被覆盖度空间分布

（11）锡林郭勒盟

遥感监测显示，2020 年锡林郭勒盟植被覆盖度为 46.91%，空间上东部区域较中、西部区域高。锡林郭勒盟中等覆盖度、较高覆盖度区域所占比例最高，分别占土地总面的 40.08%、33.35%；较低覆盖度、高覆盖度、低覆盖度所占比重分别为 17.67%、8.84%、0.06%（图 7-82）。

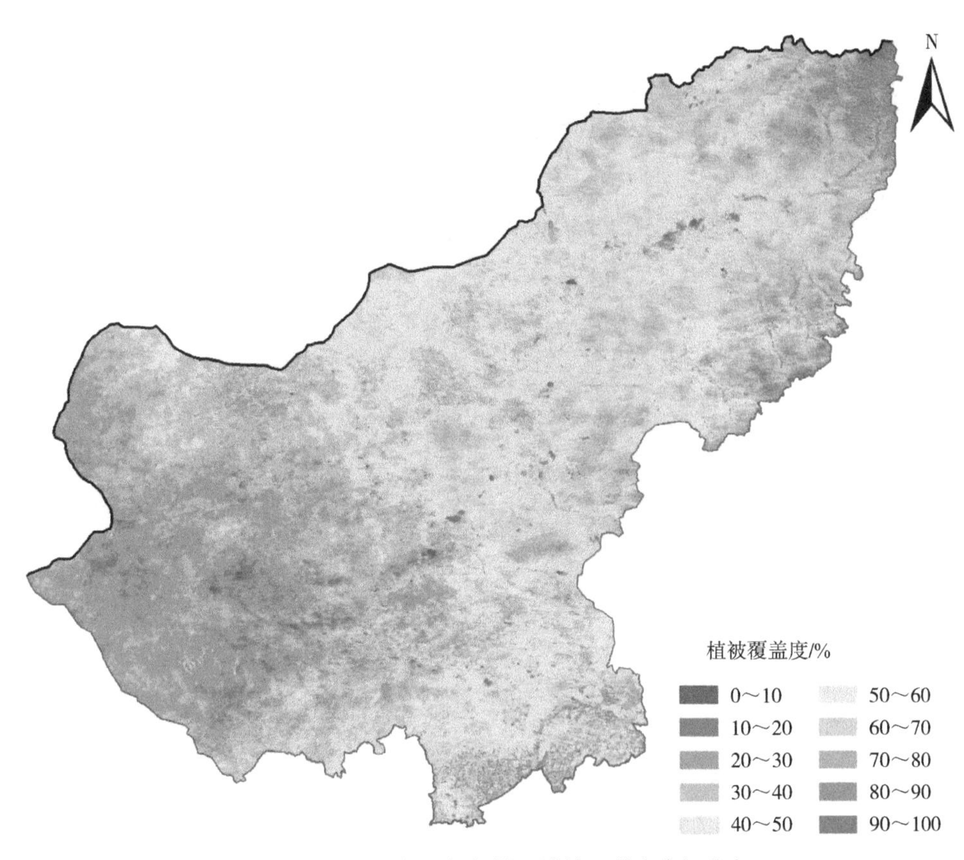

图 7-82　2020 年锡林郭勒盟植被覆盖度空间分布

（12）阿拉善盟

遥感监测显示，2020 年阿拉善盟植被覆盖度为 10.92%，空间上植被覆盖度均较低。其中，低覆盖度、较低覆盖度区域所占比重较高，分别占土地总面的 55.09%、43.64%；中等覆盖度、较高覆盖度、高覆盖度所占比重分别占 0.79%、0.30%、0.18%（图 7-83）。

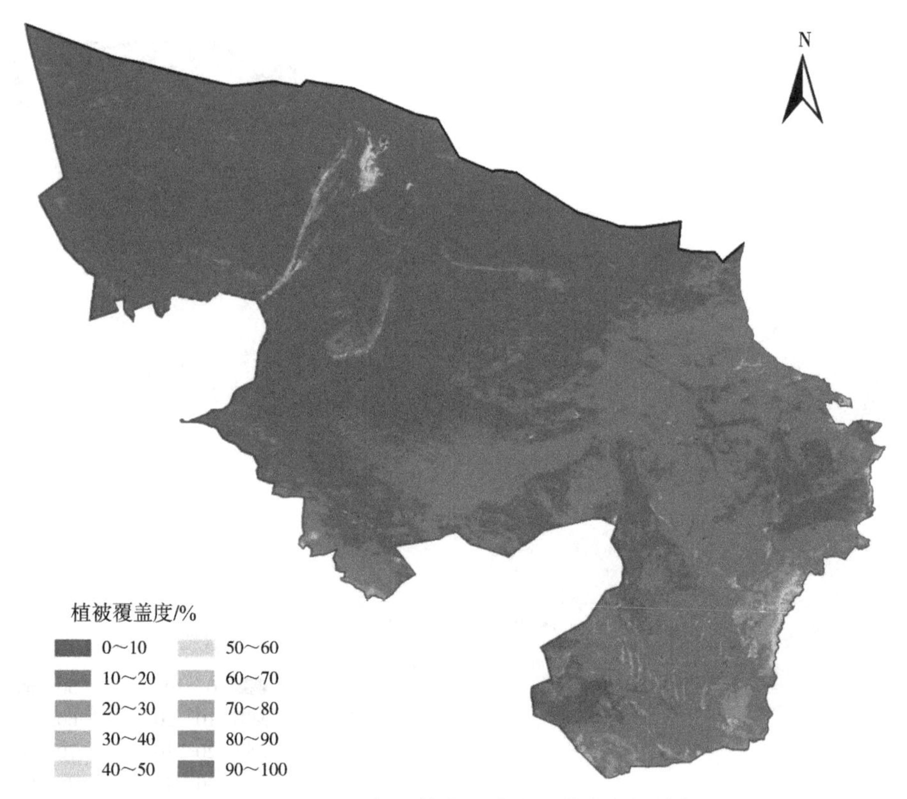

图 7-83 2020 年阿拉善盟植被覆盖度空间分布

7.3.2.2 植被覆盖时空变化

为了定量评价内蒙古植被退化与恢复状况，将“趋势分析方法”中 Slope_FVC 分为 7 个等级：重度退化、中度退化、轻度退化、基本不变、轻微改善、中度改善、明显改善（表 2-3）。

2000—2020 年，内蒙古植被覆盖度介于 37.94%～51.27%，植被覆盖度总体呈波动上升趋势，多年平均值为 44.23%。近 20 年，内蒙古植被覆盖度变化分为 4 个周期，即 4 个上升阶段，3 个下降阶段，并分别在 2012 年、2018 年出现波峰，而在 2009 年、2015 年出现波谷（图 7-84）。

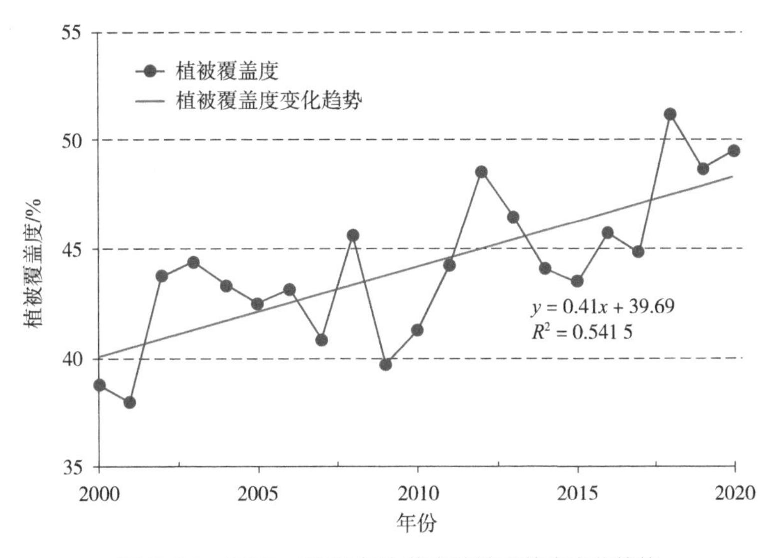

图 7-84　2000—2020 年内蒙古植被覆盖度变化趋势

2000—2020 年，内蒙古植被覆盖度在整体上呈“整体好转”的态势，局部区域植被覆盖存在退化问题。基于“空天地一体化”监测手段，近 20 年，内蒙古植被覆盖轻微改善区域所占比重较大，占全区土地面积的 43.64%；植被覆盖中度改善区域占 17.40%；明显改善区域占 5.63%；基本不变区域占 26.06%，主要分布在阿拉善盟戈壁与沙漠腹地区域；植被覆盖轻度退化区域占 1.66%，中度退化区域占 2.42%（图 7-85）。

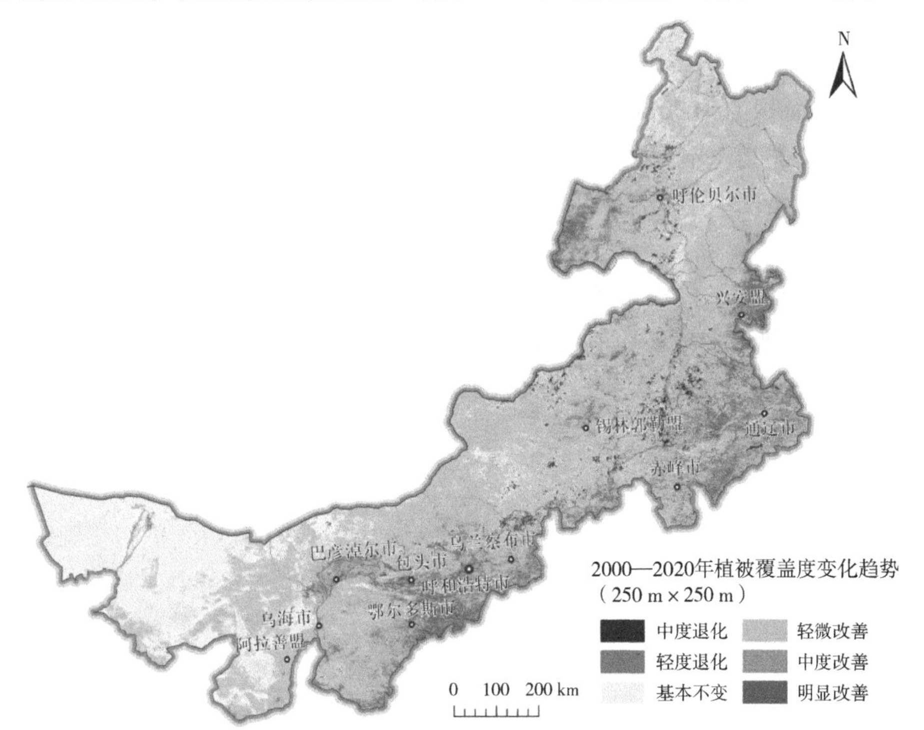

图 7-85　2000—2020 年内蒙古植被覆盖度变化趋势

（1）呼和浩特市

2000—2020年，呼和浩特市植被覆盖度介于38.52%～62.03%，植被覆盖度总体呈波动上升趋势，多年平均值为53.31%。近20年，呼和浩特市植被覆盖度变化波动较大，在2020年达到最大值，为62.03%；而在2001年出现最低值，为38.52%（图7-86）。

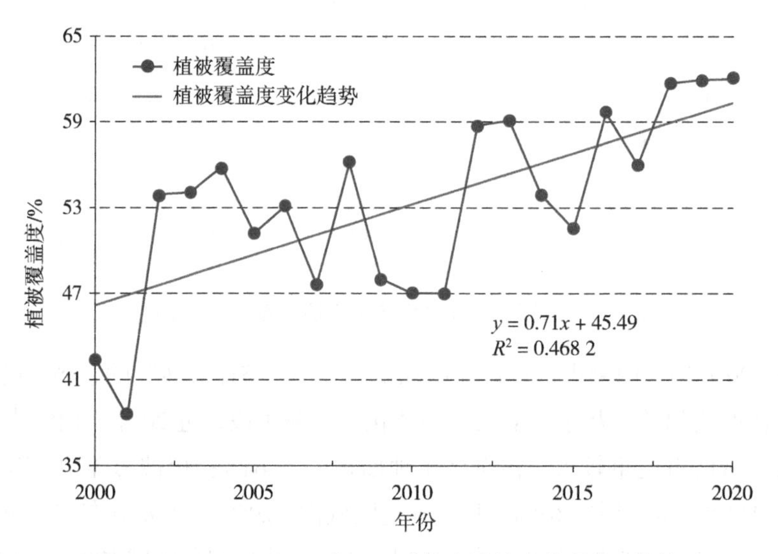

图7-86　2000—2020年呼和浩特市植被覆盖度变化趋势

近20年，呼和浩特市植被覆盖中度改善区域所占比重较大，共7 199.7 km²，占全市土地面积的41.90%；植被覆盖明显改善区域占25.86%；轻微改善区域占21.51%；植被覆盖基本不变区域占5.75%；植被覆盖轻度退化区域占1.52%，中度退化区域占3.46%，主要分布在呼和浩特市中部（图7-87）。

（2）包头市

2000—2020年，包头市植被覆盖度介于26.82%～44.62%，植被覆盖度总体呈波动上升趋势，多年平均值为33.34%。近20年来，包头植被覆盖度变化波动较大，在2018年达到最大值，为44.62%；而在2005年出现最低值，为26.82%（图7-88）。

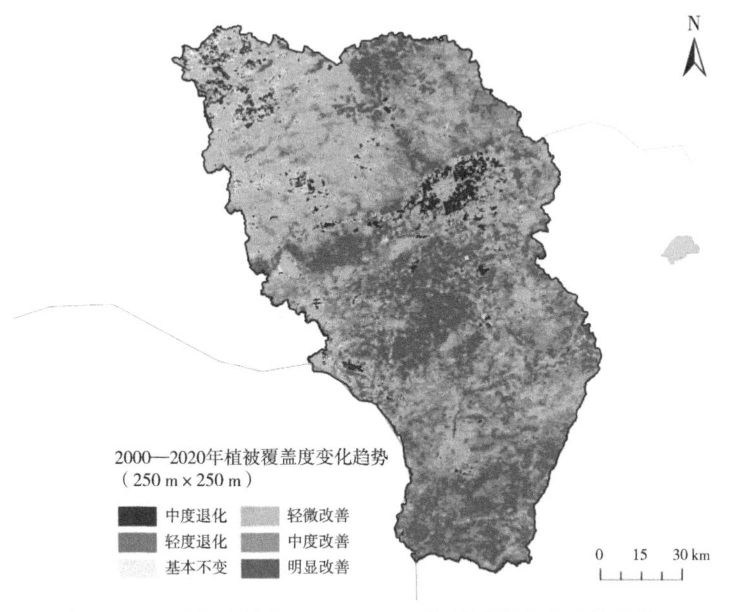

图 7-87　呼和浩特市 2000—2020 年植被覆盖度变化趋势

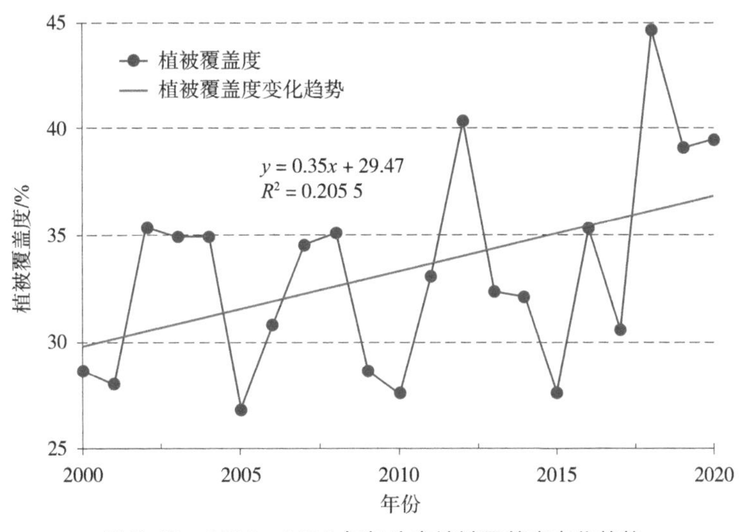

图 7-88　2000—2020 年包头市植被覆盖度变化趋势

近 20 年，包头市植被覆盖轻微改善区域所占比重较大，共 16 047.84 km^2，占全市土地面积的 58.21%；植被覆盖明显改善区域占 3.71%；中度改善区域占 22.52%；植被覆盖基本不变区域占 9.88%；植被覆盖轻度退化区域占 1.77%，中度退化区域占 3.91%，退化区域主要分布在包头市中部和南部局部区域（图 7-89）。

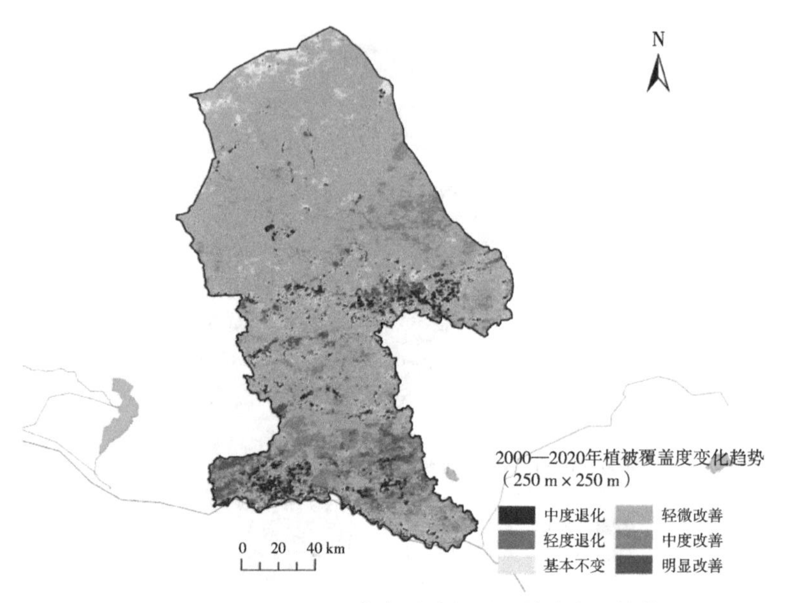

图 7-89　2000—2020 年包头市植被覆盖度变化趋势

（3）乌海市

2000—2020 年，乌海市植被覆盖度介于 14.93%～29.17%，植被覆盖度总体呈波动上升趋势，多年平均值为 21.82%。近 20 年来，乌海市植被覆盖度变化波动较大，在 2018 年达到最大值，为 29.17%；而在 2001 年出现最低值，为 14.93%（图 7-90）。

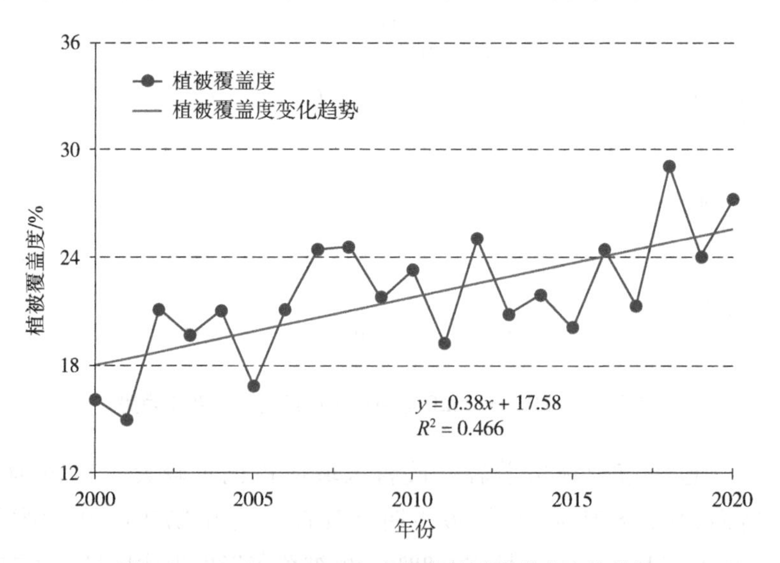

图 7-90　2000—2020 年乌海市植被覆盖度变化趋势

近 20 年，乌海市植被覆盖轻微改善区域所占比重较大，共 909.63 km^2，占全市土地面积的 54.55%；植被覆盖明显改善区域占 10.08%；中度改善区域占 21.82%；植被覆盖基本不变区域占 10.14%；植被覆盖轻度退化区域占 0.09%，中度退化区域占 2.51%，退化区域主要分布在河流沿岸局部区域（图 7-91）。

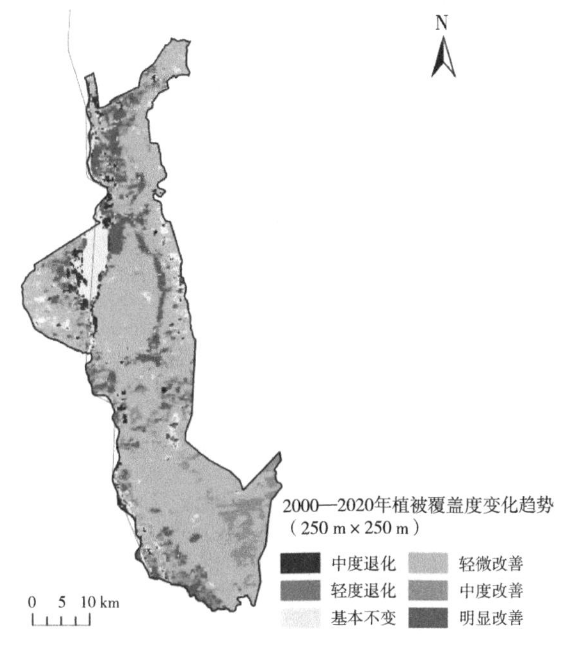

图 7-91　2000—2020 年乌海市植被覆盖度变化趋势

（4）赤峰市

2000—2020 年，赤峰市植被覆盖度介于 50.06%～65.78%，植被覆盖度总体呈波动上升趋势，多年平均值为 60.58%。近 20 年来，赤峰市植被覆盖度变化波动较大，在 2018 年达到最大值，为 65.78%；而在 2009 年出现最低值，为 50.06%（图 7-92）。

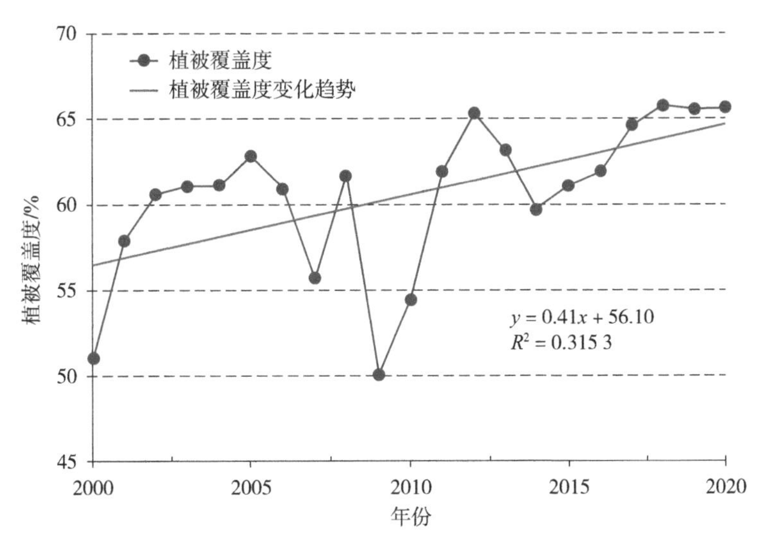

图 7-92　2000—2020 年赤峰市植被覆盖度变化趋势

近 20 年，赤峰市植被覆盖轻微改善区域所占比重较大，共 32 598.59 km²，占全市土地面积的 37.52%；植被覆盖明显改善区域占 10.04%；中度改善区域占 27.97%；植被覆盖基本不变区域占 13.14%；植被覆盖轻度退化区域占 3.54%，中度退化区域占 7.79%，退化区域主要分布在赤峰市北部局部区域（图 7-93）。

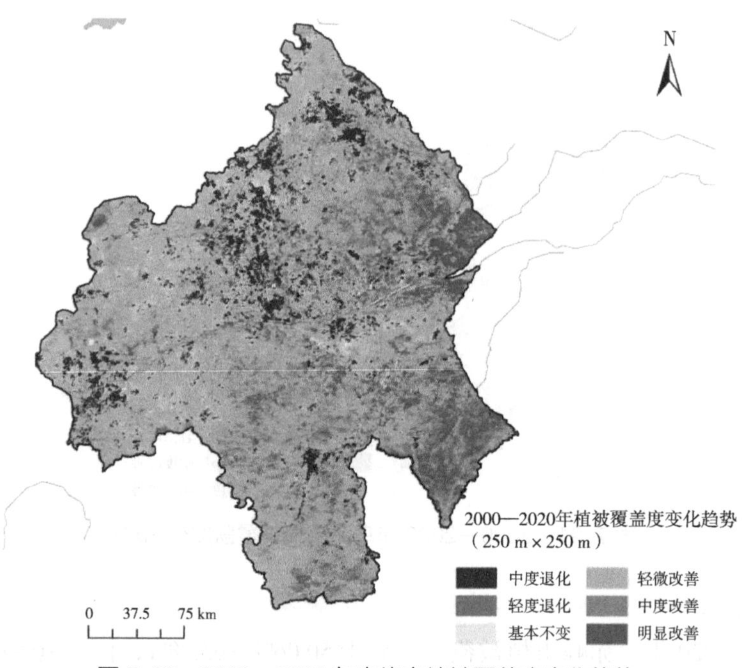

图 7-93　2000—2020 年赤峰市植被覆盖度变化趋势

（5）通辽市

2000—2020 年，通辽市植被覆盖度介于 54.37%～70.31%，植被覆盖度总体呈波动上升趋势，多年平均值为 63.29%。近 20 年来，通辽市植被覆盖度变化波动较大，在 2018 年达到最大值，为 70.31%；而在 2000 年出现最低值，为 54.37%（图 7-94）。

近 20 年，通辽市植被覆盖中度改善区域、轻微改善区域所占比重较大，分别为 21 924.22 km²、18 119.92 km²，占全市土地面积的 37.26%、30.79%；植被覆盖明显改善区域占 16.57%；植被覆盖基本不变区域占 8.03%；植被覆盖轻度退化区域占 2.18%，中度退化区域占 5.16%，退化区域分布在科尔沁沙地局部区域（图 7-95）。

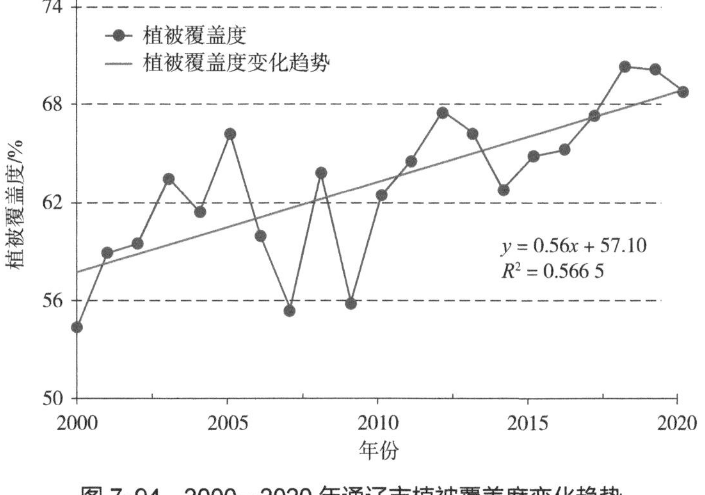

图 7-94　2000—2020 年通辽市植被覆盖度变化趋势

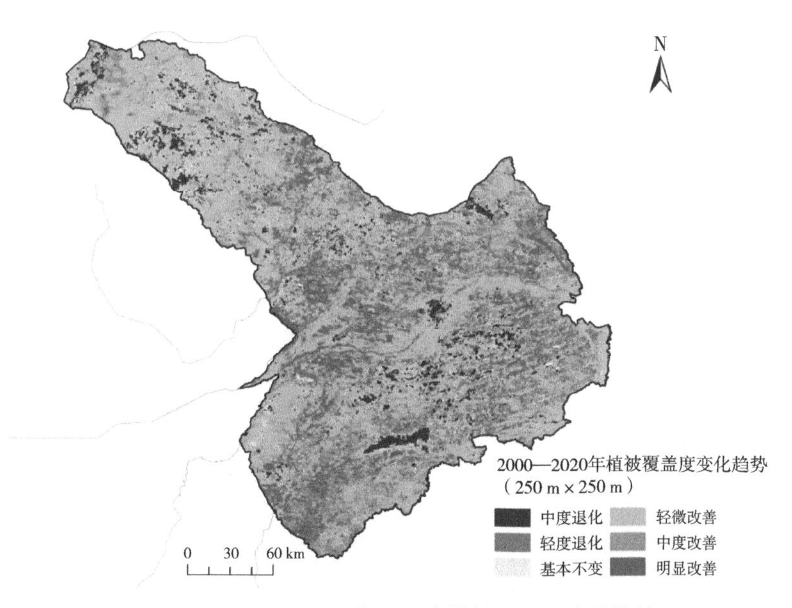

图 7-95　2000—2020 年通辽市植被覆盖度变化趋势

（6）鄂尔多斯市

2000—2020 年，鄂尔多斯市植被覆盖度介于 23.31%～39.40%，植被覆盖度总体呈波动上升趋势，多年平均值为 33.34%。近 20 年来，鄂尔多斯市植被覆盖度变化波动较大，在 2018 年达到最大值，为 39.40%；而在 2001 年出现最低值，为 23.31%（图 7-96）。

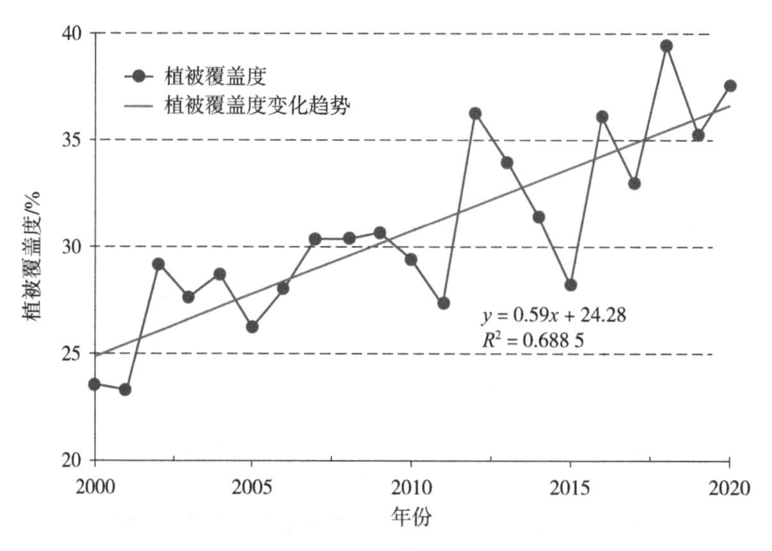

图 7-96　2000—2020 年鄂尔多斯市植被覆盖度变化趋势

近 20 年，鄂尔多斯市植被覆盖轻微改善区域所占比重较大，共 35 366.94 km^2，占全市土地面积的 40.72%；植被覆盖明显改善区域占 15.81%；中度改善区域占 34.56%；植被覆盖基本不变区域占 7.04%；植被覆盖轻度退化区域占 0.70%，中度退化区域占 1.17%，退化区域零星分布（图 7-97）。

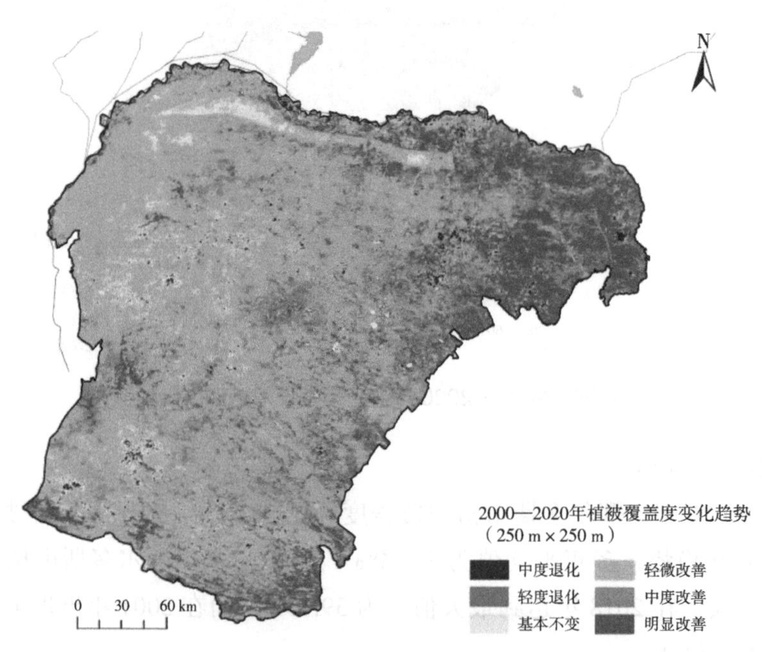

图 7-97　2000—2020 年鄂尔多斯市植被覆盖度变化趋势

（7）呼伦贝尔市

2000—2020 年，呼伦贝尔市植被覆盖度介于 72.00%～80.76%，植被覆盖度总体呈波动上升趋势，多年平均值为 76.77%。近 20 年来，呼伦贝尔市植被覆盖度变化波动较大，在 2019 年达到最大值，为 80.76%；而在 2004 年出现最低值，为 72.00%（图 7-98）。

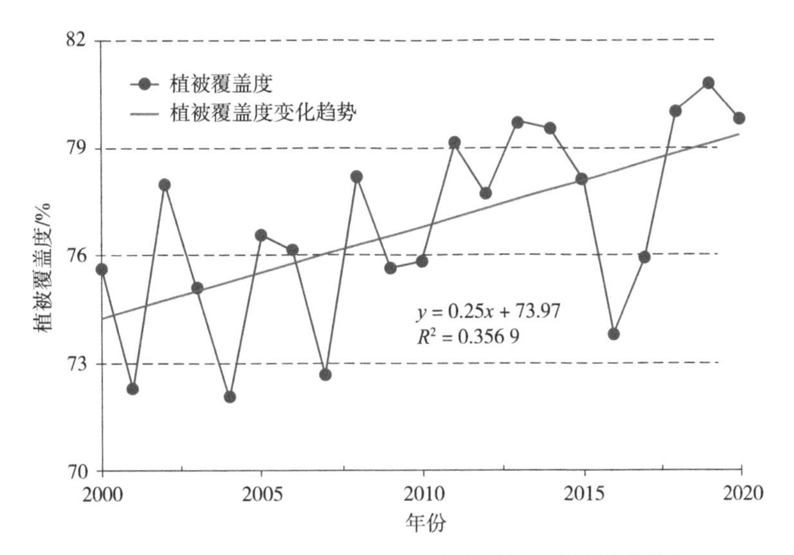

图 7-98　2000—2020 年呼伦贝尔市植被覆盖度变化趋势

近 20 年，呼伦贝尔市植被覆盖轻微改善区域所占比重较大，共 143 417.20 km^2，占全市土地面积的 56.76%；植被覆盖明显改善区域占 2.21%；中度改善区域占 13.40%；植被覆盖基本不变区域占 23.58%；植被覆盖轻度退化区域占 1.97%，中度退化区域占 2.09%，退化区域主要分布在呼伦贝尔市林草交接局部区域（图 7-99）。

（8）巴彦淖尔市

2000—2020 年，巴彦淖尔市植被覆盖度介于 20.92%～36.62%，植被覆盖度总体呈波动上升趋势，多年平均值为 25.75%。近 20 年来，巴彦淖尔市植被覆盖度变化波动较大，在 2011 年达到最大值，为 36.62%；而在 2001 年出现最低值，为 20.92%（图 7-100）。

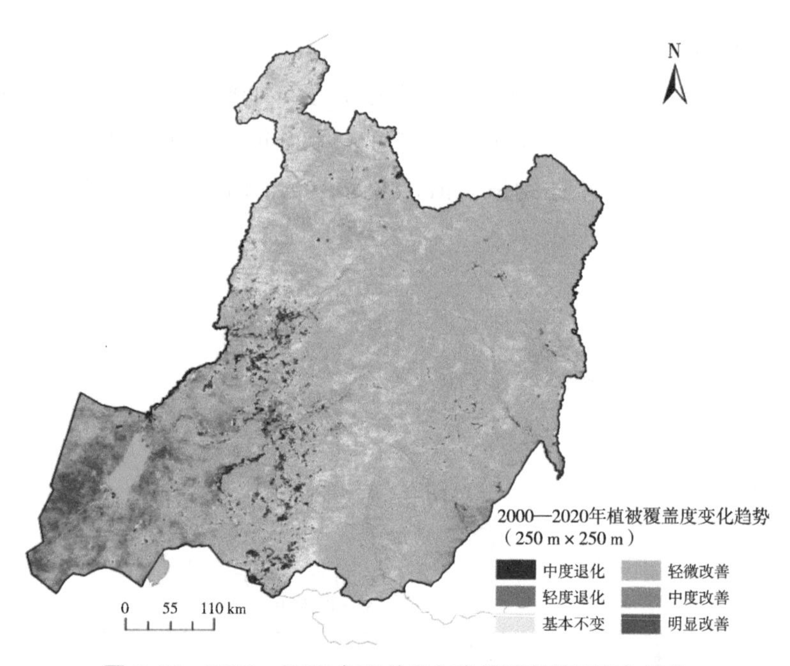

图 7-99　2000—2020 年呼伦贝尔市植被覆盖度变化趋势

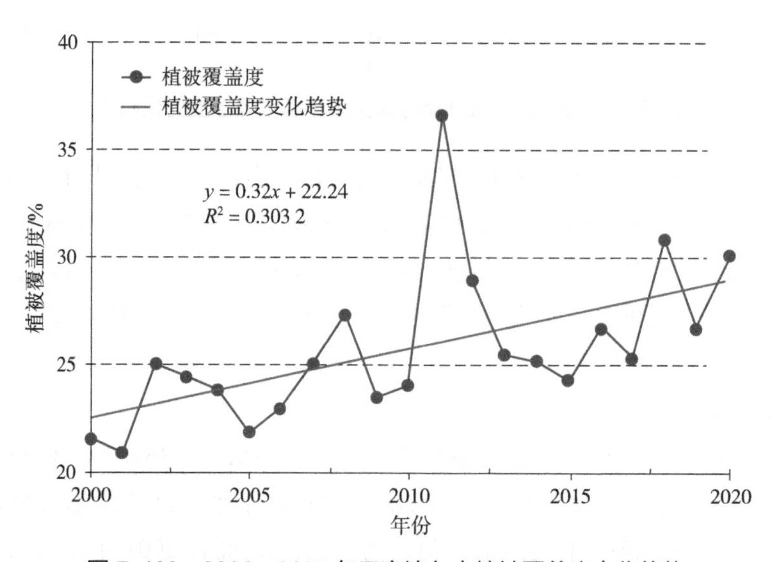

图 7-100　2000—2020 年巴彦淖尔市植被覆盖度变化趋势

近 20 年，巴彦淖尔市植被覆盖轻微改善区域所占比重较大，共 34 720.05 km^2，占全市土地面积的 53.31%；植被覆盖明显改善区域占 6.42%；中度改善区域占 12.29%；植被覆盖基本不变区域占 25.73%；植被覆盖轻度退化区域占 0.88%，中度退化区域占 1.37%，退化区域主要分布在巴彦淖尔市东南部（图 7-101）。

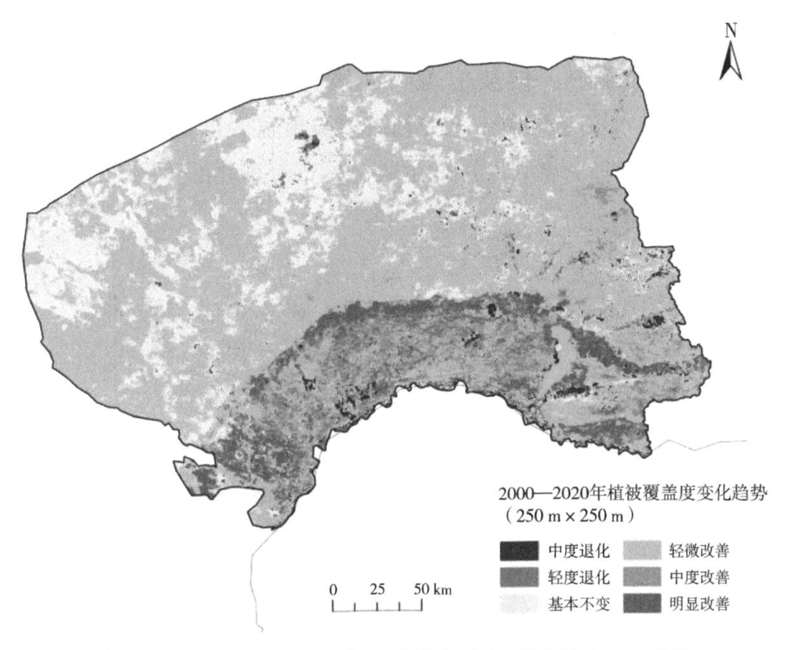

图 7-101　2000—2020 年巴彦淖尔市植被覆盖度变化趋势

（9）乌兰察布市

2000—2020 年，乌兰察布市植被覆盖度介于 29.11%～50.62%，植被覆盖度总体呈波动上升趋势，多年平均值为 40.02%。近 20 年来，乌兰察布市植被覆盖度变化波动较大，在 2018 年达到最大值，为 50.62%；而在 2009 年出现最低值，为 29.11%（图 7-102）。

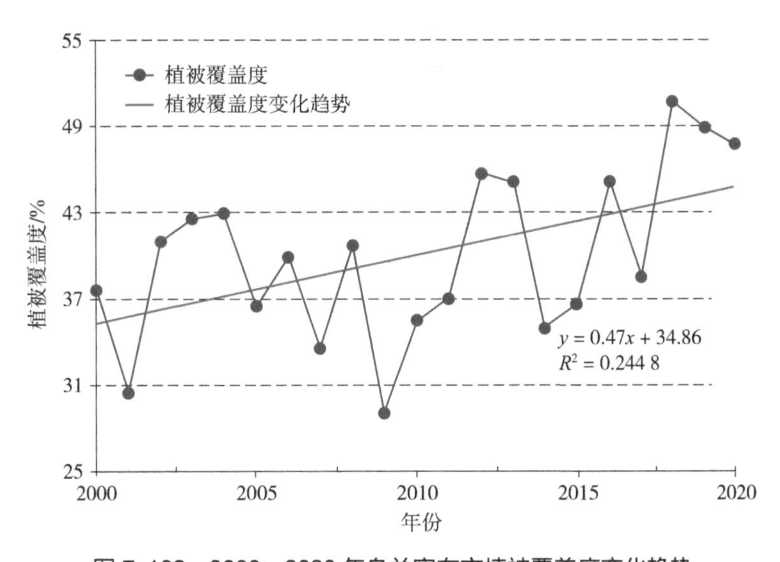

图 7-102　2000—2020 年乌兰察布市植被覆盖度变化趋势

近 20 年，乌兰察布市植被覆盖轻微改善区域所占比重较大，共 24 579.09 km²，占全市土地面积的 45.15%；植被覆盖明显改善区域占 9.57%；中度改善区域占 30.61%；植被覆盖基本不变区域占 8.35%；植被覆盖轻度退化区域占 2.20%，中度退化区域占 4.12%，退化区域主要分布在乌兰察布市东北部（图 7-103）。

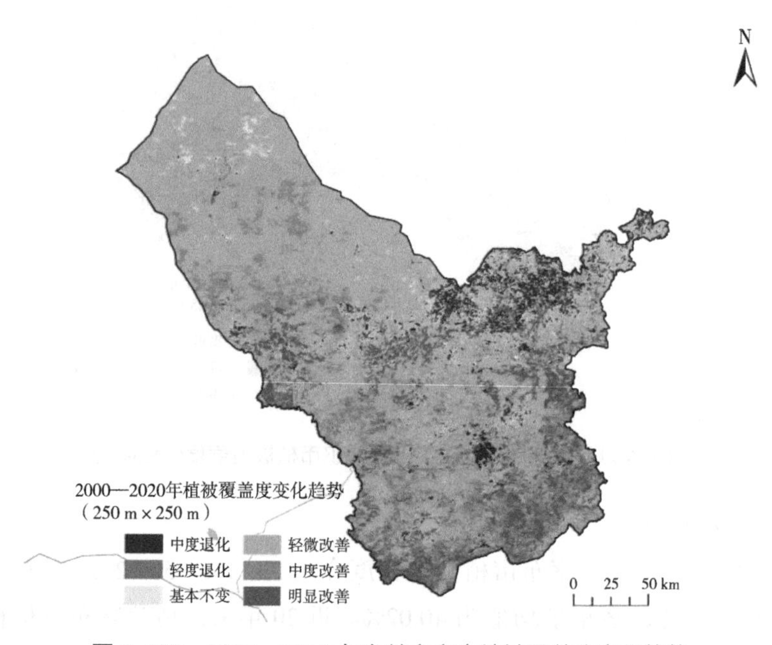

图 7-103　2000—2020 年乌兰察布市植被覆盖度变化趋势

（10）兴安盟

2000—2020 年，兴安盟植被覆盖度介于 65.55%～80.06%，植被覆盖度总体呈波动上升趋势，多年平均值为 73.79%。近 20 年来，兴安盟植被覆盖度变化波动较大，在 2019 年达到最大值，为 80.06%；而在 2007 年出现最低值，为 65.55%（图 7-104）。

近 20 年，兴安盟植被覆盖轻微改善区域所占比重较大，共 22 912.08 km²，占全盟土地面积的 41.58%；植被覆盖明显改善区域占 14.66%；中度改善区域占 27.87%；植被覆盖基本不变区域占 12.49%；植被覆盖轻度退化区域占 1.53%，中度退化区域占 1.87%，退化区域零星分布（图 7-105）。

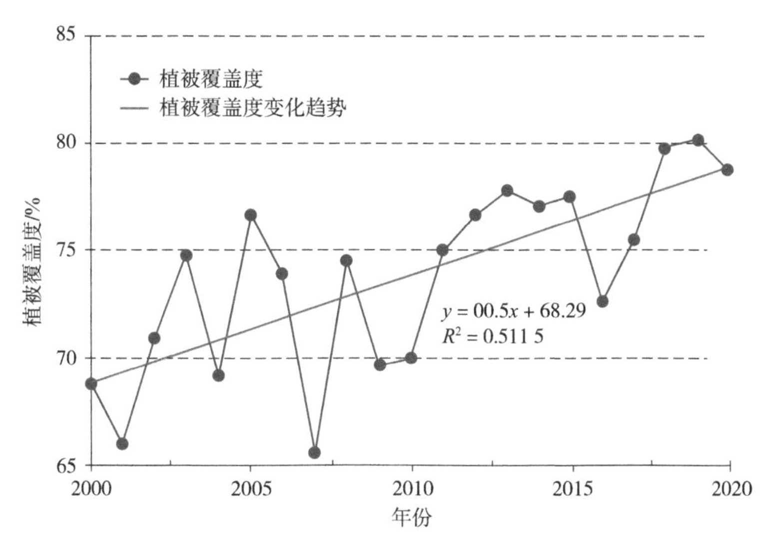

图 7-104　2000—2020 年兴安盟植被覆盖度变化趋势

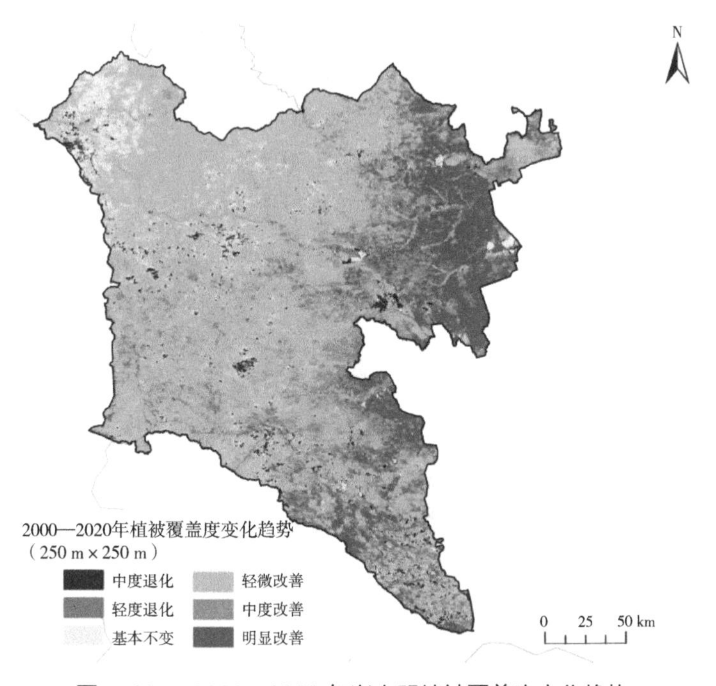

图 7-105　2000—2020 年兴安盟植被覆盖度变化趋势

（11）锡林郭勒盟

2000—2020 年，锡林郭勒盟植被覆盖度介于 33.74%～51.57%，植被覆盖度总体呈波动上升趋势，多年平均值为 41.18%。近 20 年来，锡林郭勒盟植被覆盖度变化波动较大，在 2018 年达到最大值，为 51.57%；而在 2009 年出现最低值，为 33.74%（图 7-106）。

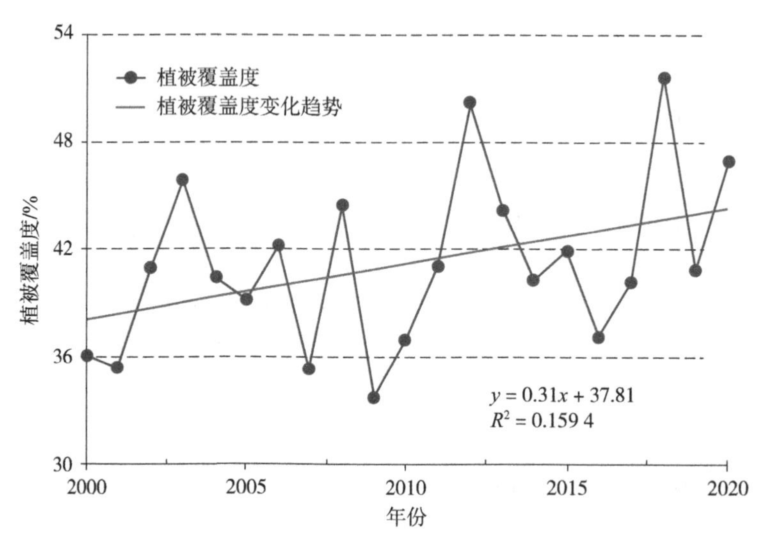

图 7-106　2000—2020 年锡林郭勒盟植被覆盖度变化趋势

近 20 年，锡林郭勒盟植被覆盖轻微改善区域所占比重较大，共 111 616.13 km^2，占全盟土地面积的 55.85%；植被覆盖明显改善区域占 2.43%；中度改善区域占 19.30%；植被覆盖基本不变区域占 16.26%；植被覆盖轻度退化区域占 2.96%，中度退化区域占 3.20%，退化区域分布分散（图 7-107）。

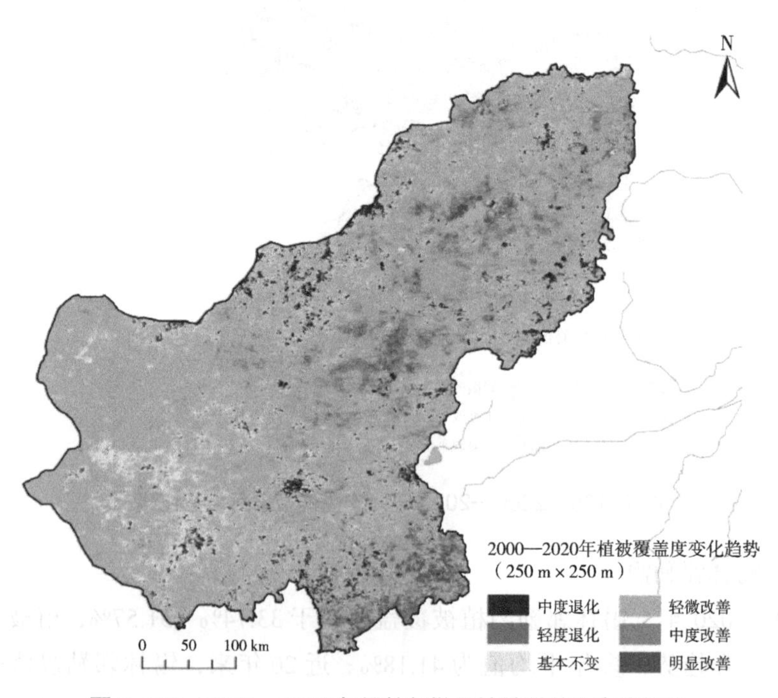

图 7-107　2000—2020 年锡林郭勒盟植被覆盖度变化趋势

(12) 阿拉善盟

2000—2020 年，阿拉善盟植被覆盖度介于 8.81%～11.36%，植被覆盖度总体呈波动上升趋势，多年平均值为 10.21%。近 20 年来，阿拉善盟植被覆盖度变化波动较大，在 2018 年达到最大值，为 11.36%；而在 2001 年出现最低值，为 8.92%（图 7-108）。

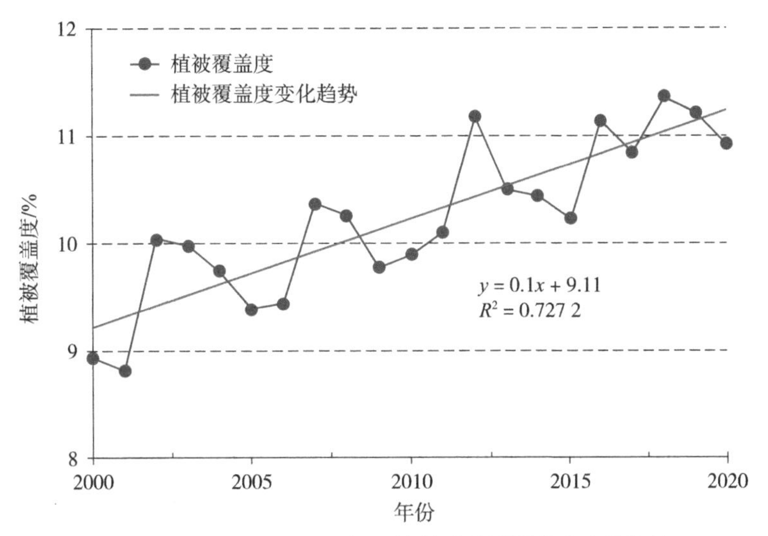

图 7-108　2000—2020 年阿拉善盟植被覆盖度变化趋势

近 20 年，阿拉善盟植被覆盖基本不变区域所占比重较大，共 161 854.41 km^2，占全盟土地面积的 67.73%；植被覆盖明显改善区域占 0.34%；中度改善区域占 1.40%；植被覆盖轻微改善区域占 30.25%，主要分布在阿拉善盟东部；植被覆盖轻度退化区域占 0.19%，中度退化区域占 0.09%（图 7-109）。

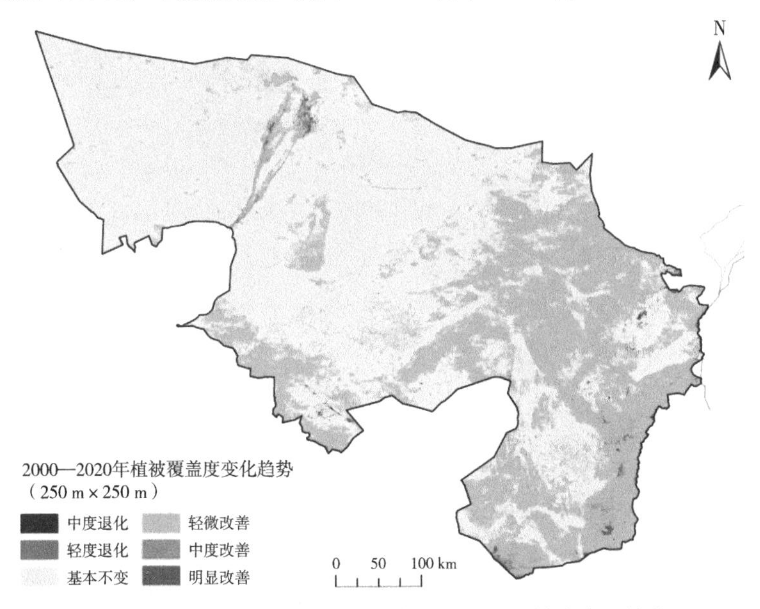

图 7-109　2000—2020 年阿拉善盟植被覆盖度变化趋势

7.3.2.3 林地、草地植被覆盖变化格局

为了定量评价内蒙古林地、草地植被覆盖变化格局，结合内蒙古林地、草地覆盖变化数据结果，将“趋势分析方法”中 Slope_FVC 分为 6 个等级：明显改善、中度改善、轻微改善、基本不变、轻度退化、中度退化。

（1）呼和浩特市

2000—2020 年呼和浩特市林地植被覆盖变化总面积为 4 029.51 km^2，占内蒙古林地植被覆盖变化总面积的 1.59%。其中中度改善部分面积最大，为 1 901.37 km^2，占呼和浩特市植被覆盖变化面积的 47.19%，主要分布在呼和浩特市中北部及中南部区域；其次为明显改善部分，面积为 1 269.24 km^2，占 31.50%，主要分布在呼和浩特市中南部区域；轻微改善部分面积为 670.58 km^2，占 16.64%，主要分布在呼和浩特市中北部区域；基本不变部分面积为 113.05 km^2，占 2.81%；轻度退化部分面积为 25.94 km^2，占 0.64%；中度退化部分面积为 49.34 km^2，占 1.22%。

草地植被覆盖变化总面积为 5 560.55 km^2，占内蒙古草地植被覆盖变化总面积的 0.99%。其中中度改善部分面积最大，为 2 374.35 km^2，占呼和浩特市变化面积的 42.70%，主要分布在呼和浩特市北部及南部区域；其次为轻微改善部分，面积为 1 576.44 km^2，占 28.35%，主要分布在呼和浩特市北部区域；明显改善部分面积为 1 006.26 km^2，占 18.10%；基本不变部分面积为 391.20 km^2，占 7.04%；轻度退化部分面积为 104.30 km^2，占 1.88%；中度退化部分面积为 108.00 km^2，占 1.94%（图 7-110）。

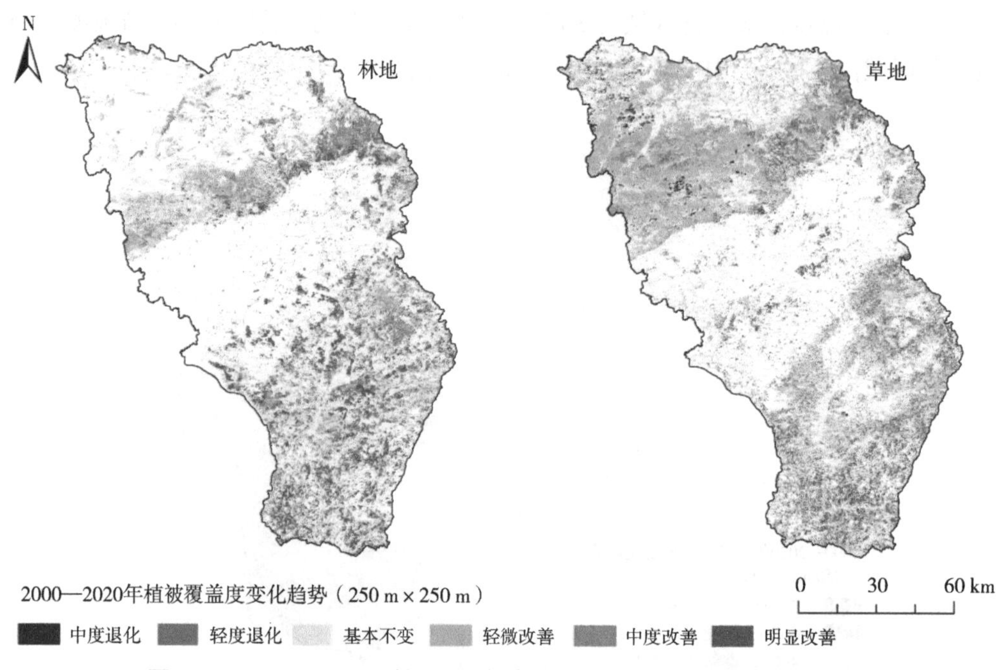

图 7-110 2000—2020 年呼和浩特市林地与草地植被覆盖度变化格局

（2）包头市

2000—2020 年包头市林地植被覆盖变化总面积为 2 243.61 km^2，占内蒙古林地植被覆盖变化总面积的 1.59%。其中中度改善部分面积最大，为 1 069.31 km^2，占包头市林地植被覆盖变化面积的 47.66%，主要分布在包头市南部区域；其次为轻微改善部分，面积为 552.39 km^2，占 24.62%，主要分布在包头市中南部区域；明显改善部分面积为 281.31 km^2，占 12.54%；中度退化部分面积为 152.02 km^2，占 6.78%；基本不变部分面积为 137.58 km^2，占 6.13%；轻度退化部分面积为 50.99 km^2，占 2.27%。

草地植被覆盖变化总面积为 18 795.36 km^2，占内蒙古草地植被覆盖变化总面积的 3.35%。其中轻微改善部分面积最大，为 13 014.66 km^2，占包头市草地植被覆盖变化面积的 69.24%，主要分布在包头市北部及中南部区域；其次为中度改善部分面积为 3 456.14 km^2，占 18.39%，主要分布在包头市东部及南部区域；基本不变部分面积为 1 673.19 km^2，占 8.90%；中度退化部分面积为 276.00 km^2，占 1.47%；轻度退化部分面积为 213.78 km^2，占 1.14%；明显改善部分面积为 161.58 km^2，占 0.86%（图 7-111）。

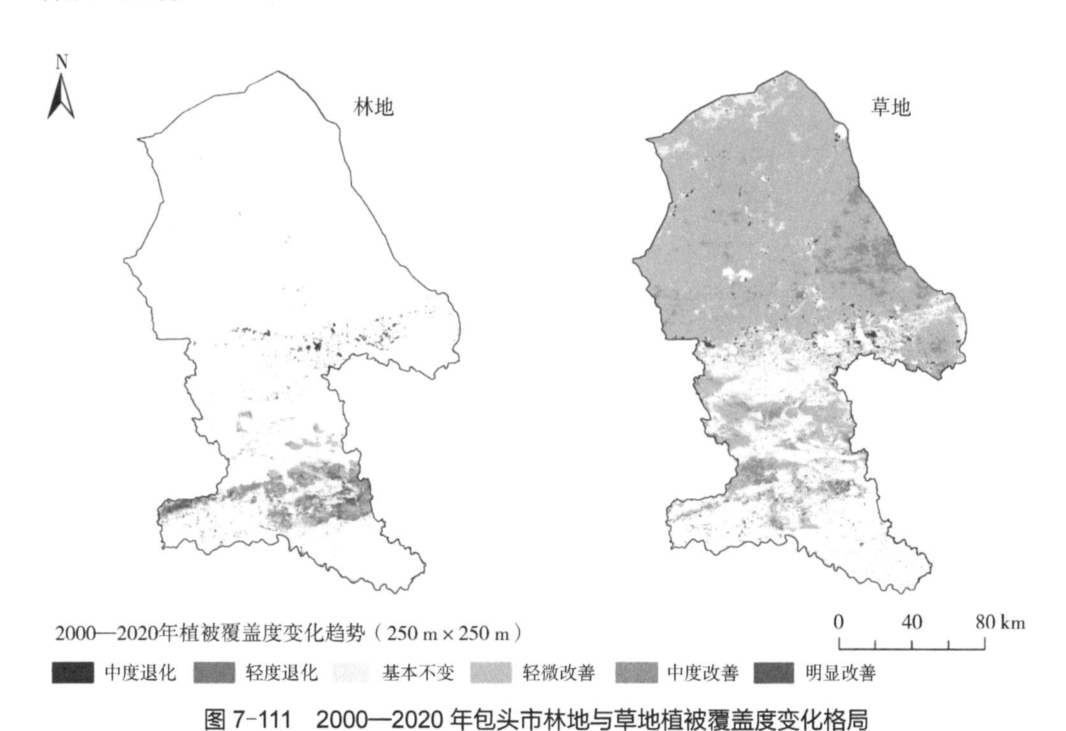

图 7-111　2000—2020 年包头市林地与草地植被覆盖度变化格局

（3）乌海市

2000—2020 年乌海市林地植被覆盖变化总面积为 104.10 km^2，占内蒙古林地植被覆盖变化总面积的0.04%。其中明显改善部分面积最大，为39.29 km^2，占乌海市林地植被覆盖变化面积的37.74%，主要分布在乌海市东南部区域；其次为中度改善部分，面积为34.30 km^2，占32.95%，主要分布在乌海市东南部区域；轻微改善部分面积为24.29 km^2，占23.52%，主要分布在乌海市西北部区域；基本不变部分面积为3.03 km^2，占2.91%；中度退化部分面积为2.32 km^2，占2.23%；轻度退化部分面积为0.68 km^2，占0.65%。

草地植被覆盖变化总面积为895.10 km^2，占内蒙古草地植被覆盖变化总面积的0.16%。其中轻微改善部分面积最大，为618.29 km^2，占乌海市草地植被覆盖变化面积的69.08%，主要分布在乌海市大部分区域；其次为中度改善部分，面积为191.68 km^2，占21.41%，主要分布在乌海市东南部区域；明显改善部分面积为50.28 km^2，占5.62%；基本不变部分面积为25.19 km^2，占2.81%；中度退化部分面积为7.45 km^2，占0.83%；轻度退化部分面积为2.21 km^2，占0.25%（图7-112）。

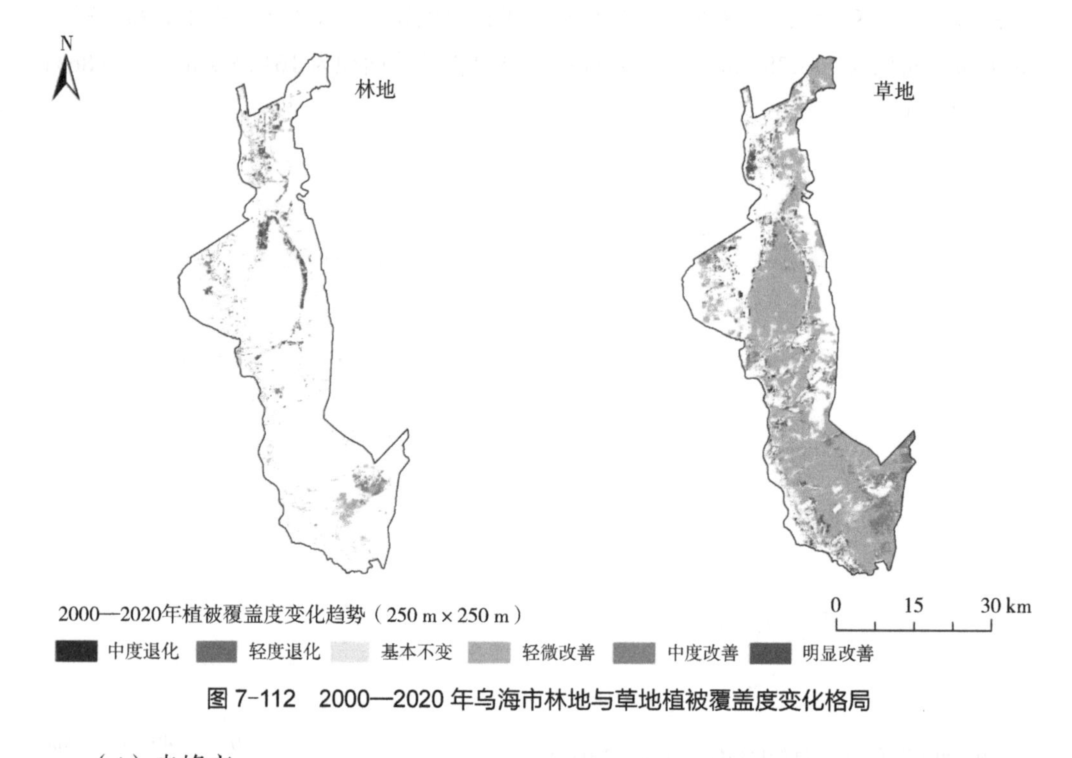

图7-112　2000—2020年乌海市林地与草地植被覆盖度变化格局

（4）赤峰市

2000—2020年赤峰市林地植被覆盖变化总面积为33 213.50 km^2，占内蒙古林地植被覆盖变化总面积的13.12%。其中轻微改善部分面积最大，为13 394.34 km^2，占赤峰市林地植被覆盖变化面积的40.33%，主要分布在赤峰市西部、北部及南部区域；其次为中度改善部分，面积为8 950.55 km^2，占26.95%，主要分布在赤峰市东部及南部区域；基本不变部分面积为 4 487.62 km²，占 13.51%；明显改善部分面积为 2 840.24 km²，占 8.55%；中度退化部分面积为 2 351.30 km²，占 7.08%；轻度退化部分面积为 1 189.44 km²，占 3.58%。

草地植被覆盖变化总面积为 26 893.01 km²，占内蒙古草地植被覆盖变化总面积的 4.79%。其中轻微改善部分面积最大，为 10 702.31 km²，占赤峰市草地植被覆盖变化面积的 39.80%，主要分布在赤峰市西部区域；其次为中度改善部分，面积为 6 237.91 km²，占 23.20%，主要分布在赤峰市东北部及中部区域；基本不变部分面积为 4 076.45 km²，占 15.16%；中度退化部分面积为 2 856.28 km²，占 10.62%；明显改善部分面积为 1 728.03 km²，占 6.43%；轻度退化部分面积为 1 392.03 km²，占 4.80%（图 7-113）。

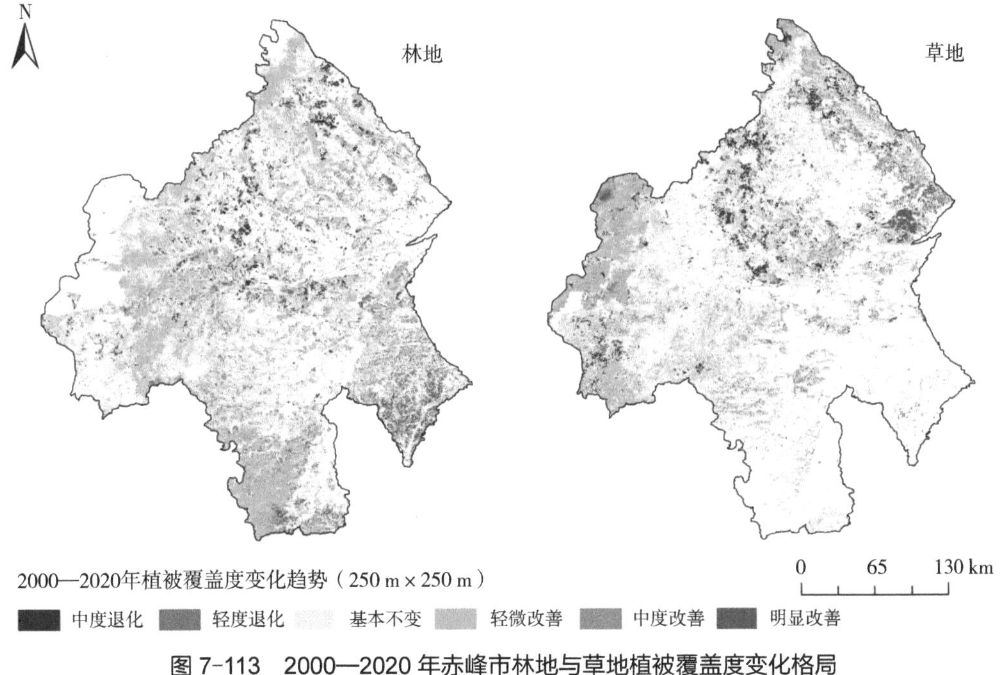

图 7-113 2000—2020 年赤峰市林地与草地植被覆盖度变化格局

（5）通辽市

2000—2020 年通辽市林地植被覆盖变化总面积为 14 535.55 km²，占内蒙古林地植被覆盖变化总面积的 5.74%。其中中度改善部分面积最大，为 5 212.68 km²，占通辽市林地植被覆盖变化面积的 35.86%，主要分布在通辽市北部及东南部区域；其次为轻微改善部分，面积为 4 839.81 km²，占 33.30%，主要分布在通辽市南部区域；明显改善部分面积为 2 178.46 km²，占 14.99%；基本不变部分面积为 1 285.94 km²，占 8.85%；中度退化部分面积为 662.59 km²，占 4.56%；轻度退化部分面积为 356.07 km²，占 2.45%。

草地植被覆盖变化总面积为 26 893.01 km^2，占内蒙古草地植被覆盖变化总面积的 4.79%。其中轻微改善部分面积最大，为 6 525.14 km^2，占通辽市草地植被覆盖变化面积的 36.14%，主要分布在通辽市西北部区域；其次为中度改善部分，面积为 5 470.10 km^2，占 30.30%，主要分布在通辽市西北部及南部区域；基本不变部分面积为 2 209.81 km^2，占 12.24%；中度退化部分面积为 1 656.02 km^2，占 9.17%；明显改善部分面积为 1 481.86 km^2，占 8.21%；轻度退化部分面积为 710.20 km^2，占 3.93%（图 7-114）。

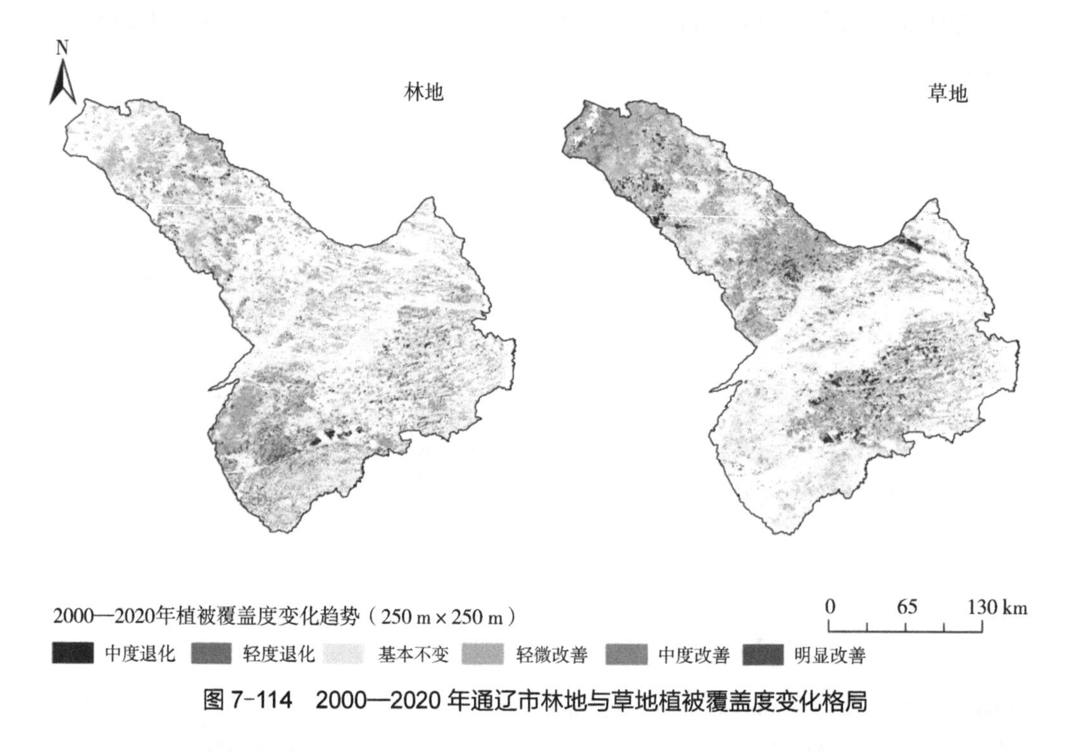

图 7-114　2000—2020 年通辽市林地与草地植被覆盖度变化格局

（6）鄂尔多斯市

2000—2020 年鄂尔多斯市林地植被覆盖变化总面积为 17 101.35 km^2，占内蒙古林地植被覆盖变化总面积的 6.76%。其中中度改善部分面积最大，为 7 371.57 km^2，占鄂尔多斯市林地植被覆盖变化面积的 43.11%，主要分布在鄂尔多斯市西部区域；其次为轻微改善部分，面积为 5 091.33 km^2，占 29.77%，主要分布在鄂尔多斯市西北部区域；明显改善部分面积为 3 971.17 km^2，占 23.22%；基本不变部分面积为 519.82 km^2，占 3.04%；轻度退化部分面积为 78.80 km^2，占 0.46%；中度退化部分面积为 68.65 km^2，占 0.40%。

草地植被覆盖变化总面积为 51 711.42 km^2，占内蒙古草地植被覆盖变化总面积的 9.21%。其中轻微改善部分面积最大，为 23 086.06 km^2，占鄂尔多斯市草地植被覆盖变化面积的 44.64%，主要分布在鄂尔多斯市西部区域；其次为中度改善部分，面积为 18 245.45 km^2，占 35.28%，主要分布在鄂尔多斯市东北部及中部区域；明显改善部分面积为 6 411.79 km^2，占 12.40%；轻度退化部分面积为 362.15 km^2，占 0.70%；明显改善部分面积为 1 728.03 km^2，占 6.43%；中度退化部分面积为 277.03 km^2，占 0.54%（图 7-115）。

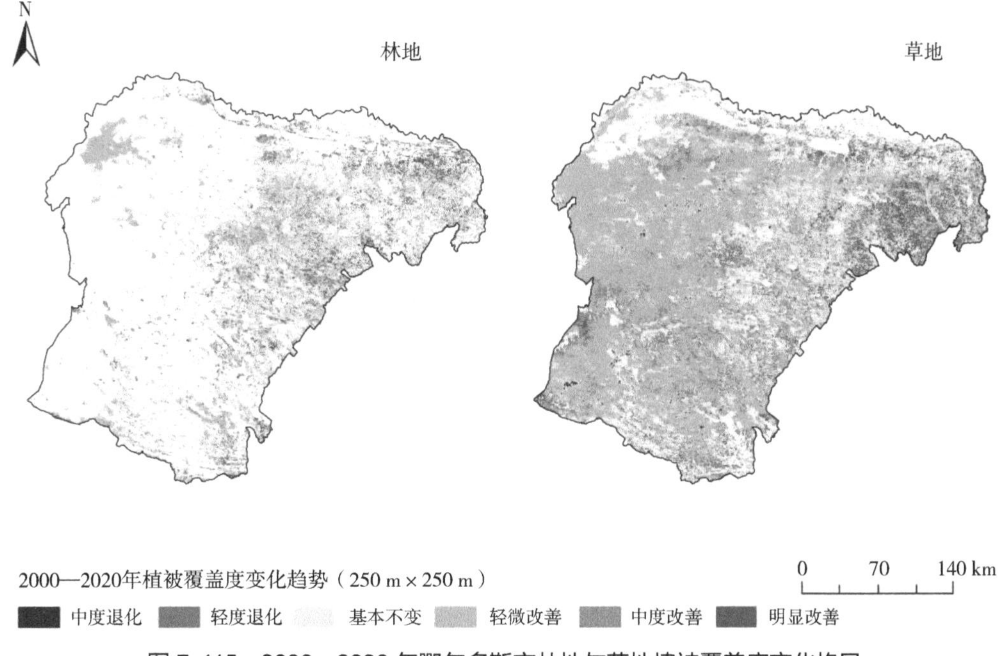

图 7-115　2000—2020 年鄂尔多斯市林地与草地植被覆盖度变化格局

（7）呼伦贝尔市

2000—2020 年呼伦贝尔市林地植被覆盖变化总面积为 122 179.41 km^2，占内蒙古林地植被覆盖变化总面积的 48.26%。其中轻微改善部分面积最大，为 79 624.80 km^2，占呼伦贝尔市林地植被覆盖变化面积的 65.17%，主要分布在呼伦贝尔市中部区域；其次为基本不变部分，面积为 37 732.81 km^2，占 30.88%，主要分布在呼伦贝尔市北部及南部区域；中度改善部分面积为 2 282.84 km^2，占 1.87%；轻度退化部分面积为 1 609.32 km^2，占 1.32%；中度退化部分面积为 752.66 km^2，占 0.62%；明显改善部分面积为 176.97 km^2，占 0.14%。

草地植被覆盖变化总面积为 82 161.70 km^2，占内蒙古草地植被覆盖变化总面积的 14.63%。其中轻微改善部分面积最大，为 32 423.22 km^2，占呼伦贝尔市草地植被覆盖变化面积的 39.46%，主要分布在呼伦贝尔市西南部区域；其次为中度改善部分，面积为 25 488.02 km²，占 31.02%，主要分布在呼伦贝尔市西南部区域；基本不变部分面积为 13 063.28 km²，占 15.90%；明显改善部分面积为 4 840.02 km²，占 5.89%；中度退化部分面积为 3 586.71 km²，占 4.37%；轻度退化部分面积为 2 760.46 km²，占 3.36%（图 7-116）。

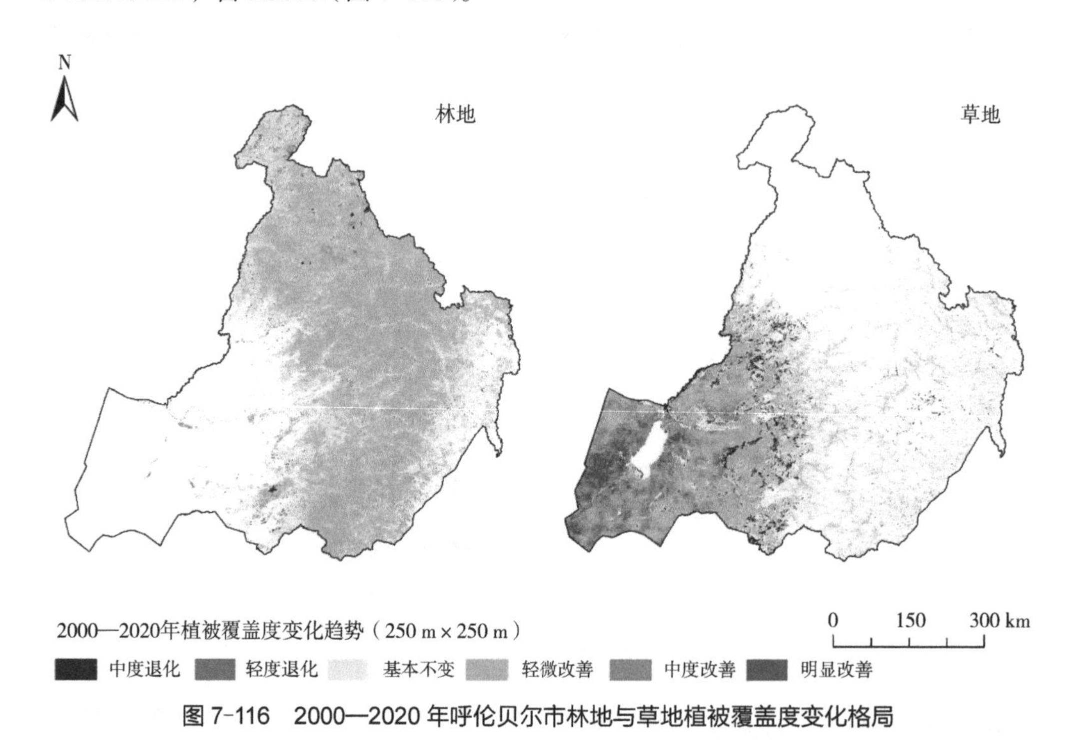

图 7-116　2000—2020 年呼伦贝尔市林地与草地植被覆盖度变化格局

（8）巴彦淖尔市

2000—2020 年巴彦淖尔市林地植被覆盖变化总面积为 5 188.02 km²，占内蒙古林地植被覆盖变化总面积的 2.05%。其中轻微改善部分面积最大，为 2 988.95 km²，占巴彦淖尔市林地植被覆盖变化面积的 57.61%，主要分布在巴彦淖尔市东北部区域；其次为基本不变部分，面积为 1 162.11 km²，占 22.40%，主要分布在巴彦淖尔市中北部区域；中度改善部分面积为 631.16 km²，占 12.17%；明显改善部分面积为 214.44 km²，占 4.13%；中度退化部分面积为 108.23 km²，占 2.09%；轻度退化部分面积为 83.13 km²，占 1.60%。

草地植被覆盖变化总面积为 39 213.27 km²，占内蒙古草地植被覆盖变化总面积的 6.98%。其中轻微改善部分面积最大，为 24 690.64 km²，占巴彦淖尔市草地植被覆盖变化面积的 62.97%，主要分布在巴彦淖尔市大部分区域；其次为基本不变部分，面积为 11 550.48 km²，占 29.46%，主要分布在巴彦淖尔市北部区域；中度改善部分面积为 1 971.63 km²，占 5.03%；明显改善部分面积为 467.45 km²，占 1.19%；

轻度退化部分面积为 311.43 km^2，占 0.79%；中度退化部分面积为 221.65 km^2，占 0.57%（图 7-117）。

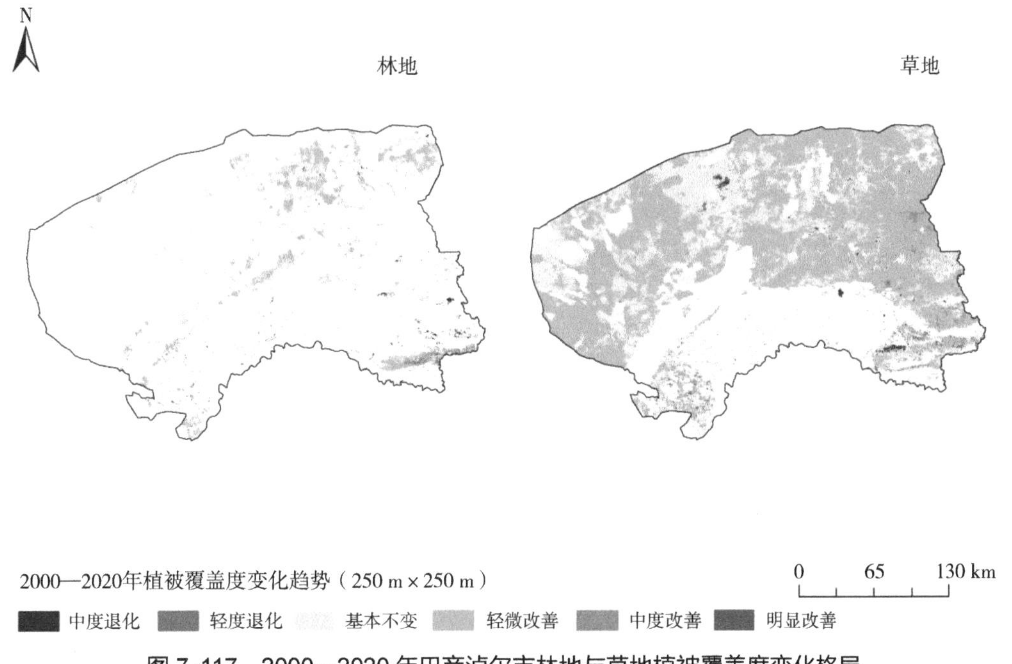

图 7-117　2000—2020 年巴彦淖尔市林地与草地植被覆盖度变化格局

（9）乌兰察布市

2000—2020 年乌兰察布市林地植被覆盖变化总面积为 6 967.69 km^2，占内蒙古林地植被覆盖变化总面积的 2.75%。其中中度改善部分面积最大，为 2 549.33 km^2，占乌兰察布市林地植被覆盖变化面积的 36.59%，主要分布在乌兰察布市西北部区域；其次为轻微改善部分，面积为 1 979.63 km^2，占 28.41%，主要分布在乌兰察布市西南部区域；明显改善部分面积为 1 031.14 km^2，占 14.80%；基本不变部分面积为 658.07 km^2，占 9.44%；中度退化部分面积为 499.24 km^2，占 7.17%；轻度退化部分面积为 250.28 km^2，占 3.59%。

草地植被覆盖变化总面积为 34 279.18 km^2，占内蒙古草地植被覆盖变化总面积的 6.10%。其中轻微改善部分面积最大，为 19 091.25 km^2，占乌兰察布市草地植被覆盖变化面积的 55.69%，主要分布在乌兰察布市西北部区域；其次为中度改善部分，面积为 10 093.31 km^2，占 29.44%，主要分布在乌兰察布市西部及南部区域；基本不变部分面积为 2 526.86 km^2，占 7.37%；明显改善部分面积为 1 347.67 km^2，占 3.93%；中度退化部分面积为 700.56 km^2，占 2.04%；轻度退化部分面积为 519.53 km^2，占 1.52%（图 7-118）。

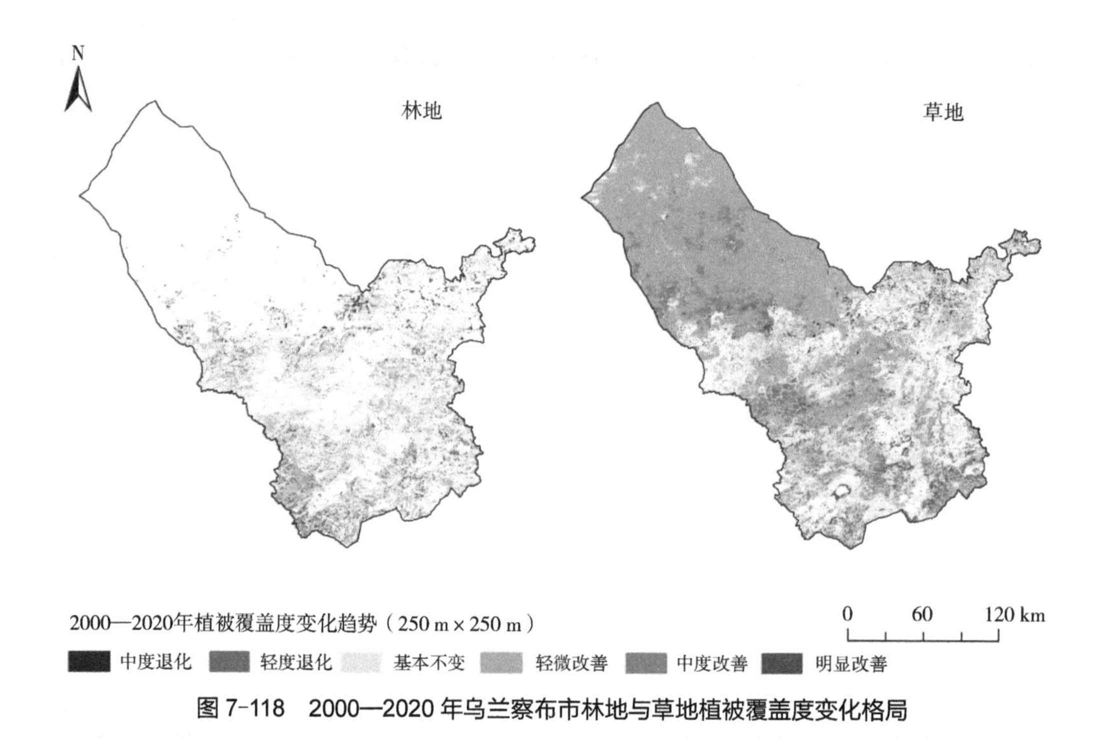

图 7-118　2000—2020 年乌兰察布市林地与草地植被覆盖度变化格局

（10）兴安盟

2000—2020 年兴安盟林地植被覆盖变化总面积为 17 278.98 km^2，占内蒙古林地植被覆盖变化总面积的 6.83%。其中轻微改善部分面积最大，为 10 208.47 km^2，占兴安盟林地植被覆盖变化面积的 59.08%，主要分布在兴安盟北部及中部区域；其次为基本不变区域，面积为 3 365.61 km^2，占 19.48%，主要分布在兴安盟西北部；中度改善区域面积为 2 305.52 km^2，占 13.34%；明显改善部分面积为 925.40 km^2，占 5.36%；轻度退化部分面积为 41.29 km^2，占 1.59%；中度退化部分面积为 29.81 km^2，占 1.15%。

草地植被覆盖变化总面积为 19 194.70 km^2，占内蒙古草地植被覆盖变化总面积的 3.42%。其中轻微改善部分面积最大，为 8 323.57 km^2，占兴安盟草地植被覆盖变化面积的 43.36%，在兴安盟西南部有集中分布；其次为中度改善部分，面积为 5 280.77 km^2，占 27.51%，分布分散；基本不变部分面积为 2 540.52 km^2，占 13.24%；明显改善部分面积为 2 039.96 km^2，占 10.63%，主要分布在中东部；中度退化部分面积为 551.48 km^2，占 2.87%；轻度退化部分面积为 108.00 km^2，占 2.39%（图 7-119）。

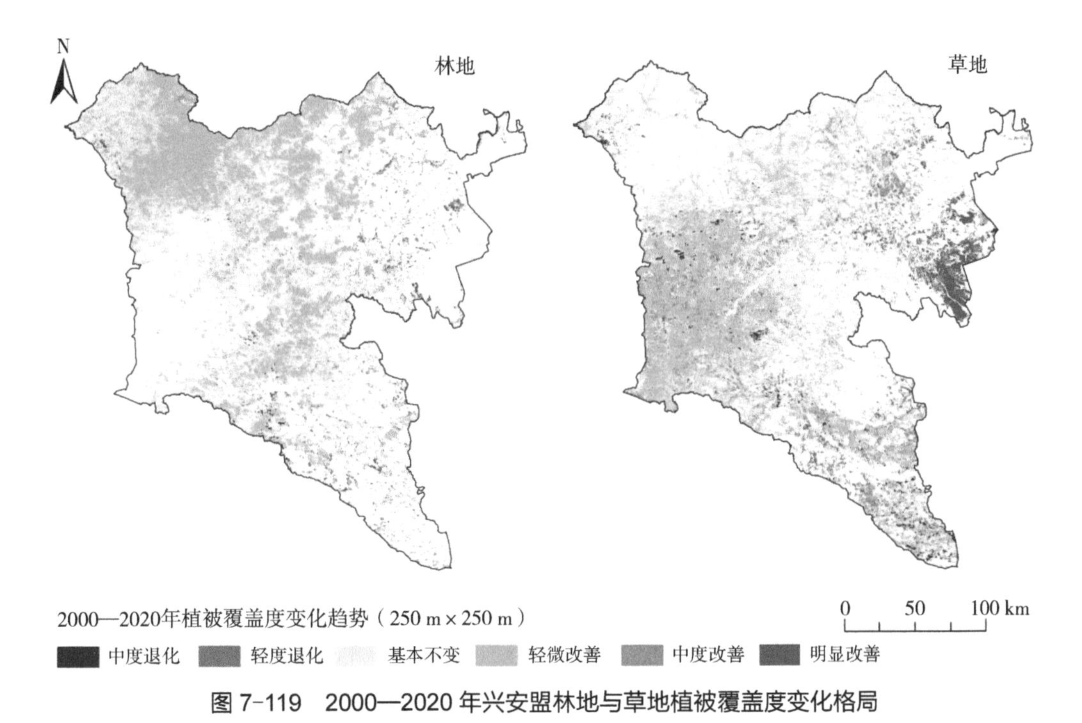

图 7-119　2000—2020 年兴安盟林地与草地植被覆盖度变化格局

（11）锡林郭勒盟

2000—2020 年锡林郭勒盟林地植被覆盖变化总面积为 10 134.61 km^2，占内蒙古林地植被覆盖变化总面积的 4.00%。其中轻微改善部分面积最大，为 4 739.39 km^2，占锡林郭勒盟林地植被覆盖变化面积的 46.76%，主要分布在锡林郭勒盟西南部；其次为中度改善部分，面积为 2 184.96 km^2，占 21.56%，分布分散；基本不变部分面积为 1 643.83 km^2，占 16.22%；明显改善部分面积为 771.63 km^2，占 7.61%；中度退化部分面积为 452.39 km^2，占 4.46%，主要分布在西部；轻度退化部分面积为 342.40 km^2，占 3.38%。

草地植被覆盖变化总面积为 176 442.20 km^2，占内蒙古草地植被覆盖变化总面积的 31.42%。其中，轻微改善部分面积最大，为 101 899.38 km^2，占锡林郭勒盟草地植被覆盖变化面积的 57.75%，主要分布在锡林郭勒盟西南部；其次为中度改善区域，面积为 33 430.18 km^2，占 18.95%；基本不变区域面积为 28 420.45 km^2，占 16.11%；轻度退化部分面积为 5 145.79 km^2，占 2.92%；中度退化部分面积为 5 077.95 km^2，占 2.88%，主要分布在锡林郭勒盟中北部；明显改善部分面积为 2 468.46 km^2，占 1.40%（图 7-120）。

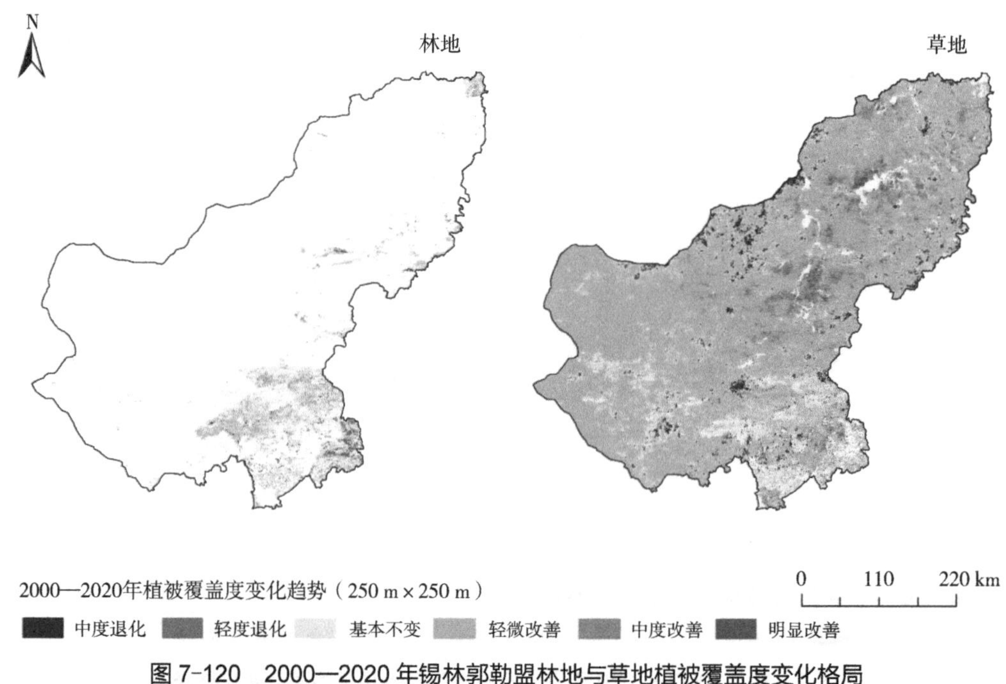

图 7-120 2000—2020 年锡林郭勒盟林地与草地植被覆盖度变化格局

（12）阿拉善盟

2000—2020 年阿拉善盟林地植被覆盖变化总面积为 20 176.91 km²，占内蒙古林地植被覆盖变化总面积的 7.97%。其中轻微改善部分面积最大，为 9 708.56 km²，占阿拉善盟林地植被覆盖变化面积的 48.12%，主要分布在阿拉善盟中部及南部区域；其次为基本不变部分，面积为 9 255.79 km²，占 45.87%，主要分布在阿拉善盟中部区域；中度改善部分面积为 929.54 km²，占 4.61%；明显改善部分面积为 212.77 km²，占 1.05%；轻度退化部分面积为 46.20 km²，占 0.23%；轻度退化部分面积为 24.06 km²，占 0.12%。

草地植被覆盖变化总面积为 88 383.59 km²，占内蒙古草地植被覆盖变化总面积的 15.74%。其中基本不变部分面积最大，为 47 902.24 km²，占阿拉善盟草地植被覆盖变化面积的 54.20%，主要分布在阿拉善盟北部区域；其次为轻微改善部分，面积为 38 165.85 km²，占 43.18%，主要分布在阿拉善盟东部及西部区域；中度改善部分面积为 1 842.64 km²，占 2.08%；轻度退化部分面积为 242.80 km²，占 0.27%；明显改善部分面积为 155.21 km²，占 0.18%；轻度退化部分面积为 74.85 km²，占 0.08%（图 7-121）。

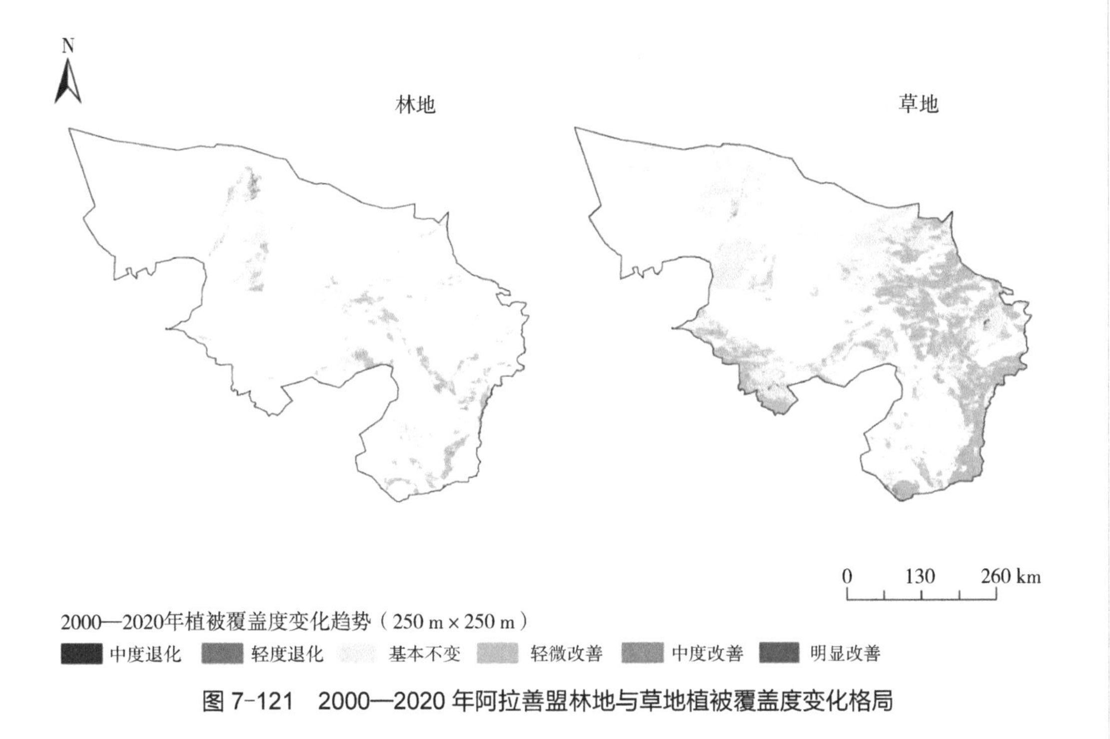

图 7-121　2000—2020 年阿拉善盟林地与草地植被覆盖度变化格局

7.3.3　生态用地可持续保护问题分析

7.3.3.1　气候变化态势分析

气温观测资料显示，1990—2020 年，内蒙古整体气温持续上升，增暖趋势明显；降水整体波动下降，年降水量变化趋势区域差异明显。内蒙古西部地区气候出现暖湿现象，有助于生态工程建设和生态恢复（图 7-122）。

监测数据显示，2020 年，全区平均降水日数为 74.0 天，较常年偏少 33.9 天；呼伦贝尔市中部、兴安盟西北部、赤峰市西部、锡林郭勒盟东北部、中南部在 100 天以上，阿拉善盟西部在 25 天以下，其余大部地区在 25～100 天；与常年相比，大部地区偏少 10 天以上，其中呼伦贝尔市大部、兴安盟西北部、通辽市南部、赤峰市西部、锡林郭勒盟东北部和南部、乌兰察布市中部偏少 40 天以上。内蒙古出现冷空气、沙尘、干旱、暴雨、高温、降雪等区域性天气过程；出现 46 站日极端低温事件、25 站日极端降雪事件、12 站日极端降雨事件。受暴雨洪涝、雪灾、低温冻害、干旱、龙卷风影响，各地遭受不同程度损失，其中夏季对流性天气较多，暴雨洪涝、冰雹灾害频发，部分地区夏季持续干旱，但整体干旱影响偏轻；冬春、秋冬季节转换期间出现雪灾，对设施农业和交通等造成影响。重旱以上等级气象干旱出现在 5—8 月；2020 年气象干旱主要出现在 4—9 月，重旱以上等级主要集中在 5—8 月，影响范围包括呼伦贝尔市北部、通辽市南部、赤峰市东部、阿拉善盟北

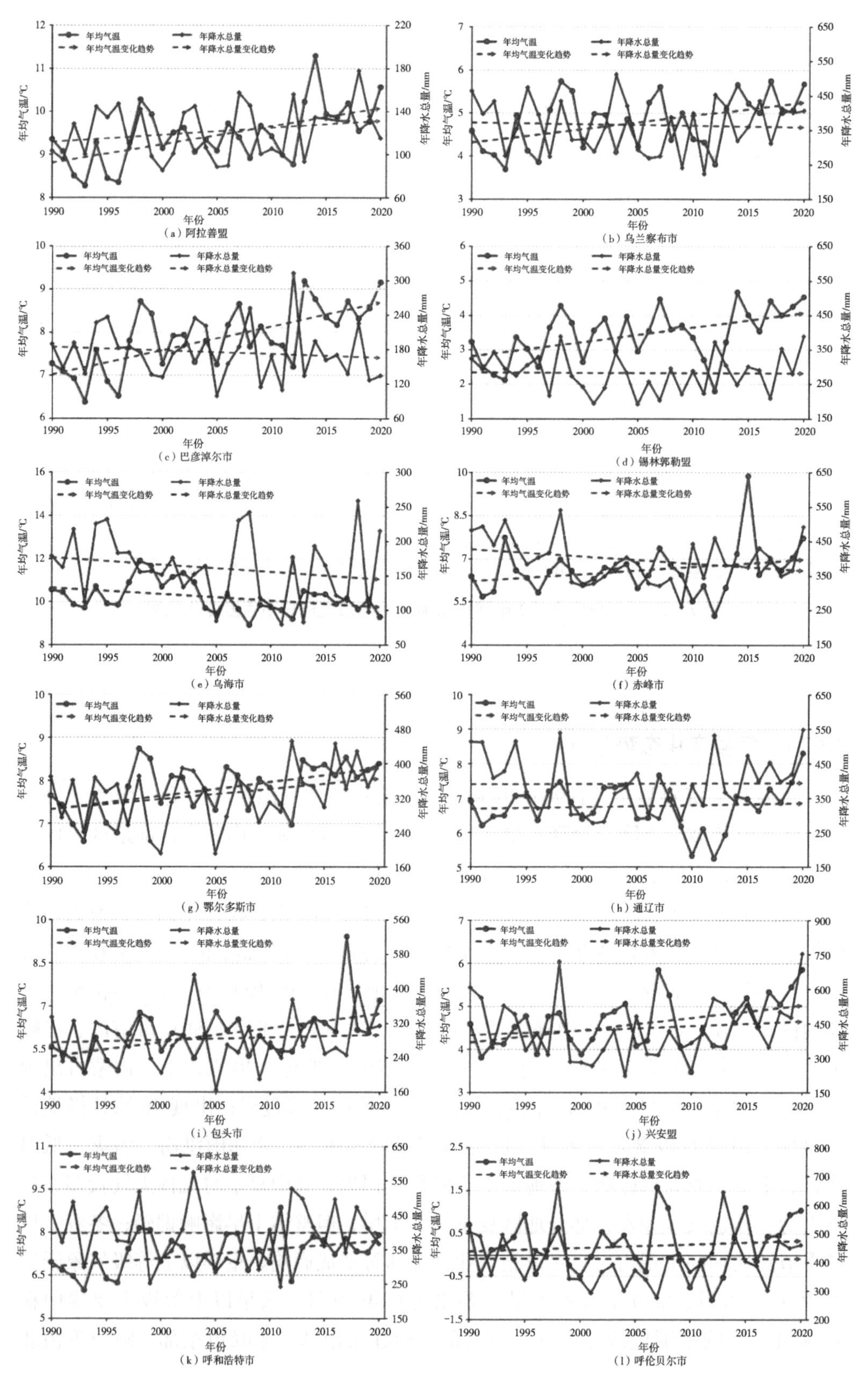

图 7-122　1990—2020 年内蒙古各盟市气温和降水变化趋势

部等地，最大影响站数为28站。其中5月中旬至8月上旬发生特旱等级气象干旱，自10月起气象干旱基本解除。内蒙古全域发生5次区域性暴雨过程；8月12—13日的过程综合强度最强，影响范围为兴安盟南部、通辽市北部、赤峰市东北部，单站最大累计降水量达97.4 mm，出现在兴安盟科尔沁石翼中旗高力板镇。夏季内蒙古自治区出现两次区域性高温过程，分别为6月5—8日和7月22—26日，较常年同期偏多1次。6月的区域性高温过程影响范围较大，有56站受影响，其中33站日最高气温在35～37℃之间，23站超过37℃，单站日最高气温最大值为39.9℃，出现在赤峰市阿鲁科尔沁旗。

7.3.3.2 采矿用地时空变化特征

基于“空天地一体化”手段开展内蒙古采矿用地时空变化分析。2010—2020年，内蒙古采矿用地面积总体呈增加态势，增加1 547.23 km^2。其中，鄂尔多斯市增加最多，面积为372.61 km^2，占全区采矿用地增加总面积的24.08%；其次为锡林郭勒盟，面积为202.10 km^2；乌兰察布市、包头市分别增加198.58 km^2、145.43 km^2；呼伦贝尔市、呼和浩特市、通辽市采矿用地增加面积相对较低，分别增加50.38 km^2、24.99 km^2、19.49 km^2（图7-123和图7-124）。

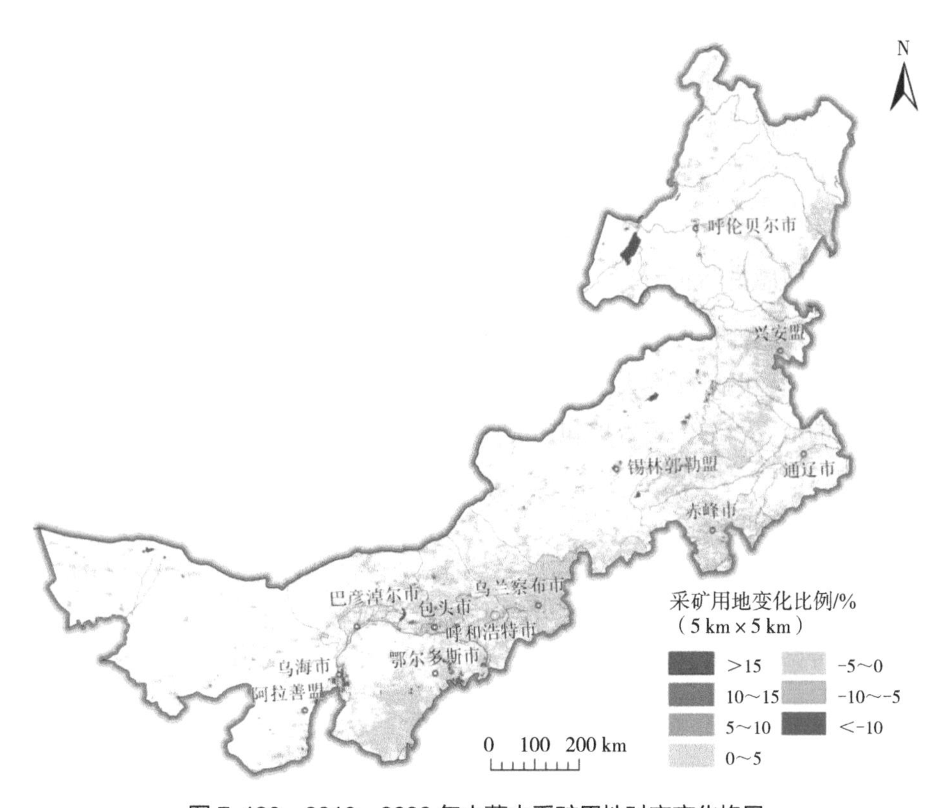

图7-123 2010—2020年内蒙古采矿用地时空变化格局

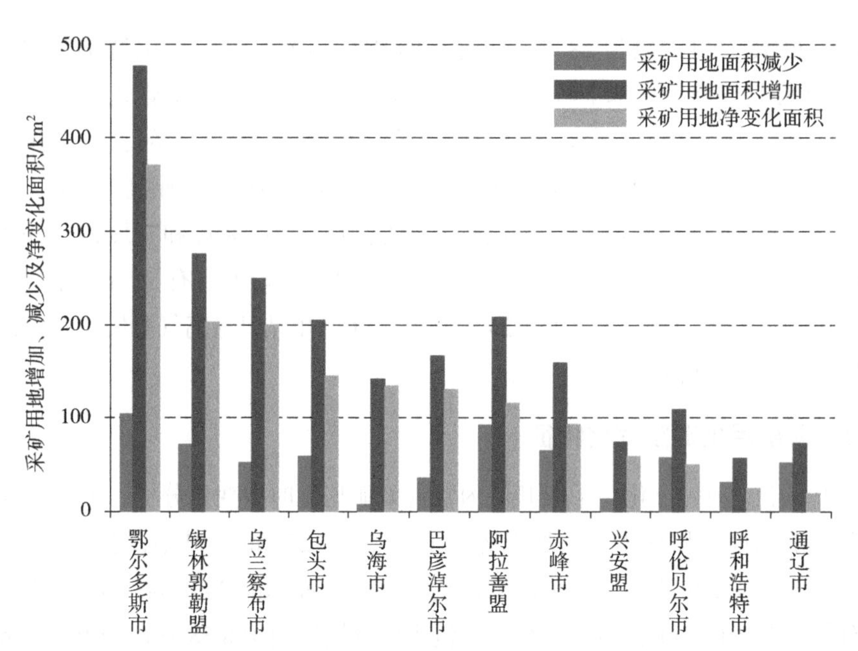

图 7-124　2010—2020 年内蒙古采矿用地增加、减少及净变化面积统计

内蒙古采矿用地中煤矿所占比重较大，煤炭的开采过程中，必然会破坏和影响水资源，特别是煤炭发展的重点区域更是严重缺水区域。煤炭开采过程中，不仅生产及洗选过程中要消耗水资源，同时，煤炭生产过程也会对水资源产生直接破坏和间接影响。内蒙古煤矿开采，虽然没有出现大面积积水现象，但开采同样改变了地形地貌，从而改变地表水径流条件。由于西部地区本身环境脆弱，开采对地下水及植被等影响更为危险。

7.3.3.3　生态敏感性特征

生态环境敏感性指生态系统对人类活动反应的敏感程度，用来反映产生生态失衡与生态环境问题的可能性大小。可以以此确定生态环境影响最敏感的地区和最具有保护价值的地区，为生态保护和功能区划提供依据。本书考虑综合生态系统服务功能（土壤风蚀、土壤水蚀、碳固定、水源涵养），将生态敏感性划分为 5 个级别，分别为极敏感、高度敏感、中度敏感、轻度敏感、不敏感（表 2-4）。

评价结果显示，内蒙古生态高度敏感区域所占比重最大，占全区土地总面积的 30.82%；其次为极敏感区域，占 26.97%；中度敏感、不敏感分别占 16.84%、15.89%；轻度敏感占 9.48%（图 7-125）。

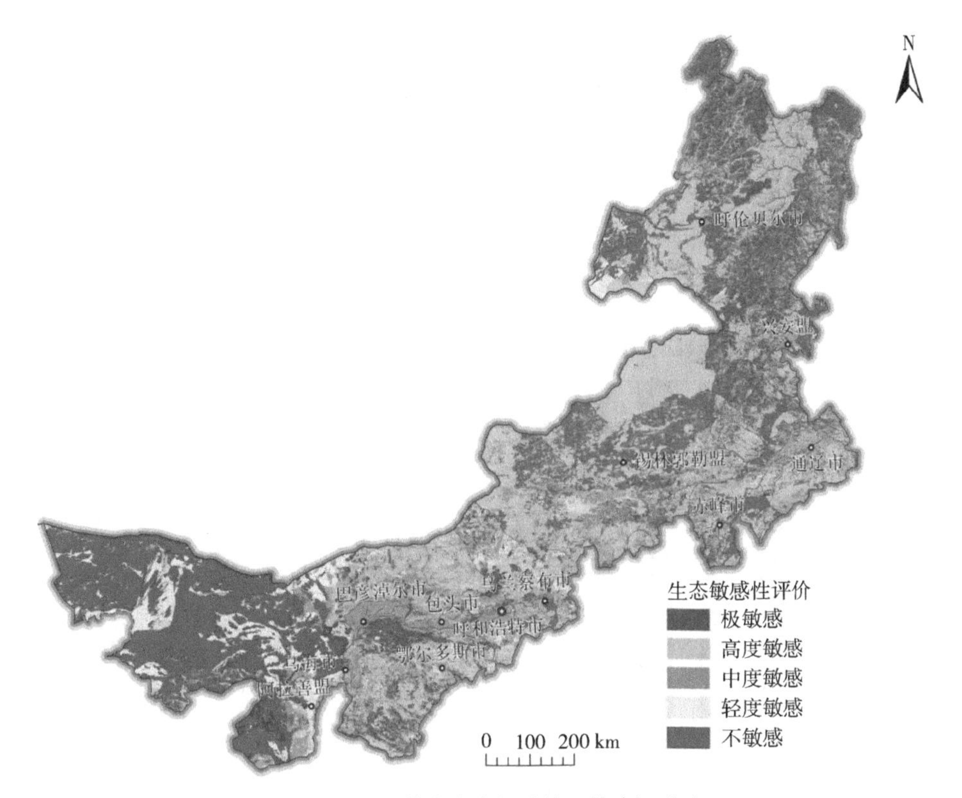

图 7-125　内蒙古生态敏感性评价空间分布

从空间上看，内蒙古区域生态敏感性空间异质性较强。呼和浩特市中度敏感性区域占比较大，占土地总面积的 54.12%；其次为高度敏感和轻度敏感，分别占土地总面积的 19.26% 和 14.32%；不敏感区域占 3.69%。包头市高度敏感区域占 43.13%；其次为 39.02%，不敏感区域所占比例较小（0.67%）。乌海市以中度敏感区域为主，占土地总面积的 49.46%；其次为高度敏感区域（29.96%）；轻度敏感和极敏感区域分别占 10.11%、8.08%。赤峰市极敏感和高度敏感区域占土地总面积的 70.18%；中度敏感区域占 22.39%。通辽市极敏感、高度敏感所占比重较大，分别占土地总面积的 38.55%、32.56%；中度敏感占 22.18%；轻度敏感和不敏感分别占 6.52%、0.19%。鄂尔多斯市高度敏感、中度敏感所占比重较大，分别占土地总面积的 29.33%、25.98%；不敏感占 18.22%；极敏感和轻度敏感分别占土地总面积的 13.96%、12.51%。呼伦贝尔市极敏感区域所占比重最大，占土地总面积的 57.63%；其次为高度敏感区域（36.27%）；中度敏感、轻度敏感、不敏感区域总计占 6.08%。巴彦淖尔市中度敏感所占比重最大，占土地总面积的 40.45%；其次为高度敏感区域（28.49%）；轻度敏感、不敏感、极敏感区域分别占 13.60%、10.85%、6.61%。乌兰察布市高度敏感、中度敏感、轻度敏感分别占 29.10%、26.36%、23.00%；不敏感、极敏感区域分别占 12.11%、9.43%。兴安盟极敏感所占的比重较大，占土地总面积的52.31%；其次为高度敏感，占31.57%；中度敏感占15.52%；轻度敏感和不敏感区域所占比重较小。锡林郭勒盟以高度敏感为主，占土地总面积的49.18%；极敏感、中度敏感所占比重分别占土地总面积的26.03%、18.38%；轻度敏感、不敏感分别占5.31%、1.10%。阿拉善盟不敏感、轻度敏感所占比重较大，占土地总面积的89.50%；中度敏感、高度敏感、极敏感区域分别占6.64%、2.18%、1.68%（图7-126）。

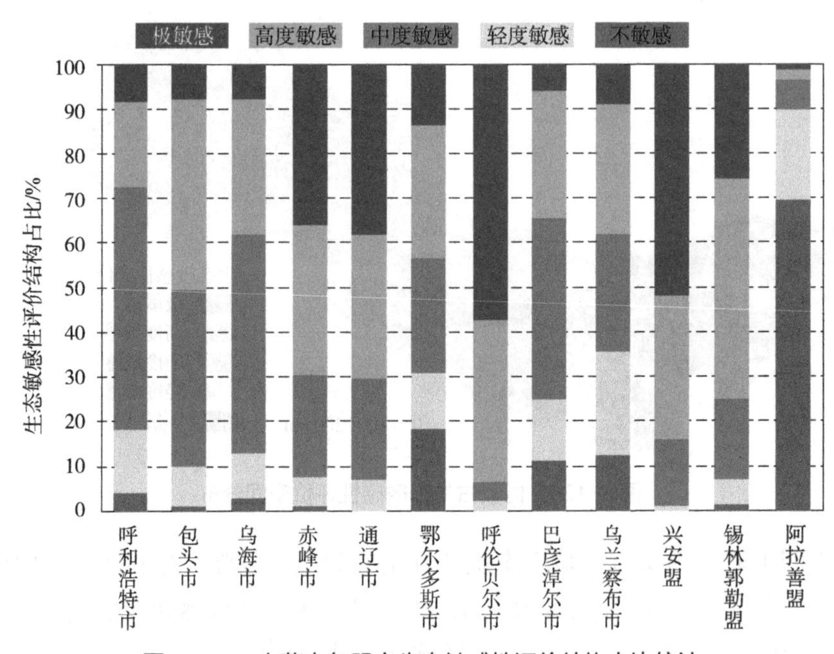

图7-126 内蒙古各盟市生态敏感性评价结构占比统计

第8章 全民所有自然资源可持续利用典型案例剖析

8.1 库布齐沙漠

8.1.1 库布齐沙漠区域概况

库布齐沙漠是中国第七大沙漠，位于鄂尔多斯高原，呈带状分布，东西走向，全长绵延约 40 km，总面积约 1.45×10^6 hm²，地理坐标为 107ºE～112ºE，39ºN～41ºN。横跨内蒙古杭锦旗、达拉特旗及准格尔旗的部分地区，其中以杭锦旗境内的沙漠化最为严重。研究区主要以流沙和半固定沙丘组成，以新月形流动沙丘为主，流动性强。该区域属典型的大陆气候区，处温带干旱草原、荒漠草原过渡带，属半干旱大陆性季风气候区，主要特点是干旱风大，年大风天数为 25～35 天；该区域降水较少，东、西水分条件差异较大，年平均降水量一般在 240～360 mm，年蒸发量平均为 2 160 mm，是降水量的 8 倍多。主要植被类型有半干旱草原植被、草甸草原植被和干草原沙生植被。林地植被主要以人工林为主（图 8-1）。

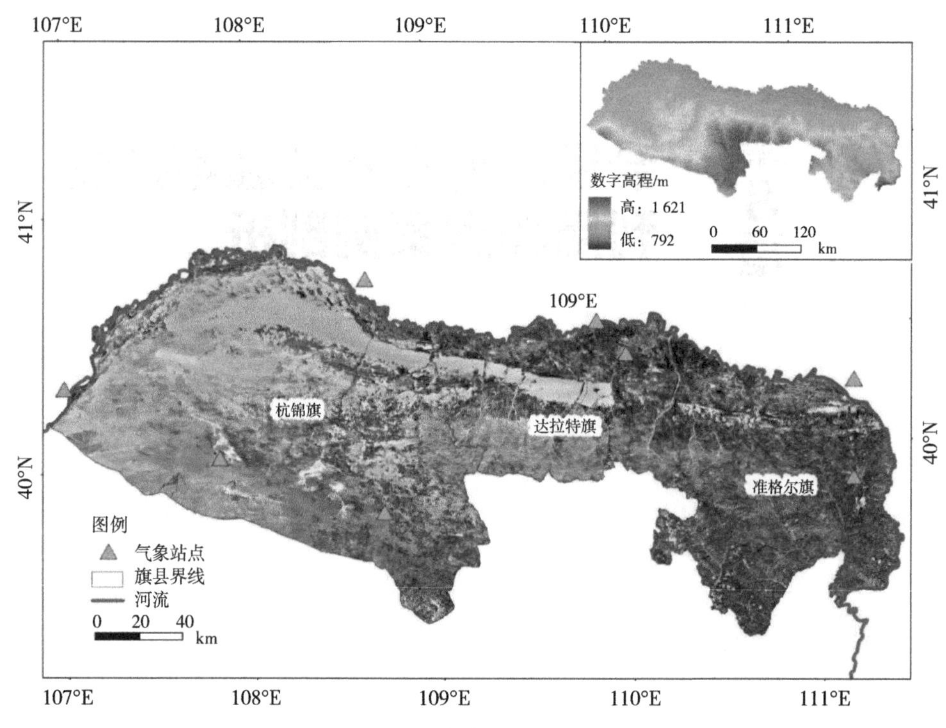

图 8-1 库布齐沙漠地理区位

8.1.2 沙地的空间分布与演变

根据遥感监测结果，库布齐沙漠面积从 1990 年的 6 504.74 km^2 下降到 2020 年的 4 150.26 km^2，占研究区域土地总面积的 11.99%。沙地沿黄河呈带状分布，杭锦旗沙地面积分布广泛，达拉特旗次之，位于东部的准格尔旗沙地分布较少。从时间上看，库布齐沙漠面积呈先增加后降低的态势，2000 年沙地面积最大。从空间上看，库布齐沙漠周边区域呈减少态势，沙漠腹地区域流动沙地扩张呈散点式分布（表 8-1 和图 8-2）。

表 8-1 1990—2020 年库布齐沙漠区域沙地时空演变特征

年份	面积 /km^2	时间段	变化面积 /km^2
1990	6 504.74	1990—1995	1 442.20
1995	7 946.95	1995—2000	391.57
2000	8 338.51	2000—2005	-582.97
2005	7 755.54	2005—2010	-1 770.62
2010	5 984.92	2010—2015	-1 124.17
2015	4 860.75	2015—2020	-710.49
2020	4 150.26	—	—

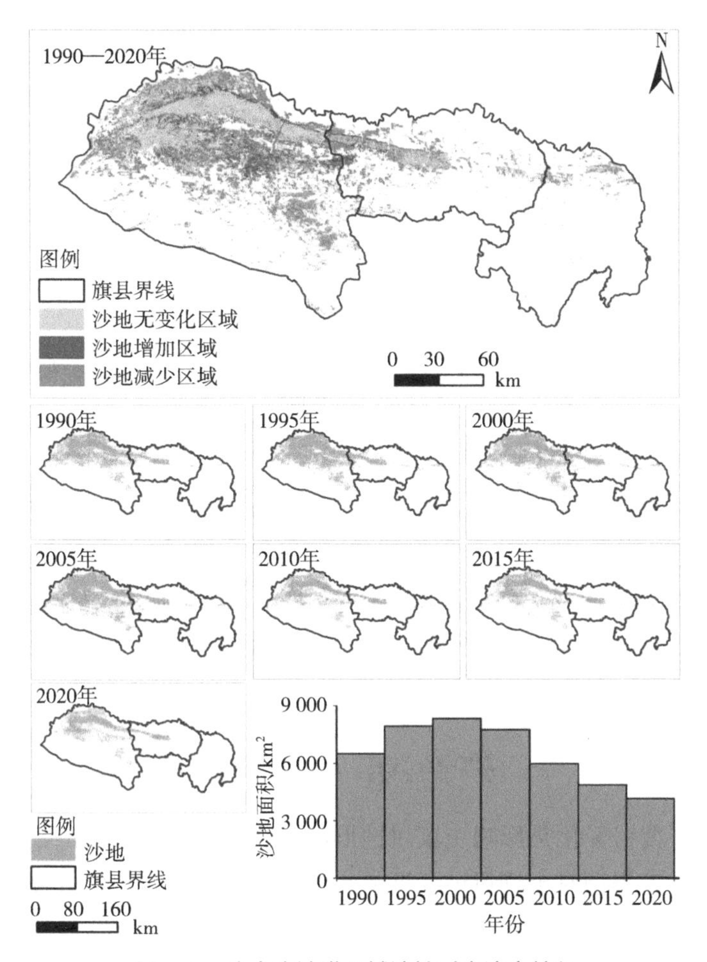

图 8-2　库布齐沙漠区域沙地时空演变特征

8.1.3　土壤风蚀时空特征

1990—2020 年，库布齐沙漠区域土壤风蚀侵蚀模数整体呈下降趋势，尤其是 2000 年以来，荒漠化治理工程实施后生态改善趋势明显（P<0.01）。1990—2020 年，土壤风蚀侵蚀模数平均值为 4 542 t/（km^2·a）。总体上，1990—2010 年土壤风蚀变化波动较大，2010 年至今呈相对稳定态势。2000 年土壤风蚀达到峰值，土壤风蚀模数为 12 703 t/（km^2·a），2001 年土壤风蚀强度达到第二次峰值［11 728 t/（km^2·a）］（图 8-3）。

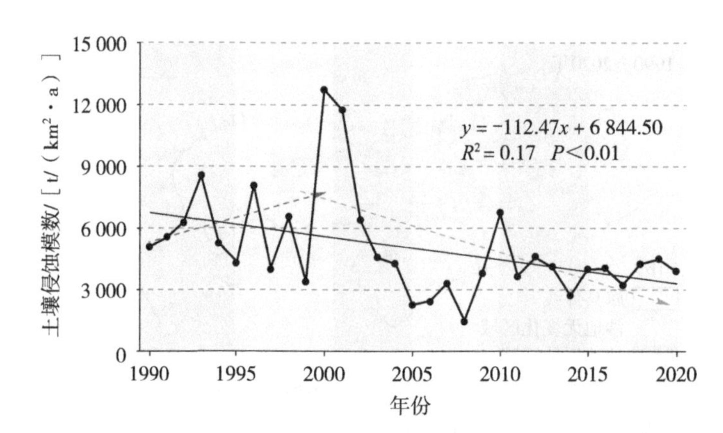

图 8-3 1990—2020 年库布齐沙漠区域土壤侵蚀模数变化统计

空间上看，位于库布齐沙漠东部腹地的杭锦旗土壤风蚀强度最大，位于中部的达拉特旗次之，库布齐沙漠西部的准格尔旗风蚀强度最低。尽管库布齐沙漠区域土壤风蚀强度整体呈下降趋势，但存在区域差异性和较大的空间异质性。库布齐沙漠区域荒漠化防治和生态工程建设实施后，促使植被覆盖呈好转趋势，土壤风蚀模数也显著降低（图 8-4）。

8.1.4 沙地时空演变对土壤风蚀强度的影响

土地利用 / 覆盖变化是影响土壤风蚀形成和强度变化的重要因素。为了研究不同土地利用 / 覆盖类型对土壤风蚀强度的影响，分析其土壤风蚀强度差异，本书统计 1990—2020 年库布齐沙漠地区不同土地利用 / 覆盖类型土壤风蚀强度，结果显示，沙地类型变化对降低土壤风蚀强度的贡献最大（贡献 81.14%），植被的恢复对降低土壤风蚀强度起到关键作用（贡献 14.42%），沙地转变为农业绿洲导致土壤风蚀降低（贡献 2.79%）。采用人机交互解译的方式提取 1990—2020 年沙地变化信息，沙地类型面积减少 2 354.48 km^2，其中，沙地转变为植被（林地、草地）的面积最大（2 099.13 km^2），占沙地减少面积的 89.16%；沙地转变为耕地的面积为 148.57 km^2，沙地转变为建设用地的面积为 85.64 km^2，沙地向林地、草地类型转换有效抑制土壤风蚀（贡献 89.08%），植被覆盖度的增加有效降低土壤风蚀；沙地向耕地转换减缓土壤风蚀量 0.85×10^6 t。库布齐沙漠典型区研究显示，荒漠化治理工程有效提升沙漠区域植被覆盖度，有效固化了土壤，对防风固沙起到积极的作用（表 8-2 和图 8-5）。

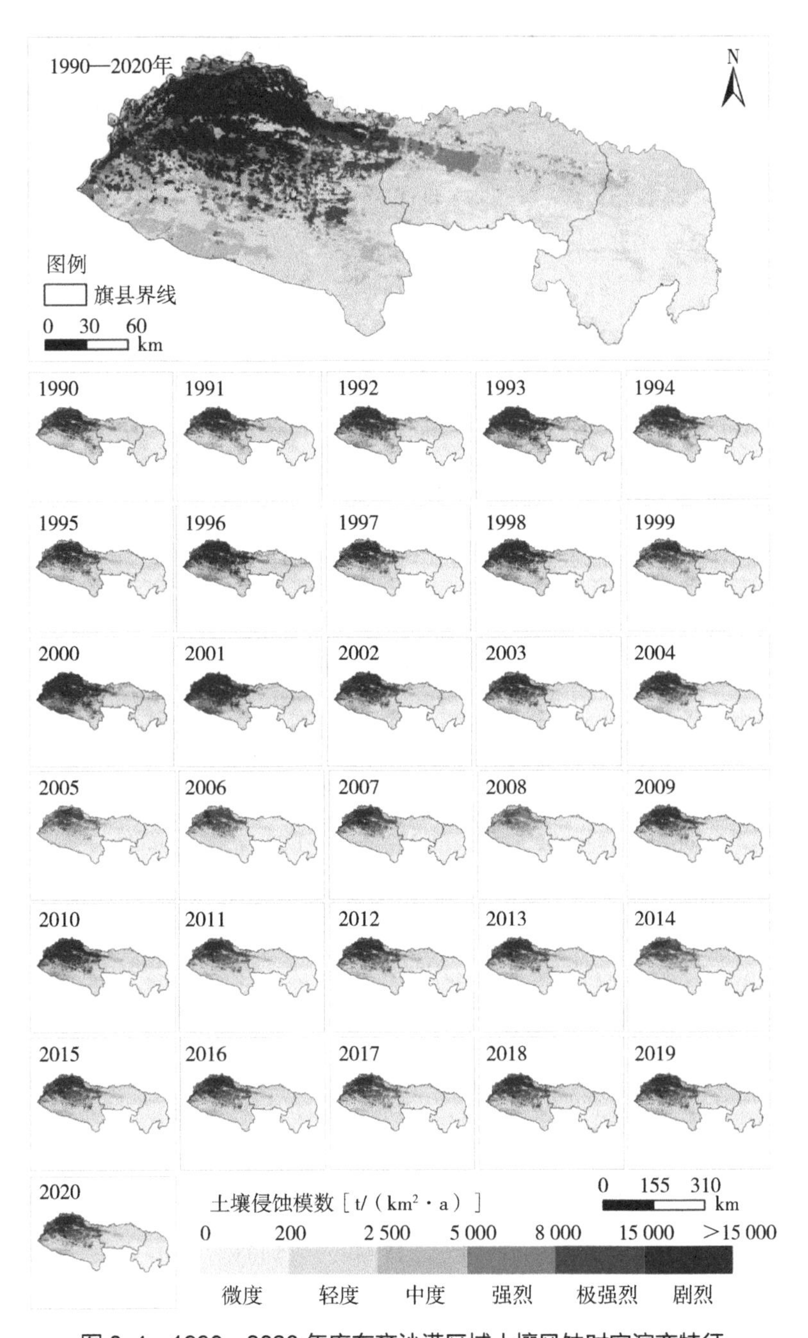

图 8-4　1990—2020 年库布齐沙漠区域土壤风蚀时空演变特征

表 8-2　1990—2020 年库布齐沙漠区域及典型区土地利用覆盖变化对土壤侵蚀的影响

<table>
<tr><th rowspan="2">土地利用 / 覆盖类型</th><th rowspan="2">1990</th><th rowspan="2">2020</th><th colspan="2">土地利用 / 覆盖变化</th><th colspan="2">土壤侵蚀变化</th></tr>
<tr><th>面积 / $\times 10^3$ km^2</th><th>变化比例 / %</th><th>变化量 / $\times 10^6$ t</th><th>贡献率 /%</th></tr>
<tr><td>沙地</td><td>6 504.74</td><td>4 150.26</td><td>−2 354.48</td><td>−36.20</td><td>−57.13</td><td>81.14</td></tr>
<tr><td>植被</td><td>22 232.46</td><td>24 097.52</td><td>1 865.06</td><td>8.39</td><td>−10.15</td><td>14.42</td></tr>
<tr><td>建设用地</td><td>801.2219</td><td>1 216.14</td><td>414.92</td><td>51.79</td><td>−0.03</td><td>0.05</td></tr>
<tr><td>水域</td><td>1 058.49</td><td>952.23</td><td>−106.26</td><td>−10.04</td><td>−0.71</td><td>1.00</td></tr>
<tr><td>耕地</td><td>3 378.154</td><td>3 663.13</td><td>284.97</td><td>8.44</td><td>−1.97</td><td>2.79</td></tr>
<tr><td>其他用地</td><td>633.2496</td><td>529.04</td><td>−104.21</td><td>−16.46</td><td>−0.42</td><td>0.60</td></tr>
<tr><th rowspan="2">1990—2020 年</th><th>植被</th><th>建设用地</th><th>水域</th><th>耕地</th><th>其他用地</th><th>—</th></tr>
<tr><th colspan="6">面积 / $\times 10^3$ km^2</th></tr>
<tr><td rowspan="6">沙地</td><td>2 099.13</td><td>85.64</td><td>12.10</td><td>148.57</td><td>9.01</td><td>—</td></tr>
<tr><th colspan="6">土壤侵蚀模数变化</th></tr>
<tr><td>−18.66</td><td>−0.85</td><td>−0.12</td><td>−1.22</td><td>−0.09</td><td>—</td></tr>
<tr><th colspan="6">贡献率 /%</th></tr>
<tr><td>89.08</td><td>4.05</td><td>0.59</td><td>5.83</td><td>0.45</td><td>—</td></tr>
</table>

<table>
<tr><th rowspan="2">典型区</th><th colspan="3">植被覆盖度 /%</th><th colspan="4">土壤侵蚀模数 / [t/（km^2·a）]</th></tr>
<tr><th>1990</th><th>2020</th><th>变化量</th><th>1990</th><th>2020</th><th>变化量</th><th>程度变化</th></tr>
<tr><td>a</td><td>7.07</td><td>16.88</td><td>9.81</td><td>15 490</td><td>13 428</td><td>−2 062</td><td>剧烈→极强烈</td></tr>
<tr><td>b</td><td>5.96</td><td>15.12</td><td>9.16</td><td>14 539</td><td>8 153</td><td>−6 386</td><td>剧烈→中度</td></tr>
<tr><td>c</td><td>9.15</td><td>40.89</td><td>31.74</td><td>18 449</td><td>5 138</td><td>−13 811</td><td>剧烈→强烈</td></tr>
<tr><td>d</td><td>10.04</td><td>34.31</td><td>24.27</td><td>10 311</td><td>3 323</td><td>−6 988</td><td>强烈→中度</td></tr>
<tr><td>e</td><td>8.68</td><td>25.05</td><td>16.37</td><td>14 902</td><td>4 929</td><td>−9 373</td><td>极强烈→中度</td></tr>
</table>

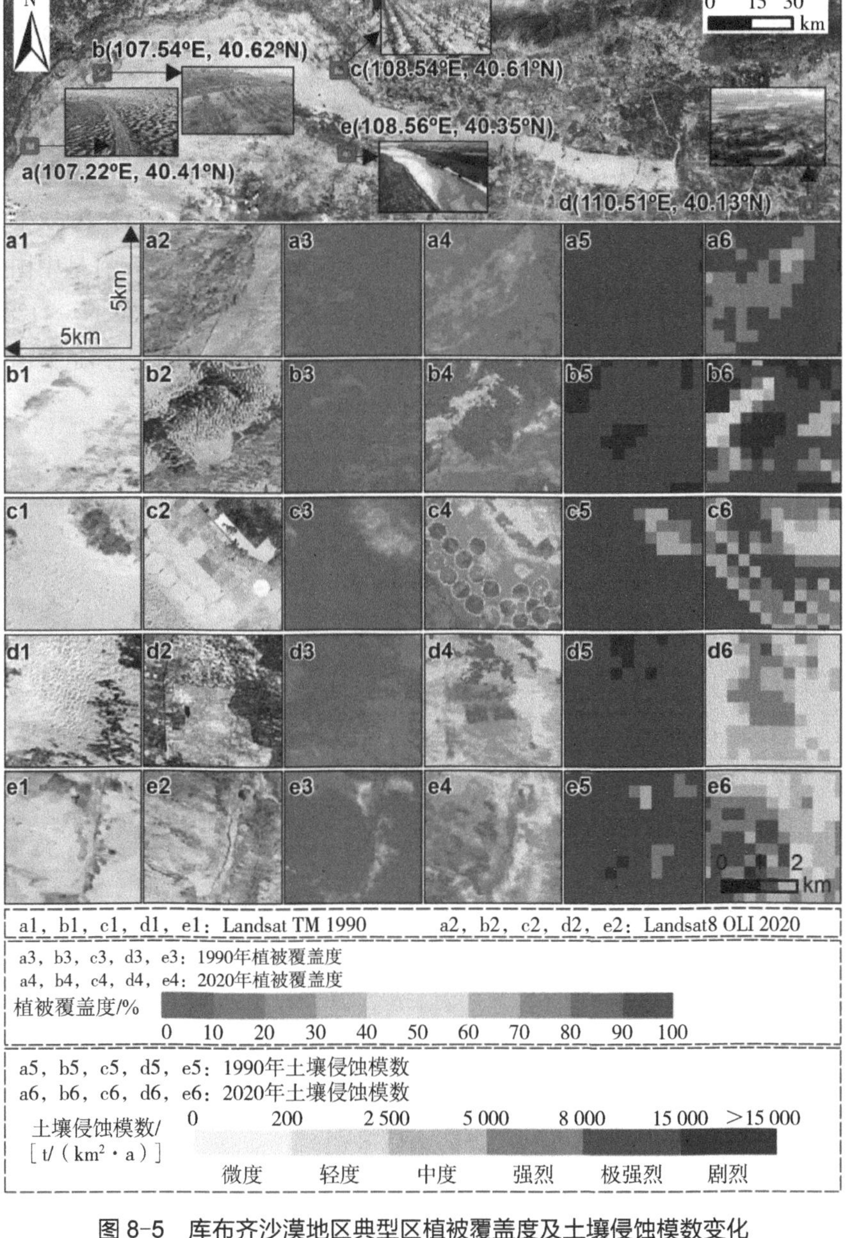

图 8-5　库布齐沙漠地区典型区植被覆盖度及土壤侵蚀模数变化

8.2 “一湖两海”区域

8.2.1 “一湖两海”区域概况

内蒙古“一湖两海”地域分布跨度大，毗邻区域地理背景、生境环境、生态系统结构各异。呼伦湖（又名达赉湖、达赉诺尔湖）位于呼伦贝尔草原西部区域，属于中温带大陆性草原气候，地理位置介于48°30′40″N～49°20′40″N、117°00′10″E～117°41′40″E，在新巴尔虎左旗、右旗及扎赉诺尔区之间，是中国第四大淡水湖，是地壳运动形成的构造湖，处于海拉尔盆地的最低部位，周边以沼泽、典型草原和草甸草原为主。岱海是内蒙古第三大内陆湖，属于中温带大陆性季风气候，地理位置介于40°38′55″N～40°38′59″N、112°33′37″E～112°46′58″E，位于乌兰察布市凉城县辖区内，周边以滩涂、草地及耕地为主。乌梁素海是中国八大淡水湖之一，属于半干湿的中温带季风气候，地理位置介于40°45′27″N～41°8′42″N、108°40′10″E～108°58′27″E，位于内蒙古巴彦淖尔市乌拉特前旗境内，是黄河改道形成的河迹湖，周边以农田生态系统为主（图8-6）。

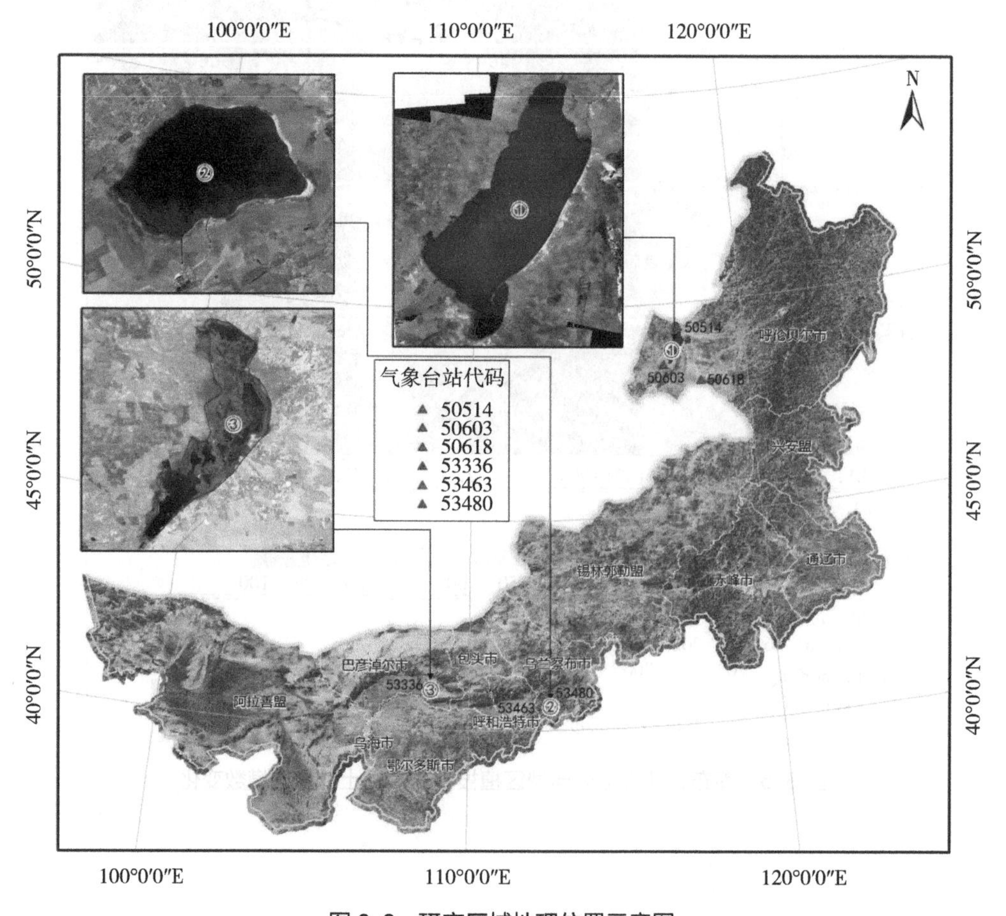

图8-6　研究区域地理位置示意图

8.2.2 水体面积年际变化

基于 NDWI 与人机交互式解译方式获取 1985—2020 年每 5 年间隔的“一湖两海”水体分布数据，结果显示，内蒙古“一湖两海”水体面积总体呈下降趋势，前期（1985—1995 年）增加明显，后期（1995—2020 年）下降态势显著。近 35 年，呼伦湖存在部分水域萎缩状况；1985—2005 年，呼伦湖面积基本维持在 2 100 km^2 之上，2010 年后，水体面积下降到 2 100 km^2 之下。1985—2020 年，岱海水体面积呈逐年缩小趋势，面积从 1985 年的 133 km^2 逐年缩小到 2020 年的 48.18 km^2。地处河套平原的乌梁素海，由于农田排水等因素影响，湖泊水体面积总体呈增加态势，2010 年以来水域面积明显减少（图 8-7）。

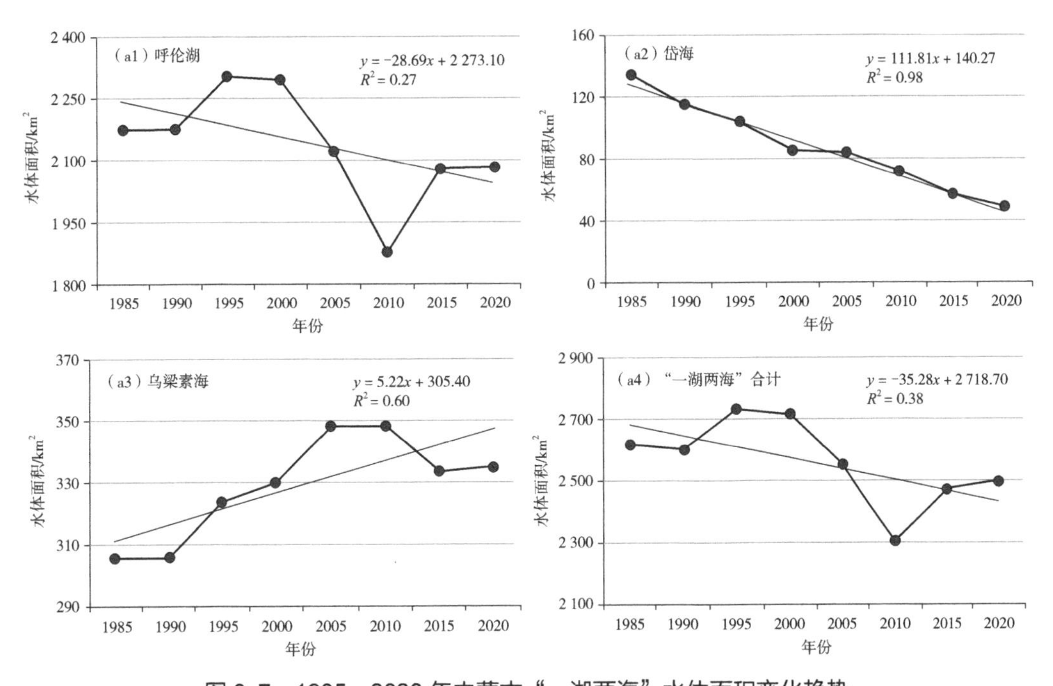

图 8-7 1985—2020 年内蒙古“一湖两海”水体面积变化趋势

8.2.3 水体面积空间变化

1985—2020 年内蒙古“一湖两海”水体面积空间变化差异明显。呼伦湖存在部分区域水域面积萎缩状况，其面积萎缩主要位于东部、南部及周围湖泡，2015 年以来表现最为突出；岱海水域面积萎缩严重，水域面积呈逐年下降态势，如果不采取相应有效措施，岱海将会彻底消失；地处河套灌区的乌梁素海，其主要补给来源于农田排水，河套地区引黄济湖水利工程以及灌区渠系工程的建设与完善，使水量得以控制，但之后排入黄河水量减小，灌溉用水的退入导致湖面扩大，湖泊北部、西部空间变化明显（图 8-8）。

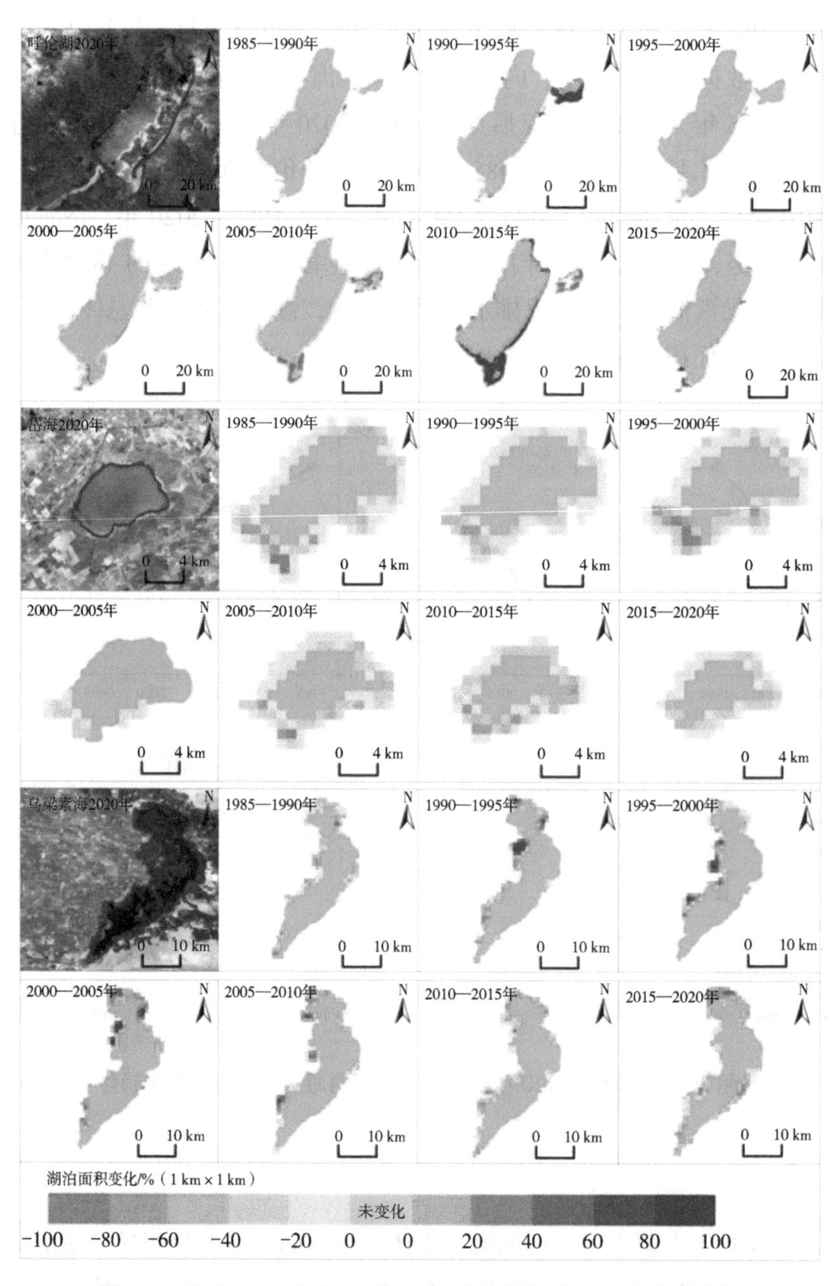

图 8-8 1985—2020 年内蒙古“一湖两海”水体面积空间变化

8.2.4 水域面积变化影响因素分析

8.2.4.1 气象因素

湖泊水体面积对气候变化较为敏感，分析湖泊水体面积变化与气温、降水、蒸发等指标的相关性，进而探究内蒙古“一湖两海”水体面积变化影响因素。气象台站监测数据显示，内蒙古气温变化趋势基本呈现为西南增温显著，东北部略有降温，其中乌梁素海所在的巴彦淖尔市平均增温 0.32℃，岱海所在乌兰察布市平均增温 0.51℃。乌梁素海、岱海及呼伦湖周边气象站台监测数据显示从 1961 年开始，年均气温呈波动增加趋势。根据年份与年平均气温、年降水总量的线性拟合，“一湖两海”近 35 年来气温呈增加、降水量呈减少态势。其中，乌梁素海周边年平均气温由 1985—2000 年的平均 5.64℃上升到 2000 年至今的平均 6.27℃；岱海周边年平均气温由 1985—2000 年的平均 4.16℃上升到 2000 年至今的平均 5.06℃；呼伦湖周边年平均气温由 1985—2000 年的平均 0.67℃上升到 2000 年至今的平均 0.82℃。气温上升的同时，区域内降水出现不同程度的下降趋势。其中，岱海周边年降水量由 1985—2000 年的平均 364.66 mm 下降到 2000 至今的平均 349.41 mm，呼伦湖周边年降水量由 1985—2000 年的平均 294.01 mm 下降到 2000 年至今的平均 251.88 mm。因此，气候暖干态势条件是造成湖泊缩减的主要因素之一（图 8-9）。

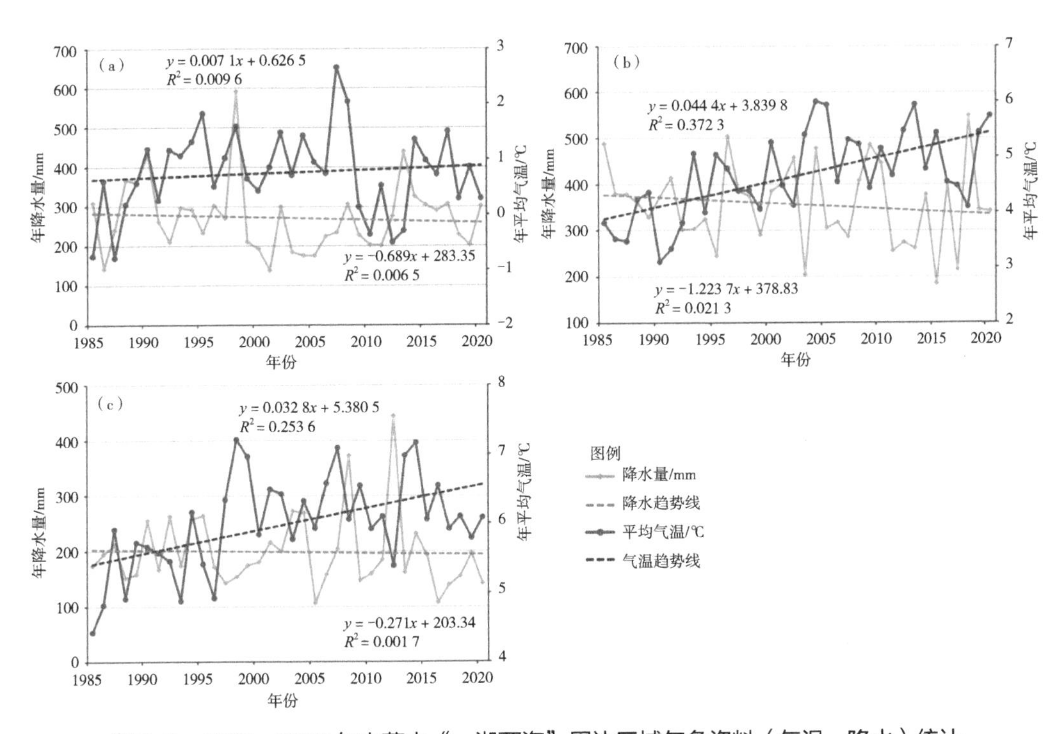

图 8-9 1985—2020 年内蒙古“一湖两海”周边区域气象资料（气温、降水）统计

8.2.4.2 人为因素

人类活动是影响湖泊水体面积变化的重要因素之一，尤其是工矿开发、农业灌溉等人类活动，对地下水资源的消耗加剧了湖泊的萎缩，内蒙古表现得最为突出。近 35 年，随着社会经济的发展，内蒙古“一湖两海”涉及行政范围内的土地利用发生巨大的变化，各区域建设用地面积逐年增长。呼伦湖所在的新巴尔虎左旗、右旗及扎赉诺尔区，1985 年三个区域水体面积占土地总面积的 5.93%；到 2020 年，三个区域内耕地、草地以及水体面积明显减少，建设用地和未利用地面积增加，水体面积比例降至 5.61%；1985—2020 年，呼伦湖水体面积略有萎缩，缩减面积主要分布在扎赉诺尔区，建设用地面积从 1985 年的 91.57 km^2 增加到 2020 年的 204.91 km^2。岱海所在的凉城县，1985 年土地利用类型以耕地和草地为主，建设用地主要聚集于湖泊、河流沿岸，大面积耕地及建设用地沿岱海四周分布；1985—2020 年，建设用地迅速扩张，岱海周围水体逐渐转变为未利用地；旱地转水田现象明显，加剧地下水资源开采，加剧了岱海水面逐年萎缩趋势。乌梁素海所在的乌拉特前旗，土地利用类型主要为草地和耕地，沿乌梁素海东西两侧分布大面积耕地，水域面积占县域土地总面积的 6.41%；1985—2020 年，乌拉特前旗建设用地面积从 251.17 km^2 增加到 284.07 km^2；近 35 年，土地利用变化以区域内建设用地、未利用地面积增加为主，耕地、草地和水域类型面积比例有所下降，其中水体面积降至土地总面积的 5.01%。乌梁素海和岱海周边农业生产和工业开发、呼伦湖旅游开发等人为活动加剧了“一湖两海”水体面积及周边生态环境演变（图 8-10）。

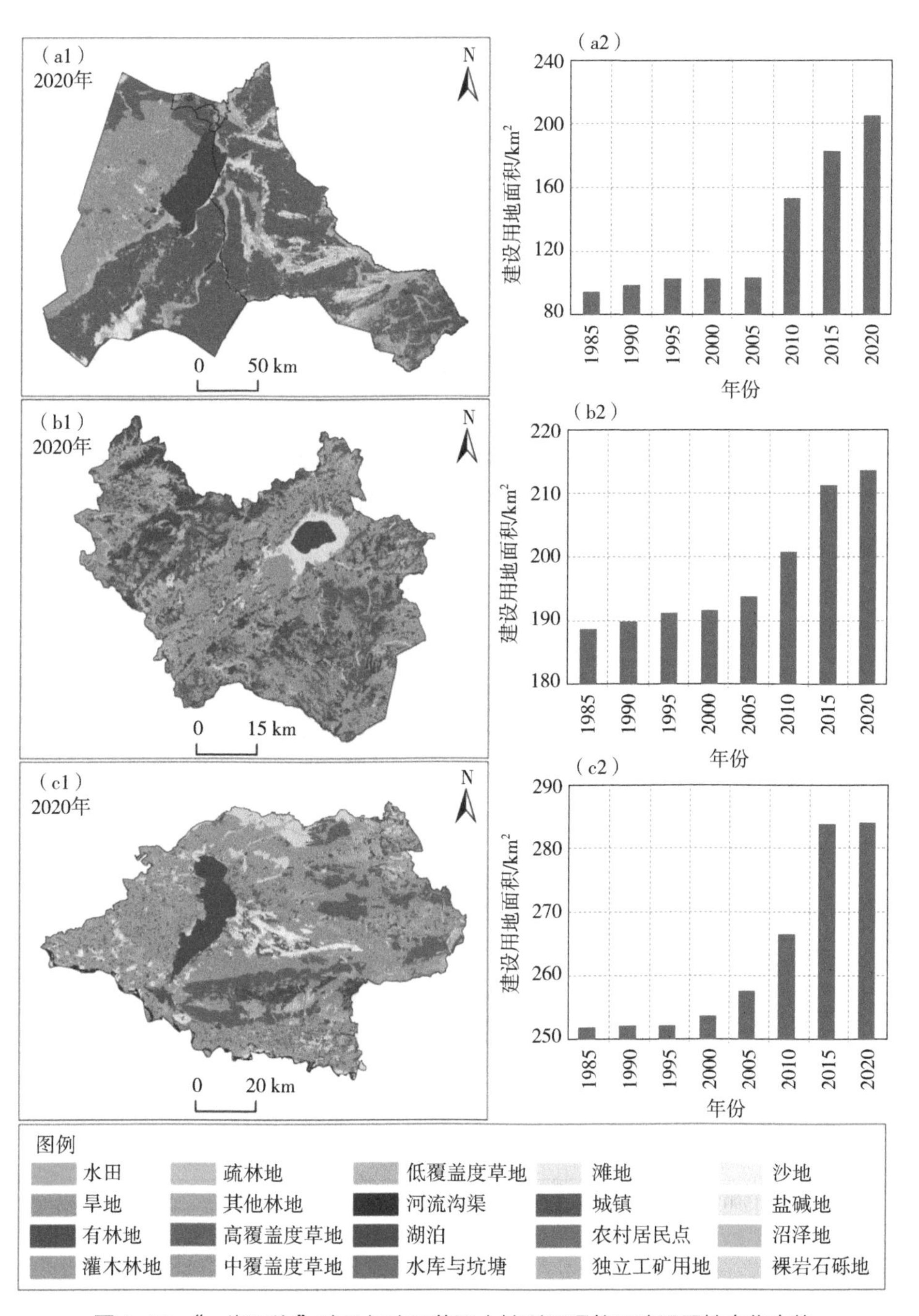

图 8-10 “一湖两海”涉及行政区范围土地利用现状及建设用地变化态势

8.3 生态环境可持续问题探讨

荒漠化问题导致生态退化，土地资源呈现出结构破坏向功能性紊乱演变的发展趋势，生态恢复与重建是人类生存和可持续发展所面临的重要挑战。近几十年来，中国北方开展了一系列改善生态环境的措施，生态工程建设为区域荒漠化防治、植被恢复、水土流失控制起到了一定的作用，提升了主要生态系统服务。但不合理的生态建设布局对区域水资源、粮食安全及生态可持续发展造成一定的风险。有关学者研究发现，降水的变化并不是导致中国北方地区植被变绿的主要驱动力，国家大型生态工程建设是有效促进北方土地增绿的关键要素。然而，在干旱区不合理的植被恢复可能导致灾难性后果。

本书获取库布齐沙漠区域 8 个气象站点数据，研究发现该区域 1990—2020 年气候总体呈暖湿趋势，生态工程和气候条件促使库布齐沙漠植被恢复。但是，大规模植树造林也可能导致局部区域土壤干层，加剧了局地水资源压力，尤其在对气候变化敏感的半干旱区。因此，有必要在明确植被恢复态势的基础上，进一步揭示该区域主要生态服务与植被恢复的关系，进一步辨析气候变化和人类活动共同作用下，满足植被生长和水分可持续利用的植树造林的安全阈值，尤其是干旱生态系统对气候变化的非线性响应及驱动机制研究，为后期生态恢复和资源环境可持续发展提供支撑（图 8-11）。

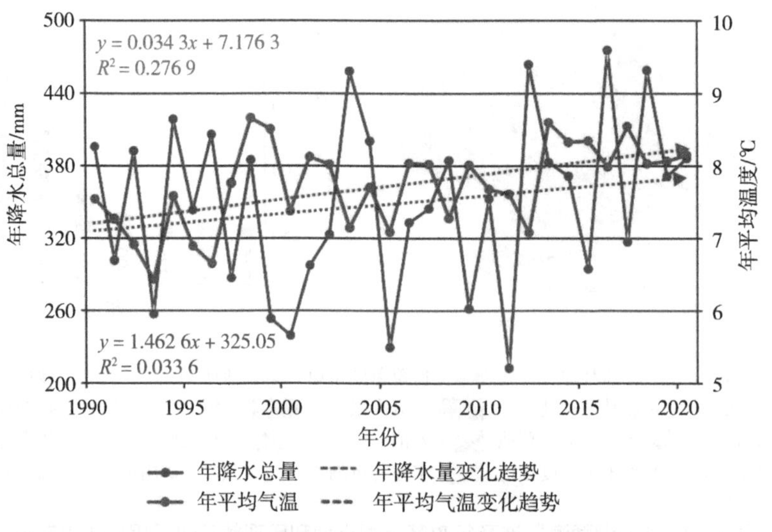

图 8-11　1990—2020 年库布齐沙漠地区气候变化趋势

近 35 年，内蒙古“一湖两海”湖泊水体总面积呈减少趋势，除乌梁素海水体较 1985 年有所上升，呼伦湖、岱海水体面积都有不同程度的下降，其中岱海水体面积萎缩最为严重；尽管呼伦湖没有出现严重的水域面积萎缩，但周边大小的湖泡明显消失；主要因素是近35年气候暖干及人为因素影响湖泊环境。内蒙古湖泊在气候和人类活动的共同作用下，湖泊水体面积波动变化较大，水位下降、面积缩小、水体咸化（浓度超标）等问题突出，对湖泊周边生态环境造成重大影响。在气候暖感化胁迫下，工矿开发、城市建设、农田灌溉等人类开发活动加剧，正引发地下水位持续下降，草原生态恶化，农牧民饮用水短缺等一系列问题，实质上属于国家国土空间规划和“山水林田湖草沙”整治大范围的区域性问题（图8-12）。

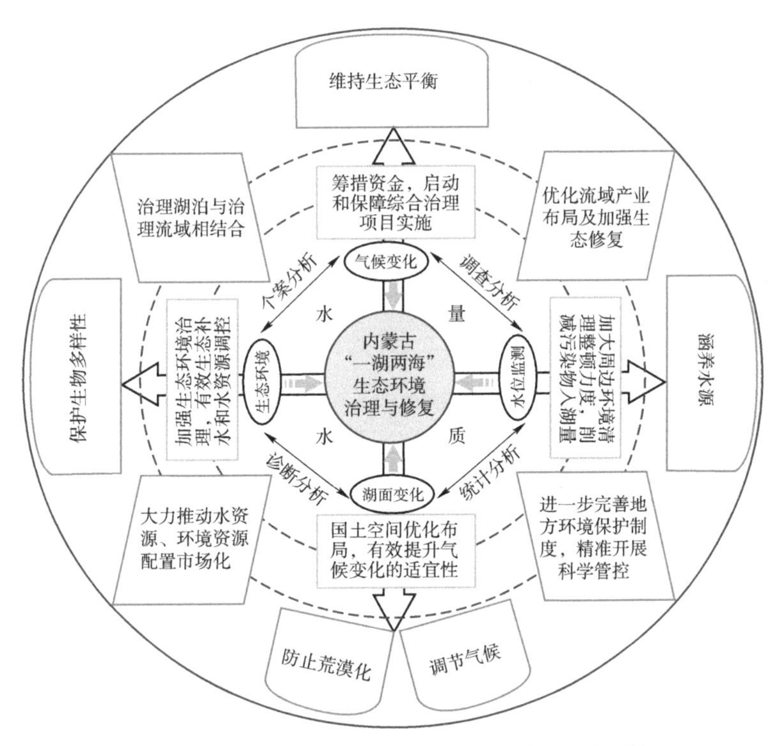

图8-12 “一湖两海”生态环境治理与修复路径分析

针对内蒙古“一湖两海”湖泊萎缩（水量）与水环境污染（水质）现状及特点，生态环境综合治理与修复路径具体建议如下。①以“生态文明建设”为指导思想，以国土空间规划布局为导向，科学划定“一湖两海”保护生态红线，优化区域的产业布局，积极发展现代服务业，促进和发展循环经济，从根本上解决“一湖两海”生态环境问题。②开展多尺度协同治理体系，充分将“治理湖泊”与“治理流域”相结合，将流域作为一个完整的生态系统，通过生态途径解决环境治理问题，逐步划定保护区、建设生态林、开展清淤、治理水土流失等措施，维护完整的湖泊生态系统结构，有效提升气候变化的适宜性。③大力推动水资源、环境资源配置市场化进程，适度增加黄河用水配额指标，推进“引黄济岱”工程，调整水资源、环境资源中各种因素之间的关系；筹措中央与地方专项经费，拓宽融资渠道，推动重大治理工程项目实施。④严格落实河湖长制政策，进一步完善地方环境保护制度，精准开展科学管控，关停和淘汰高污染产业，削减污染物入湖总量，对“一湖两海”周边地区实施农田节水灌溉、面源污染防治及工矿企业用水管控措施；不断推进“一湖两海”生态文明建设的宣传教育工作，建立社会全员参与的体系。

第9章 内蒙古自治区自然资源可持续利用模式和策略

9.1 基于粮食安全的耕地资源可持续利用模式

9.1.1 水资源约束条件下的耕地资源开发

自20世纪70年代以来，水浇地比例快速增加，水土资源不匹配问题突出。目前内蒙古不同区域水浇地比例在40%～60%。尤其西辽河平原、阴山北麓、土默川平原超过75%为农业用水，玉米等高耗水作物面积的不断增加成为区域水资源安全的最大障碍。以玉米为主的粮食生产占农业耗水的75%以上，其中以依赖灌溉维持高产的玉米、马铃薯等耗水最为明显，不同地区玉米灌溉耗水占到农业耗水总量的60%～70%，以粮食生产为主的农业地下水消耗规模已经远超出了区域地下水可开采规模，超用水程度在110%以上。尽管大规模农业灌溉耗水造成的区域水资源安全和生态安全问题很早就被科研人员和相关部门认识到并持续给予关注，但农业灌溉耗水规模却未得到有效控制，主要原因在于"粮食安全高于水资源安全"的认识，以满足区域粮食消费需求为目标，依靠地下水灌溉获得粮食的高产稳产，加之耕地面积不断扩大，导致区域地下水超采问题的持续加剧。地下水超采区粮食生产与水资源消耗的关系必须向"控制耕地面积、科学合理布局、调整作物种植模式、压缩耗水作物种植面积、减少地下水消耗、提升区域水资源安全水平"的方向转变，实现从过去"不惜代价地以水换粮"到"稳粮节水，生态安全"的发展模式转变。

9.1.2 退耕还林（草）有效减缓土壤风蚀作用

研究发现，随着植被覆盖度、冠层高度、地上生物量和物种丰富度等陆表类型面积的增加，土壤风蚀呈线性或指数递减规律。内蒙古耕地在春季、冬季地表裸露，导致土壤遭受风蚀的风险度高，与林地、草地等土地利用类型相比，有机碳、全氮和全磷流失率为18%～38%。高覆盖度植被对土壤保护作用强，有效阻隔空气流动，灌丛起到的减缓作用更强。本书研究发现，草地开垦为耕地，土壤风蚀模数增加5～15倍，内蒙古中、西部区域（Ⅱ、Ⅲ区）表现更为突出；另外，耕地类型的转换导致土壤风蚀量减少，减少的主要原因是土地利用类型由耕地转变为林地、草地等，进而提升地表植被固水保土的作用。尽管国家生态环境保护政策对生态系统保护和恢复产生了巨大的有益影响，退耕还林（草）提高了土壤表层的物理性质，但在内蒙古中、西部区域（Ⅱ、Ⅲ区）仍然是生态工程防治风蚀和土地退化的热点。因此，仍有很大的生态脆弱区域受到耕地开垦所带来的生态环境巨大压力，要加强和加大力度保护、巩固生态工程。

9.1.3 保障粮食安全与耕地资源高质量发展路径

耕地数量的提升是有效保障粮食安全的基石。近30年，随着农业种植规模的扩大，粮食产量有效提高，玉米总产量在过去的30年内增加约300%。在区域水资源约束、农业“绿色发展”、可持续发展目标及地下水超采治理政策的多重制约下，盲目地开垦耕地，这一轨迹可能是不可持续和不可逆的，而且将加剧国家农业格局的脆弱性，威胁着区域生态安全，甚至严重地影响当地居民的生计。内蒙古区域灌溉用水增加和土壤风蚀影响抵消了2000年以来区域退耕还林（草）工程的成效。因此，深入剖析耕地资源影响因素，探索不同区域农业可持续发展路径具有重要的意义。

耕地资源可持续利用的首要依据为国家主体功能区划定位。在资源环境承载力与适宜性评价的基础上，进一步细化耕地资源利用方向及方式。耕地资源开发要求因地制宜稳产高产、优势互补、功能协调，通过国土空间规划对主体功能定位进行精准落地，成为实施现代化空间治理、实现高质量耕地资源布局的行动依据。内蒙古东部区域（Ⅰ区）耕地资源主要分布在大兴安岭南缘黑土区、西辽河平原区域，以重点开发为主，是农业的精华地带，但地下水资源超采及土地退化成为影响农业可持续发展的主要问题。因此，重点开发与保护开发并重的布局方式成为优化耕地资源的关键，提升规模化经营、节水灌溉、质量保护、种植结构调整等路径，成为实现粮食安全保障和区域农业高质量发展的主要手段。内蒙古中部区域（Ⅱ区）以草原生态系统为主，锡林郭勒典型草原、浑善达克沙地、乌兰察布荒漠草原在此分布，该地区生态环境脆弱，尤其乌兰察布区域水资源相对稀缺，基础设施薄弱，耕地质量较差，干旱等自然灾害频繁发生。在耕地资源发展上，应注重高端农牧产品的项目建设，重点建设水资源合理利用与开发的节水工程，因水布局，依水种养，兼顾生态保育区域功能；在科学评价的基础上，继续鼓励区域退耕还林工程，实现生态环境综合治理。西部区域（Ⅲ区）耕地主要分布在土默川平原、河套平原，农业生产的主要制约因素为水资源短缺、城市扩展占用耕地，盐碱地、土地退化等问题也较突出。在西部区域（Ⅲ区）农业开发过程中，应按照“生态优先、特色种植、结构调整、产业开发”的方针，鼓励生态脆弱区科学地实施退耕还林（草），重点发展集约型和高效型设施农业，配套发展苗木培植为主的生态农业产业体系（图 9-1）。

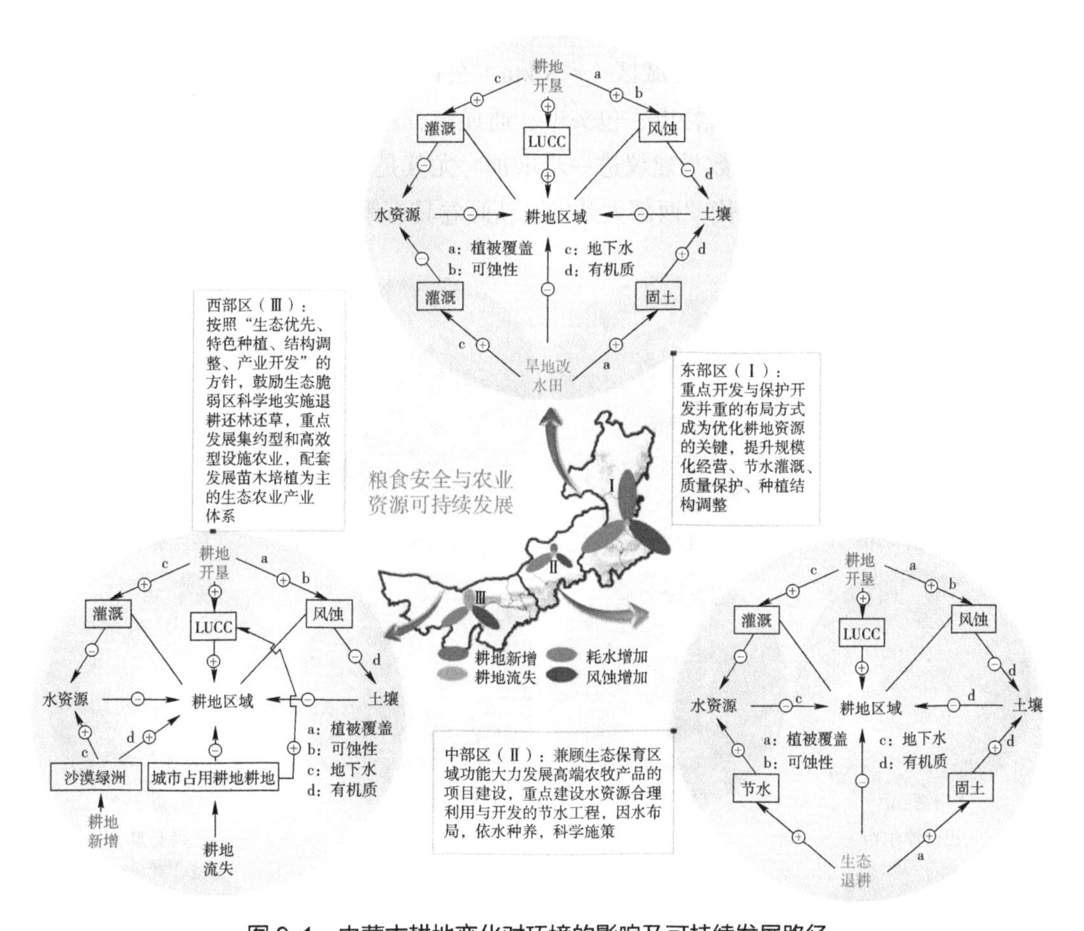

图 9-1　内蒙古耕地变化对环境的影响及可持续发展路径

9.2　基于“美丽中国”的宜居城市可持续发展模式

公园绿地规划配置与优化布局。“美丽中国”建设评估要求公园绿地 500 m 服务半径覆盖率，以改善和提升人居环境质量，城市绿地空间规划布局更加强调“人的需求”。传统城市规划多以考虑市民的供给与景观“蓝绿空间”协调布局，忽略了市民的空间配置使用需求，导致城市公园绿地规划愿景与实际状况存在较大的差异。因此，关注城市公园绿地服务半径及空间配置供需平衡关系，优化城市绿地空间规划布局，对提升公园公平性、人类福祉、生态宜居性具有重要的意义。基于遥感手段，精准监测公园绿地及居民用地分布状况，以评估不同区域公园绿地空间配置状况，为实现城市绿地优化布局设计提供科学依据。

内蒙古城市供需视角下的公园绿地服务水平评价为国土空间规划的调整与优化提供精确建议。采用 1 km 为距离半径，分析 12 个盟市建成区几何中心以外 7 km 范围内，公园绿地 500 m 服务半径未覆盖区域状况。结果显示，赤峰市、巴彦淖尔市、兴安盟、通辽市等中心城区（<3 km）公园绿地服务水平普遍较低，需要进一步提升和优化；呼和浩特市、包头市、通辽市、赤峰市等城市建成区周边区域（3～7 km）公园绿地布局数量建议进一步增加。尤其是呼包鄂城市群公园绿地服务整体有效提升为描绘新时代“西部大开发”新画卷具有重要的战略意义（图 9-2）。

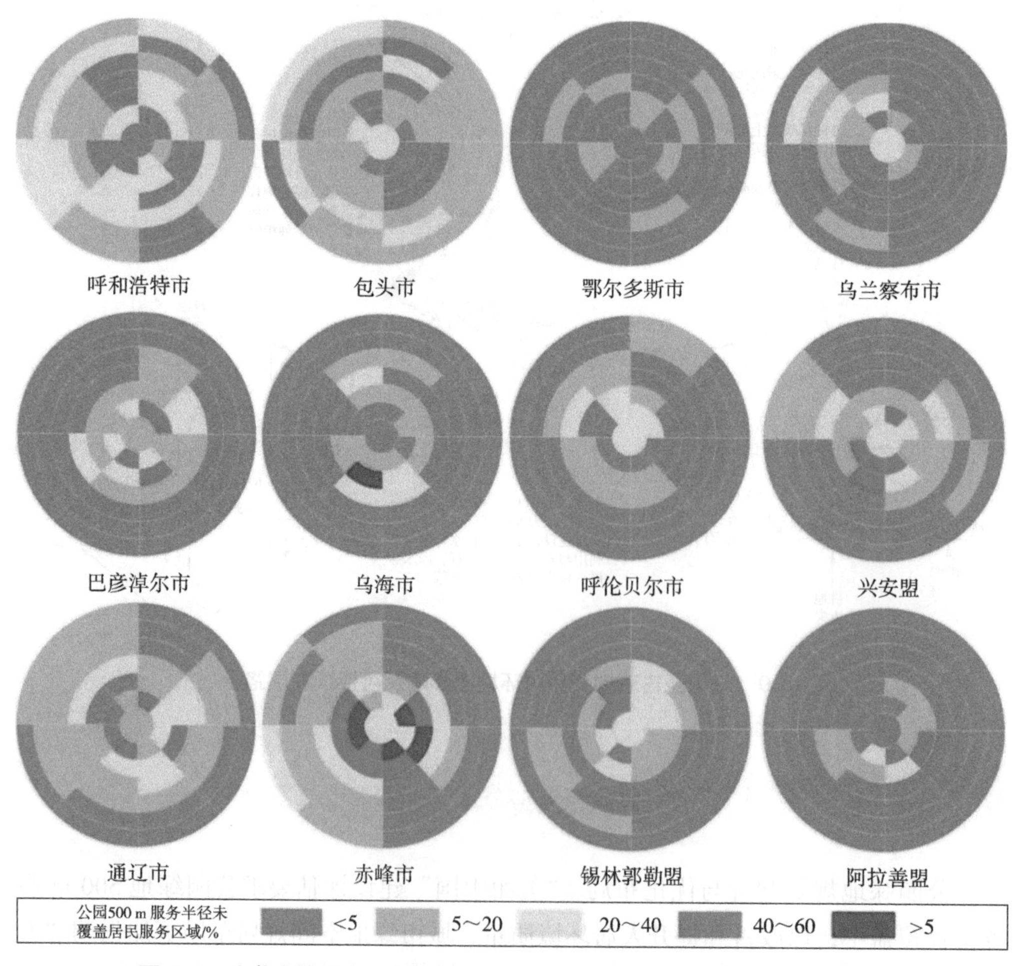

图 9-2　内蒙古地级市公园绿地 500 m 服务半径未覆盖居民服务区域分析

城市内部结构“过度硬化”和高密度城市不透水层“摊大饼式”扩张是城市热岛效应和城市内涝频发的主要因素。内蒙古地处干旱与半干旱区域，生态环境脆弱，城市内涝与热岛效应问题突出。内蒙古盟市城市不透水层比例（73.60%）较高，不透水层面积比例的快速增长，导致暴雨产流及汇流量增加，引发多起不同程度的内涝灾害，严重影响城市正常生活秩序。同时，城市不透水层面积比例的增加也引发了干旱区域极端热事件频发，阿拉善盟6月地表温度曾高达70℃[1]。因此，城市绿地优化布局对提升区域城市环境具有重要的意义。

研究表明，地处干旱与半干旱区的内蒙古城市，在暖干化气候和相对脆弱的城市生态系统下，干旱与半干旱区的城市化过程使得城市生态环境对人为干扰变得更加敏感，在这一过程中，与城市化协同的绿化过程对保持城市生态服务功能、提升人居环境和固定沙尘等具有重要作用。考虑到内蒙古城市的实际状况，城市绿地占建成区面积比例整体偏低（24.03%），建议未来城市内部结构优化和调整以“海绵城市”设计理念，提升城市内部绿化生态斑块和生态廊道（公园等）建设改变汇水渗水结构，促进城市绿地生态功能提高。

9.3 基于北疆屏障的生态用地可持续保护模式

9.3.1 基于土壤风蚀的植被修复关键阈值划定

植被覆盖变化对土壤风蚀起到重要的作用，即在植被覆盖退化的某种程度上增加了土壤风蚀，在植被恢复的某种程度上降低了土壤风蚀。在获取植被覆盖度与土壤风蚀逐年变化分布格局的基础上，分析不同植被覆盖变化对土壤风蚀造成的影响。研究结果发现，2000—2010年不同程度植被退化对土壤风蚀造成的影响差异较大，植被重度退化区域土壤风蚀表现出侵蚀模数增加［159 t/（km^2·a）］，植被重度退化区域造成土壤风蚀模数增加97 t/（km^2·a），轻度退化致使土壤风蚀模数增加40 t/（km^2·a）；2010—2020年内蒙古植被覆盖总体呈增加趋势，其中轻微改善对土壤风蚀的作用不明显［减少10 t/（km^2·a）］，中度改善区域土壤风蚀模数减少107 t/（km^2·a），植被明显改善区域使土壤风蚀模数减少133 t/（km^2·a）。植被退化与恢复对土壤风蚀变化起到关键的作用；从土壤风蚀影响机制角度看，植被退化造成土壤风蚀加剧，加剧程度与植被退化程度所反映的状况基本一致；然而，植被与生态恢复是一个较为缓慢的过程，对土壤风蚀的减少作用较植被退化加剧土壤风蚀过程缓慢，但从生态环境可持续发展角度意义深远（表9-1）。

1　http: //surag.imu.edu.cn/?p=4891

表 9-1　植被退化与恢复对土壤风蚀变化的影响机制分析

时间	植被退化与恢复程度		土壤风蚀总量变化	影响程度
2000—2010 年	重度退化	↓↓↓	↑↑	+++
	中度退化	↓↓	↑↑	++
	轻度退化	↓	↑	+
2010—2020 年	轻微改善	↑	*	—
	中度改善	↑↑	↓	++
	明显改善	↑↑↑	↓	+++

注：↓↓↓代表明显降低；↓↓代表中度降低；↓代表轻微降低；*代表基本未变化；↑↑代表中度升高；↑代表轻微升高；+++代表严重影响；++代表中度影响；+代表一般影响；—代表影响不明显。

植被覆盖对土壤风蚀的影响受类型、高度、盖度等因素的影响，本书从植被覆盖度角度剖析对土壤风蚀的影响，为指导生态修复工程具有重要的科学依据。利用植被覆盖度多年均值（2000—2020 年）与土壤风蚀多年均值（2000—2020 年）进行空间相关性分析，土壤风蚀随植被覆盖度的增加而降低，当植被覆盖度达 75% 时，随植被覆盖度的增加土壤风蚀几乎不发生变化；进而说明，在生态修复过程中，植被覆盖度达到 65%～75% 时可有效抑制土壤风蚀。低覆盖度植被对降低土壤风蚀作用明显，当植被覆盖度达 20% 时可迅速降低土壤风蚀（图 9-3）。

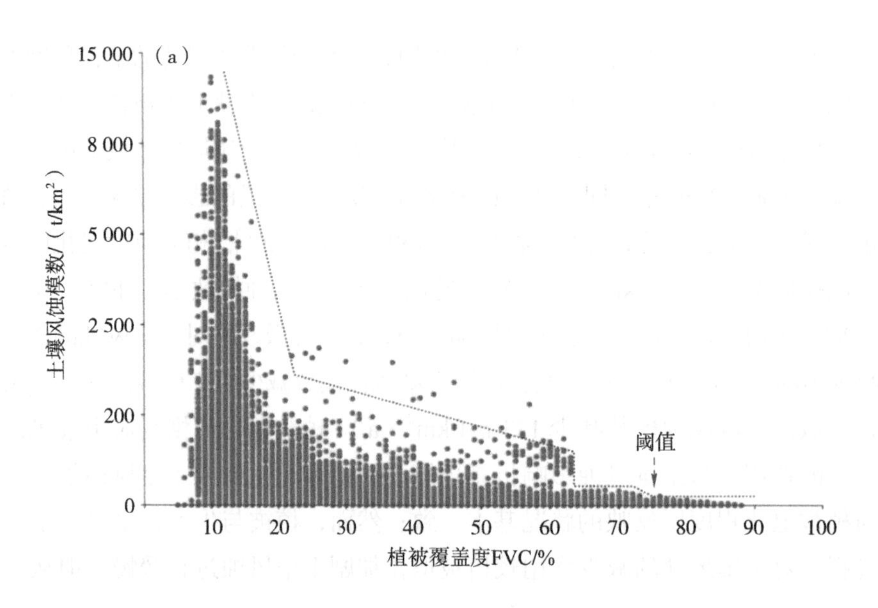

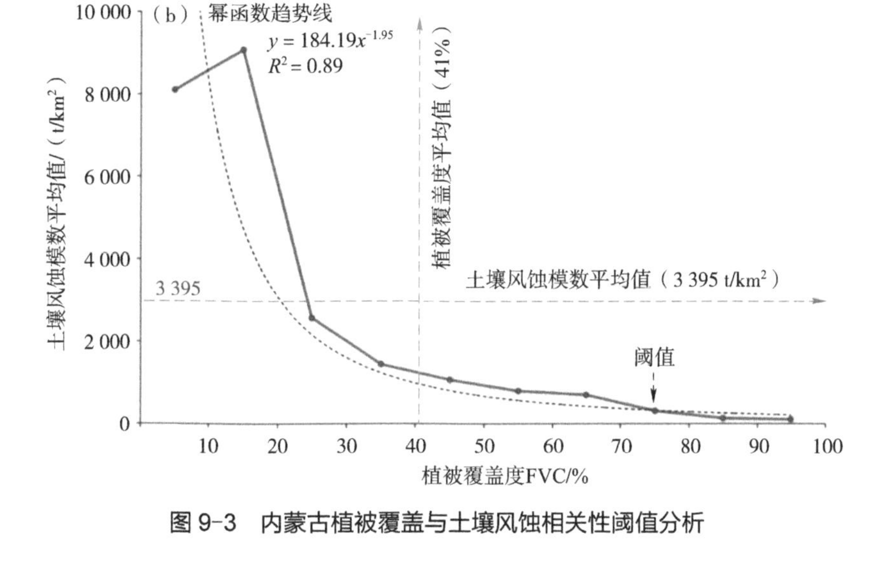

图 9-3　内蒙古植被覆盖与土壤风蚀相关性阈值分析

9.3.2　基于主导功能的国土空间生态修复分区

国土空间规划是统筹区域资源开发利用和生态保护格局、促进空间治理体系现代化、服务生态文明建设和国家现代化战略的重大举措，国土生态修复是针对区域空间格局失调、资源利用低效、生态功能受损的国土空间进行综合整治与生态修复的活动和过程，是编制和实施国土空间规划的重点内容，生态修复分区则是合理编制国土空间生态修复规划和科学高效开展生态修复的重要前提。基于此，内蒙古自治区编撰和完成了《内蒙古自治区国土空间生态修复规划（2021—2035 年）》（以下简称《规划》）。

《规划》围绕党中央对内蒙古自治区的战略定位，以筑牢我国北方重要生态安全屏障、祖国北疆安全稳定屏障为目标，坚持尊重自然、顺应自然、保护自然，统筹推进“山水林田湖草沙”系统治理，依据生态系统演替规律和内在机理，构建“一区两带多廊多点”生态修复总体格局，划定 11 个国土空间修复分区，重点解决保障生态空间生态安全，强化农牧空间生态功能，提升城镇空间生态品质（图 9-4）。

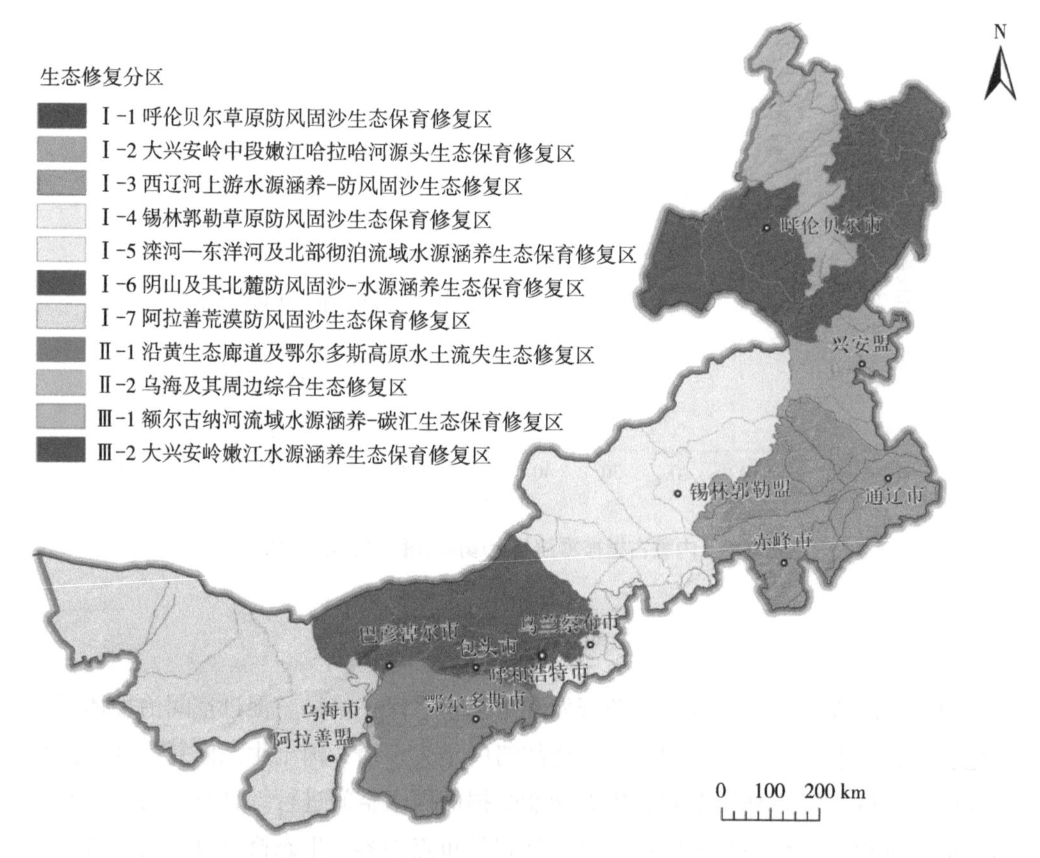

图 9-4 内蒙古 11 个国土空间生态修复分区

来源:《内蒙古自治区国土空间生态修复规划（2021—2035 年）》。

针对重点区域全面开展内蒙古黄河“几字弯”生态综合治理区生态修复，加强封禁保护，促进天然林草植被恢复，治理土地盐碱化和沙化，大力推进高标准绿色农田建设，建设生态宜居村庄。持续提升大兴安岭生态安全屏障功能，保护天然林资源，加强森林抚育和退化林修复，建设生态防护体系。提升草原生态系统质量，开展退化林修复，推进河湖湿地保护和恢复。整体推进内蒙古高原北方防沙带生态修复，实施天然草原植被恢复，提高草原质量，防治沙地扩张，维护生物多样性，开展防沙治沙，遏制草原生态系统退化趋势，提高草原生态系统功能（图 9-5）。

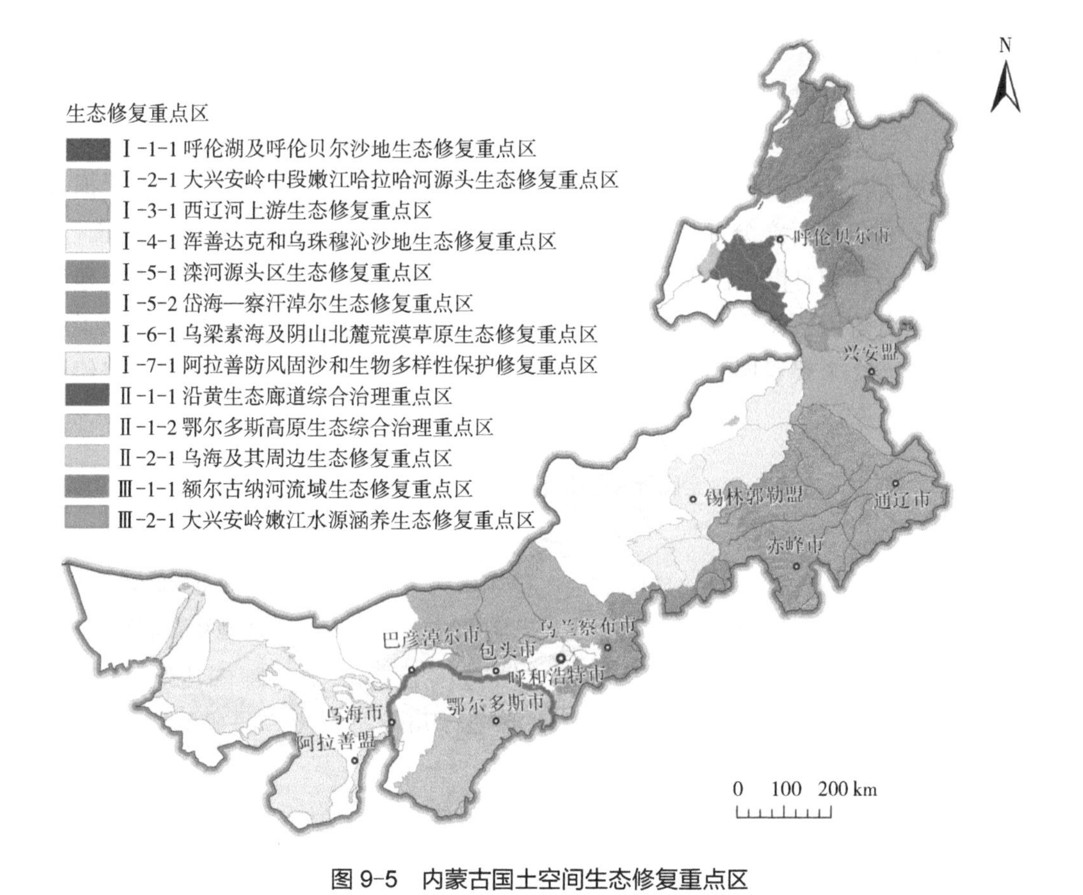

图 9-5 内蒙古国土空间生态修复重点区

来源：《内蒙古自治区国土空间生态修复规划（2021—2035 年）》。

9.3.3 基于主体责任的自然资源损害赔偿量化

在全民所有自然资源损害赔偿管理工作中，应当遵循“预防为主、修复为辅；弥补为主、惩罚为辅；足额为主、限额为辅”的原则，在自然资源资产损害事件发生的事前、事中、事后 3 个阶段，从监管上报、追偿处罚和监督考核等方面进行工作的开展。具体包括：①科学监管和实时发现上报；②核查取证和受损状态诊断；③损害程度评估和价值核算；④制定赔偿方案和处罚决议；⑤修复治理监管和监督考核。

借鉴美国的自然资源损害赔偿制度经验，我国全民所有自然资源资产损害赔偿价值量化范围应包括前期费用、受损资源资产本身价值、生态修复费用和生态服务功能受损价值。前期费用包括全民所有自然资源资产损害赔偿调查、鉴定、评估等合理费用。受损自然资源资产本身所具有的经济价值包括受损实物经济价值和受损土地的产权价值；生态修复费用包括现场清理费用、环境恢复费用、抚育保护费用以及污染治理费用；生态服务功能的经济价值包括受损自然资源所损失的水源涵养价值、土壤保持价值、固碳释氧价值、营养物质价值、净化大气价值以及生物多样性价值等。

全民所有自然资源资产损害是否能够合理索赔追偿的前提是是否能够对受损自然资源资产价值进行充分评估。结合文献分析和专家意见，依据科学性、全面性、代表性、独立性和可操作性等原则，运用公共产品理论和外部性理论，参考土地评估、生态服务价值核算等方面的知识，本着“谁损害、谁赔偿”的原则，建立了由3个准则层、12个要素层和22个指标层构成的全民所有自然资源资产损害赔偿评估体系（表9-2）。

表9-2　全民所有自然资源资产损害赔偿评估体系

	准则层	要素层	指标层
全民所有自然资源资产损害赔偿评估	受损自然资源资产本身所具有的经济价值	实物	实物市场价值
		产权	土地补偿价值
	生态修复费用	环境恢复费用	整地费
			成本费
			人工费
		现场清理费用	清理费
		抚育保护费用	抚育保护费
		污染治理费用	大气污染费
			土壤污染费
			水污染费
	生态服务功能的经济价值	水源涵养损失价值	调节水量
			净化水质
		土壤保持损失价值	固土
			保肥
		固碳释氧损失价值	固碳
			释氧
		营养物质损失价值	积累氮元素量
			积累钾元素量
			积累磷元素量
		净化大气损失价值	吸收污染物
			滞尘
		生物多样性损失价值	香农－威纳指数

针对受损自然资源资产的实物价值，无论何种资源类型都可根据其可获取的评估资料详细情况，采用重置成本法、市场价成交法、收益现值法等方法进行评估。产权价值参考各地区不同资源类型土地价格进行估算。在确定了受损自然资源的实物和产权价值后，需考虑将受损自然资源修复至原状或赔偿复原所需的价值，可以采用替代等值分析法估算修复工程量和修复费用。具体生态修复费用应由相关部门聘请相应的评估公司经鉴定评估后得出。当自然资源资产受到损害后，损害的不仅是资源资产本身，还包括损害导致的生态系统服务功能降低或灭失的价值，即从自然资源资产开始损受到害到完全修复这段时期所失去的部分。这部分费用可通过生态服务功能价值核算方法进行估算。应注意的是，不同类型资源的生态服务功能价值应根据其自身的生态服务功能进行核算（图 9-6）。

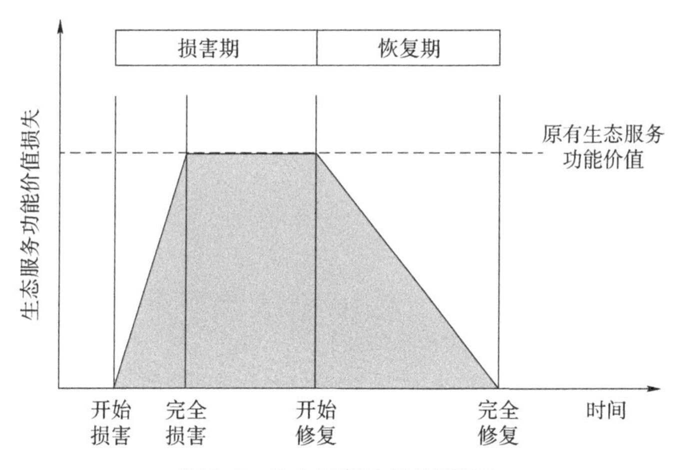

图 9-6　生态服务功能价值损失

由于全民所有自然资源资产损害事件发生后，涉及赔偿金额多、修复较为困难等问题，因此应结合地区具体情况制定多元化的损害补救措施，具体包括：①制定自然资源资产保护基金制度；②建立自然资源资产损害责任保险制度；③强化自然资源资产监督保护社会面宣传教育。

9.3.4　搭建“空天地一体化”生态监测体系和平台

“空天地一体化”监测体系是保障生态环境的“耳目”“哨兵”“尺子”，是政府宏观决策和环境监管的重要基础。加强环境监测，是国家生态战略的重要组成部分，也是可持续发展的现实需要和紧迫任务。“生态环境”是数字环保概念的延伸和拓展，它是借助物联网技术，把感应器和设备嵌入各种环境监控对象（物体）中，通过云计算将环保领域整合起来，可以实现人类社会与环境业务系统的整合，以更加精细和动态的方式实现环境管理和决策的智慧。构建“空天地一体化”监测体系，是满足生态环境综合监测等方面的迫切需求，掌握其相关技术对“空”“天”“地”观测能力等具有重要的指导意义。内蒙古自治区后期应重点推进生态遥感能力建设，强化卫星、无人机遥感影像分析技术和生态地面监测的联动应用，提升遥感数据处理和制图能力，深化地理信息系统技术和生态保护红线监管平台应用，通过遥感技术与水、大气、土壤环境、生态质量监测的结合，建设大气组分网、光化学监测网预警预报系统，逐步形成生态环境监测“一张网”、环境质量预警预报“一体化”的“空天地一体化”的智慧环境监测体系。